Navier-Stokes 方程解的大时间行为

韩丕功　刘朝霞　著

科 学 出 版 社
北　京

内 容 简 介

本书系统介绍了不可压缩 Navier-Stokes 方程解的大时间渐近行为的基本理论和研究方法. Navier-Stokes 方程反映了真实流体流动的基本力学规律,在生活、环保、科学技术及水利工程中有很强的应用价值,是当今非线性科学研究中的重点和热点问题,也是流体力学和数学学科的重要交叉研究对象. 本书主要内容包括利用 Galerkin 方法和紧性定理建立 Navier-Stokes 方程整体弱解的存在性、弱解能量的上下界长时间渐近行为,还介绍在小条件意义下强解的整体存在性以及大时间衰减性、关于空间变量任意阶导数的大时间衰减行为以及关于时空变量的点点上界估计等,另外也介绍美国数学家 Schonbek 创建的 Fourier 分离方法(或称 Schonbek 方法)、Wiegner 建立的基本不等式方法以及 Miyakawa 创立的谱分析方法. 这些研究内容和研究方法可以为读者进一步学习、研究不可压缩黏性流做必要的理论准备. 书中内容深入浅出,文字通俗易懂,并配有适量难易兼顾的习题.

本书强调可读性,强调直观对理解问题实质的重要作用,可作为偏微分方程、动力系统、计算数学和流体动力学及相关理工科方向研究生、教师和科研人员的教材与参考书.

图书在版编目(CIP)数据

Navier-Stokes 方程解的大时间行为/韩丕功,刘朝霞著. —北京:科学出版社,2019.12

ISBN 978-7-03-063277-7

Ⅰ. ①N… Ⅱ. ①韩… ②刘… Ⅲ. ①纳维埃–斯托克斯方程 Ⅳ. ①O175.26

中国版本图书馆 CIP 数据核字(2019)第 249448 号

责任编辑:李 欣 李香叶/责任校对:邹慧卿
责任印制:吴兆东/封面设计:陈 敬

科学出版社出版
北京东黄城根北街 16 号
邮政编码:100717
http://www.sciencep.com

北京建宏印刷有限公司 印刷

科学出版社发行 各地新华书店经销

*

2019 年 12 月第 一 版 开本:720×1000 B5
2021 年 3 月第二次印刷 印张:11 3/4
字数:234 000

定价:88.00 元

(如有印装质量问题,我社负责调换)

前　　言

不可压缩 Navier-Stokes 方程反映了真实流体流动的基本力学规律, 在流体力学中具有十分重要的意义, 在生活、环保、科学技术及水利工程中有很强的应用价值, 是当今非线性科学研究中的重点和热点问题. Navier-Stokes 方程是由一组非线性非标准的二阶抛物型偏微分方程和一阶椭圆型偏微分方程组成的混合型方程组, 该方程本身不能做任何的改动, 研究起来有极大的困难. 关于该方程的研究是美国 Clay 数学研究所 2000 年悬赏 100 万美元的七个著名千禧问题之一. 对该方程系统的理论研究始于著名数学家 J. Leray (法国科学院院士) 1934 年的开创性工作, Leray 首次提出的关于解的大时间渐近行为的研究, 有助于人们对日常生活中紧密相关的空气、流动的水等流体有一个更好的认识和深入的理解.

本书系统讲述了不可压缩 Navier-Stokes 方程解的大时间渐近行为的主要结果和研究方法. 主要内容包括: 利用 Galerkin 方法和紧性定理建立的 Navier-Stokes 方程整体 Leray-Hopf 弱解的存在性、Leray-Hopf 弱解的 L^2 上下界的大时间渐近行为, 特别是关于上界的衰减速率估计, 主要介绍美国数学家 M. E. Schonbek 创建的 Fourier 分离方法 (或称 Schonbek 方法)、Wiegner 建立的基本不等式方法以及 Miyakawa 创立的谱分析方法, 另外也介绍 Navier-Stokes 方程在小条件意义下强解的整体存在性以及 L^r-大时间衰减性, 并进一步介绍关于空间变量任意阶导数的 L^2 大时间衰减行为以及关于时空点的点点上界估计等. 这些研究内容为提高读者的整体数学素质提供了必要的材料, 也为部分读者进一步学习与研究不可压缩 Navier-Stokes 方程做了理论准备. 不可压缩黏性流性质的研究是流体力学和数学学科的重要交叉研究对象, 它与其他数学分支均有广泛的联系, 而且在自然科学与工程技术中有广泛的实际应用价值.

本书共 4 章, 特别强调可读性, 强调直观对理解问题实质的重要作用, 也是读者进入一个新的理论研究领域的起点. 我们对研究的问题, 尽可能用通俗易懂的语言和方法来给出系统严谨的论述与逻辑推理证明.

第 1 章介绍一些基本的不等式、常用的数学符号、实变函数论和泛函分析中的一些基本结论 (例如, Lebesgue 控制收敛定理、压缩不动点定理、弱收敛方法、Banach 空间中的紧性定理以及包含分数阶导数的紧性定理等) 和本书的结构安排等.

在第 2 章, 2.1 节主要介绍 (广义) Fourier 变换及其性质, 包括速降函数空间, L^1, L^2 和缓增广义函数空间上的 Fourier 变换, 这些 Fourier 变换的性质在本书中被广泛地使用; 2.2 节主要介绍 Schonbek 方法, 即 Fourier 分离方法.

第 3 章主要介绍 Navier-Stokes 方程的弱解, 3.1 节主要介绍 Leray-Hopf 弱解的整体存在性; 3.2 节主要介绍 Schonbek, Wiegner 和 Kajikiya-Miyakawa 的 L^2 上界大时间衰减行为; 3.3 节介绍 Schonbek 对弱解建立的 L^2 下界大时间衰减行为.

第 4 章主要介绍 Navier-Stokes 方程的强解, 其中 4.1 节主要介绍 Kato 的小条件整体强解的存在性和大时间衰减性; 4.2 节主要介绍 Schonbek-Wiegner 建立的关于空间变量任意阶导数的 L^2 大时间衰减行为; 4.3 节主要介绍 Miyakawa 关于时空点的点点上界估计.

第 3 章和第 4 章的这些结果都是早期关于 Navier-Stokes 方程在全空间上的经典结论 (大时间渐近行为的衰减估计), 含有很多重要的新思想新方法. 在此基础上, 后来很多学者在非全空间上关于 Navier-Stokes 方程及其相关数学模型的大时间渐近衰减行为进行了深入的研究, 取得了许多重要的进展, 获得了很多有意义的研究成果, 这里不再详述.

本书作为不可压缩黏性流性质研究的入门书, 适合作为有关流体力学和数学专业人员的阅读材料和研究生学习的教材, 也可作为偏微分方程、动力系统、泛函分析、计算数学、数学物理、控制论、大气海洋物理等方向的高年级研究生、青年教师及科研人员进行深入研究的参考书. 本书在写作过程中, 参阅了国内外同一主题的一些学术论文和著作, 简化了许多证明, 发现并纠正了一些错误, 相信这些对读者有所帮助. 本书的部分内容, 作者在中国科学院大学和中央民族大学为研究生讲授过多次, 受到学生的普遍好评.

本书的出版, 得到中国科学院随机复杂结构与数据科学重点实验室 (No. 2008DP173182)、中国科学院青年创新促进会优秀会员基金、中国科学院国家数学与交叉科学中心、国家自然科学基金 (No.11471322, No.11871457) 的资助. 在编写讲义和成书的过程中, 中国科学院数学与系统科学研究院、中国科学院大学和中央民族大学的很多同行与广大研究生, 都提出了许多宝贵意见和建议, 河南大学的刘忠原副教授和中国科学院的刘承刚博士用 Latex 软件辛苦打印了本书的大部分内容, 在此一并致谢. 本书第一作者韩丕功研究员系中国科学院大学岗位教师.

由于作者学识水平所限, 书中难免有疏漏和不足之处, 欢迎读者批评指正.

作　者

2018 年 12 月于北京

目　　录

符　号　表

$\mathbb{R}^1$	实数集合
$\mathbb{N}$	自然数集合
$x \in \mathbb{R}^n$	x 属于 n 维欧氏空间
x_i	向量 x 的第 i 个分量
ν_i	单位外法向量 ν 的第 i 个分量
$\rightharpoonup$	表示弱收敛
$\longrightarrow$	表示强收敛或几乎处处收敛
∂^k	表示 $\sum_{\|\alpha\|=k} \dfrac{\partial^\alpha}{\partial_{x_1}^{\alpha_1}\cdots\partial_{x_n}^{\alpha_n}},\quad \alpha=(\alpha_1,\cdots,\alpha_n),\quad \|\alpha\|=\sum_{i=1}^n \alpha_i$
X^*	表示 Banach 空间 X 的拓扑共轭空间
$X \hookrightarrow Y$	Banach 空间 X 连续嵌入 Banach 空间 Y
$C_0^\infty(\Omega)$	在 Ω 内具有紧支集的实值或复值的 C^∞ 函数空间
$C_{0,\sigma}^\infty(\Omega)$	在 Ω 内散度为零的实值或复值的 C_0^∞ 向量函数空间
$L^p(\Omega)$	表示通常意义下的 Lebesgue 空间, $1 \leqslant p \leqslant \infty$
$L_\sigma^p(\Omega)$	表示 $C_{0,\sigma}^\infty(\Omega)$ 在 $L^p(\Omega)$ 空间范数意义下的完备化, $1 < p < \infty$
$H_{0,\sigma}^1(\Omega)$	表示 $C_{0,\sigma}^\infty(\Omega)$ 在 $H^1(\Omega)$ 空间范数意义下的完备化

第 1 章 预备知识

作为全书的预备知识, 本章主要介绍一些基础知识和常用的不等式. 为了紧缩篇幅, 这些基础知识和不等式都没有给出证明. 此外, 我们假定读者了解实变函数理论和泛函分析的基本知识, 某些需要用到的结果将在各章适当的地方加以额外介绍.

1.1 基础知识和常用不等式

本节介绍偏微分方程理论中一些常用的不等式和符号, 以及常用的一些基本知识等.

1.1.1 几个常用不等式

(1) 设 $1 \leqslant p < \infty$. 则成立

$$(a+b)^p \leqslant 2^{p-1}(a^p + b^p), \quad \forall a, b \geqslant 0.$$

更一般形式: 设 $1 \leqslant p < \infty$. 对任意的 $m \in \mathbb{N}$, $a_j \geqslant 0$, $j = 1, 2, \cdots, m$, 成立

$$(a_1 + a_2 + \cdots + a_m)^p \leqslant m^{p-1}(a_1^p + a_2^p + \cdots + a_m^p).$$

(2) **Young 不等式** 设 $\epsilon > 0$, $p > 1, q > 1$, 且 $\dfrac{1}{p} + \dfrac{1}{q} = 1$. 成立

$$|a||b| \leqslant \frac{\epsilon |a|^p}{p} + \frac{\epsilon^{-\frac{q}{p}}|b|^q}{q} \leqslant \epsilon |a|^p + \epsilon^{-\frac{q}{p}}|b|^q.$$

特别地, 当 $p = q = 2$ 时, 称为 Cauchy 不等式.

设 $\Omega \subseteq \mathbb{R}^n$ $(n \geqslant 1)$ 为一可测集.

(3) **Hölder 不等式** 设 $1 \leqslant p, q \leqslant \infty$, 且 $\dfrac{1}{p} + \dfrac{1}{q} = 1$. 对任意 $f \in L^p(\Omega)$, $g \in L^q(\Omega)$, 成立

$$\|fg\|_{L^1(\Omega)} \leqslant \|f\|_{L^p(\Omega)} \|g\|_{L^q(\Omega)}.$$

特别地, 当 $p = q = 2$ 时, 称为 Schwarz 不等式.

离散的 Hölder 不等式 对于任意的正整数 m, 以及上述 p, q, 成立

$$\left|\sum_{k=1}^m a_k b_k\right| \leqslant \left(\sum_{k=1}^m |a_k|^p\right)^{\frac{1}{p}} \left(\sum_{k=1}^m |b_k|^q\right)^{\frac{1}{q}},$$

其中, 当 $p=\infty$ 时, $(\sum_{k=1}^m |a_k|^p)^{\frac{1}{p}} = \max\limits_k |a_k|$.

Hölder 不等式的一般形式: 设 $1 \leqslant p \leqslant p_j \leqslant \infty$, $j=1,2,\cdots,m$, 满足

$$\frac{1}{p_1}+\frac{1}{p_2}+\cdots+\frac{1}{p_m}=\frac{1}{p}, \quad m \in \mathbb{N}.$$

则对任意的 $u_j \in L^{p_j}(\Omega)$, 成立

$$\|u_1u_2\cdots u_m\|_{L^p(\Omega)} \leqslant \|u_1\|_{L^{p_1}(\Omega)}\|u_2\|_{L^{p_2}(\Omega)}\cdots\|u_m\|_{L^{p_m}(\Omega)}.$$

(4) **内插不等式** 设 $1 \leqslant q \leqslant r \leqslant p \leqslant \infty$, 且 $\theta \in [0,1]$ 满足 $\dfrac{1}{r}=\dfrac{\theta}{q}+\dfrac{1-\theta}{p}$. 则对任意 $u \in L^p(\Omega) \cap L^q(\Omega)$, 成立

$$\|u\|_{L^r(\Omega)} \leqslant \|u\|_{L^q(\Omega)}^{\theta}\|u\|_{L^p(\Omega)}^{1-\theta}.$$

(5) **Minkowski 不等式** 设 $1 \leqslant p \leqslant \infty$. 对任意 $f,g \in L^p(\Omega)$, 成立

$$\|f+g\|_{L^p(\Omega)} \leqslant \|f\|_{L^p(\Omega)}+\|g\|_{L^p(\Omega)}.$$

离散的 Minkowski 不等式 对于任意的正整数 m, 以及上述 p, 成立

$$\left(\sum_{k=1}^m |a_k+b_k|^p\right)^{\frac{1}{p}} \leqslant \left(\sum_{k=1}^m |a_k|^p\right)^{\frac{1}{p}}+\left(\sum_{k=1}^m |b_k|^p\right)^{\frac{1}{p}}.$$

(6) **Poincaré 不等式** 假定 $1 \leqslant p < \infty$.

(i) 设 $\Omega \subset \mathbb{R}^n$ 为有界区域, 若 $u \in W_0^{1,p}(\Omega)$, 则

$$\|u\|_{L^p(\Omega)} \leqslant C(n,p,\Omega)\|\nabla u\|_{L^p(\Omega)}.$$

(ii) 若 $\Omega \subset \mathbb{R}^n$ 是满足局部 Lipschitz 条件的有界区域, 则对任意的 $u \in W^{1,p}(\Omega)$, 成立

$$\|u-u_\Omega\|_{L^p(\Omega)} \leqslant C(n,p,\Omega)\|\nabla u\|_{L^p(\Omega)},$$

这里 $u_\Omega=\dfrac{1}{|\Omega|}\displaystyle\int_\Omega u(x)dx$, $|\Omega|$ 表示 Ω 的 Lebesgue 测度.

(iii) 令 $L_d=\left\{x \in \mathbb{R}^n;\ -\dfrac{d}{2}<x_n<\dfrac{d}{2}\right\}$, $d>0$ 为一常数. 假定 $\Omega \subset L_d$, 则对任意的 $u \in W_0^{1,p}(\Omega)$, 成立

$$\|u\|_{L^p(\Omega)} \leqslant d\|\nabla u\|_{L^p(\Omega)}.$$

(iv) 设 $\Omega \subset \mathbb{R}^n$ 是满足局部 Lipschitz 条件的有界区域, 进一步假定 $\Sigma \subset \partial\Omega$ 且 $|\Sigma| > 0$. 则对任意的 $u \in W^{1,p}(\Omega)$ $(1 \leqslant p < \infty)$, 成立

$$\|u\|_{L^p(\Omega)} \leqslant C(n, p, \Omega, \Sigma) \left(\|\nabla u\|_{L^p(\Omega)} + \int_\Sigma |u| d\sigma \right).$$

(v) 假定 $\Omega \subset \mathbb{R}^n$ 是满足局部 Lipschitz 条件的有界区域, 则对任意的 n 维向量函数 $u \in W^{1,p}(\Omega)(1 \leqslant p < \infty)$, 且 $u \cdot \nu|_{\partial\Omega} = 0$, 成立

$$\|u\|_{L^p(\Omega)} \leqslant C(n, p, \Omega) \|\nabla u\|_{L^p(\Omega)}.$$

(7) **Troisi 不等式** 假定 $1 \leqslant q_i < \infty$, $i = 1, 2, \cdots, n$. 则对任意 $u \in C_c^\infty(\mathbb{R}^n)$, 成立

$$\|u\|_{L^s(\mathbb{R}^n)} \leqslant C \prod_{i=1}^n \|\partial_i u\|_{L^{q_i}(\mathbb{R}^n)}^{\frac{1}{n}}, \quad \sum_{i=1}^n \frac{1}{q_i} > 1, \quad s = \frac{n}{\displaystyle\sum_{i=1}^n \frac{1}{q_i} - 1}.$$

(8) **Gagliardo-Nirenberg 不等式** 设 $1 \leqslant p, q, r \leqslant \infty$, 两整数 j, m 满足 $0 \leqslant j < m$. 假定

$$\frac{1}{p} = \frac{j}{n} + a\left(\frac{1}{r} - \frac{m}{n}\right) + \frac{1-a}{q},$$

其中 $a \in \left[\frac{j}{m}, 1\right]$ $\left(\text{如果 } r > 1 \text{ 且 } m - j - \frac{n}{r} = 0, \text{ 取 } a < 1\right)$. 存在 $C = C(n, m, j, a, q, r)$, 使得对任意 $u \in C_c^\infty(\mathbb{R}^n)$, 成立

$$\sum_{|\alpha|=j} \|\partial^\alpha u\|_{L^p(\mathbb{R}^n)} \leqslant C \left(\sum_{|\alpha|=m} \|\partial^\alpha u\|_{L^r(\mathbb{R}^n)} \right)^a \|u\|_{L^q(\mathbb{R}^n)}^{1-a}.$$

(9) **Caffarelli-Kohn-Nirenberg 不等式** 假定实数 $p, q, r, \alpha, \beta, \sigma$ 满足

$$p, q \geqslant 1, \quad r > 0, \quad 0 \leqslant a \leqslant 1,$$

并且

$$\frac{1}{p} + \frac{\alpha}{n} > 0, \quad \frac{1}{q} + \frac{\beta}{n} > 0, \quad \frac{1}{r} + \frac{\gamma}{n} > 0,$$

其中 $\gamma = a\sigma + (1-a)\beta$. 则存在常数 $C > 0$, 使得对任意 $u \in C_c^\infty(\mathbb{R}^n)$, 成立

$$\||x|^\gamma u\|_{L^r(\mathbb{R}^n)} \leqslant C \||x|^\alpha \nabla u\|_{L^p(\mathbb{R}^n)}^a \||x|^\beta u\|_{L^q(\mathbb{R}^n)}^{1-a}$$

当且仅当下述关系成立

$$\frac{1}{r} + \frac{\gamma}{n} = a\left(\frac{1}{p} + \frac{\alpha - 1}{n}\right) + (1-a)\left(\frac{1}{q} + \frac{\beta}{n}\right),$$

其中若 $a>0$, 要求 $0\leqslant \alpha-\sigma$; 若 $a>0$ 且 $\frac{1}{p}+\frac{\alpha-1}{n}=\frac{1}{r}+\frac{\gamma}{n}$, 要求 $\alpha-\sigma\leqslant 1$.

这里需要指出的是, 在偏微分方程的研究中, 上述 Caffarelli-Kohn-Nirenberg 不等式的一种特殊情形经常要用到, 即假定 $-\infty<a<\frac{n-2}{n}$, $n\geqslant 3$, $a\leqslant b\leqslant a+1$, $p=\frac{2n}{n-2+2(b-a)}$, 则成立

$$\left(\int_\Omega |x|^{-bp}|w|^p dx\right)^{\frac{2}{p}}\leqslant C_{a,b}\int_\Omega |x|^{-2a}|\nabla w|^2 dx,\quad \forall w\in H_0^1(\Omega,|x|^{-2a}),$$

这里 $\Omega\subseteq\mathbb{R}^n$ 可以无界.

(10) **卷积形式的 Young 不等式** 设 $Tf(x)=\int_{\mathbb{R}^n}K(x,y)f(y)dy$, 假定

$$\sup_{x\in\mathbb{R}^n}\left(\int_{\mathbb{R}^n}|K(x,y)|^r dy\right)^{\frac{1}{r}}\leqslant C_0,\quad \sup_{y\in\mathbb{R}^n}\left(\int_{\mathbb{R}^n}|K(x,y)|^r dx\right)^{\frac{1}{r}}\leqslant C_0,$$

其中 $r\geqslant 1$ 满足 $1+\frac{1}{q}=\frac{1}{r}+\frac{1}{p}$, $1\leqslant p\leqslant q\leqslant\infty$. 则成立

$$\|Tf\|_{L^q(\mathbb{R}^n)}\leqslant C_0\|f\|_{L^p(\mathbb{R}^n)}.$$

(11) **Hardy-Littlewood-Sobolev 不等式** 设

$$r>1,\quad 1<p<q<\infty,\quad 1+\frac{1}{q}=\frac{1}{r}+\frac{1}{p}.$$

则成立

$$\|I_r f\|_{L^q(\mathbb{R}^n)}\leqslant C_{p,q}\|f\|_{L^p(\mathbb{R}^n)},$$

其中 $I_r f(x)=\int_{\mathbb{R}^n}|x-y|^{-\frac{n}{r}}f(y)dy$.

下面两个不等式在流体力学的研究中广泛使用.

(12) 假定 Ω 是 $\mathbb{R}^2$ 中的区域 (可以无界). 则下述不等式成立

$$\|u\|_{L^4(\Omega)}\leqslant 2^{\frac{1}{4}}\|u\|_{L^2(\Omega)}^{\frac{1}{2}}\|\nabla u\|_{L^2(\Omega)}^{\frac{1}{2}},\quad \forall u\in H_0^1(\Omega).$$

(13) 假定 Ω 是 $\mathbb{R}^3$ 中的区域 (可以无界). 则成立

$$\|u\|_{L^4(\Omega)}\leqslant 2^{\frac{1}{2}}\|u\|_{L^2(\Omega)}^{\frac{1}{4}}\|\nabla u\|_{L^2(\Omega)}^{\frac{3}{4}},\quad \forall u\in H_0^1(\Omega).$$

1.1.2 常用符号

为了对本书中的叙述进行准确的说明, 需要引进一些符号. 例如, $\mathbb{R}^n$ 表示 n 维欧氏空间, $x=(x_1,x_2,\cdots,x_n)$ 表示 $\mathbb{R}^n$ 中的点, 它到原点的距离记为: $|x|=\left(\sum_{j=1}^n x_j^2\right)^{\frac{1}{2}}$, 两个点 x,y 的内积记为: $x\cdot y=\sum_{j=1}^n x_jy_j$. $\mathbb{N}$ 表示自然数集合.

如果 $\alpha=(\alpha_1,\alpha_2,\cdots,\alpha_n)$ 是非负整数 α_j 的一个 n 重组, 则把 α 称作一个多重指标, 且用 x^α 来表示次数为 $|\alpha|=\sum_{j=1}^n\alpha_j$ 的单项式, 即 $x^\alpha=x_1^{\alpha_1}x_2^{\alpha_2}\cdots x_n^{\alpha_n}$. 此外, 记 $\partial^k=\sum_{|\alpha|=k}\partial^\alpha$, $\partial^\alpha=\partial_1^{\alpha_1}\partial_2^{\alpha_2}\cdots\partial_n^{\alpha_n}$, 其中 $\partial_j^{\alpha_j}=\dfrac{\partial^{\alpha_j}}{\partial x_j^{\alpha_j}}$. 设 α,β 为两个多重指标, 如果 $\beta_j\leqslant\alpha_j$, $1\leqslant j\leqslant n$, 则称 $\beta\leqslant\alpha$, 此时不难验证: $|\alpha-\beta|+|\beta|=|\alpha|$; 还记 $\alpha!=\alpha_1!\alpha_2!\cdots\alpha_n!$.

支集的概念. 对于一个定义在 $\mathbb{R}^n$ 上的函数 $\varphi(x)$, 将 $\varphi(x)\neq0$ 的全体 x 点的闭包称为 $\varphi(x)$ 的支集, 记作 $\operatorname{supp}\varphi$, 即

$$\operatorname{supp}\varphi=\overline{\{x\in\mathbb{R}^n\,|\varphi(x)\neq0\}}.$$

如果 $\varphi(x)$ 的支集是紧集, 则称 $\varphi(x)$ 具有紧支集.

设 $-\infty\leqslant a<b\leqslant\infty$, X 为 Banach 空间. 对于给定的 $1\leqslant\alpha<\infty$, $L^\alpha(a,b;X)$ 表示 $[a,b]\longrightarrow X$ 所有 L^α 可积函数的全体, 这是一个 Banach 空间, 其范数为 $\left(\int_a^b\|f(t)\|_X^\alpha dt\right)^{\frac{1}{\alpha}}$; $L^\infty(a,b;X)$ 表示 $[a,b]\longrightarrow X$ 所有本质有界函数的全体, 这是一个 Banach 空间, 其范数为 $\operatorname{ess\,sup}_{t\in[a,b]}\|f(t)\|_X$; $C([a,b];X)$ 表示 $[a,b]\longrightarrow X$ 所有连续函数的全体, 这也是一个 Banach 空间, 其范数为 $\sup_{t\in[a,b]}\|f(t)\|_X$.

1.1.3 一些基础知识

本节不加证明地罗列本书中关于实变函数与泛函分析若干基本结论, 这些基础性的结论都能在通常的实变函数论与泛函分析教材中找到.

本书中经常用到紧集的概念. 赋范空间 X 的子集 A 叫做紧的, 如果 A 中的每个点列包含一个子序列, 该子序列在 X 中收敛到 A 中的一个元素. 紧集是闭的有界集, 但闭的有界集不一定是紧集, 除非 X 是有限维的. A 叫做准紧的, 如果其闭包 $\overline{A}$(在范数拓扑下) 是紧的. A 叫做弱序列紧的, 如果 A 中的每个序列包含一个子序列, 该子序列在 X 中若收敛到 A 中的一个元素.

需要指出的是, 集合 $K\subset\mathbb{R}^n$ 是紧集, 当且仅当 K 是有界闭集. 该结论仅在有穷维距离空间上成立, 在无穷维空间上不成立.

Lebesgue 控制收敛定理 设 Ω 是 $\mathbb{R}^n$ $(n\geqslant1)$ 中的可测集合, $\{f_k\}_{k\in\mathbb{N}}\subset L^1(\Omega)$

是一个实值的可测函数列. 如果 f_k 逐点收敛于一个函数 f, 且存在一个 Lebesgue 非负可积函数 $g \in L^1(\Omega)$, 使得对每个 $k \in \mathbb{N}$, 以及几乎处处的 $x \in \Omega$, 都有 $|f_k(x)| \leqslant g(x)$. 则 $f \in L^1(\Omega)$, 且成立

$$\lim_{k\to\infty}\int_\Omega f_k(x)dx = \int_\Omega \lim_{k\to\infty} f_k(x)dx = \int_\Omega f(x)dx.$$

压缩不动点定理　设 (X, ρ) 是一个完备的距离空间, 映射 $T:\ X \longrightarrow X$. 若存在 $0 < \alpha < 1$, 使得 $\rho(Tx, Ty) \leqslant \alpha\rho(x, y)$, $\forall x, y \in X$. 则 T 在 X 上存在唯一的不动点 x_0, 即 $Tx_0 = x_0$, $x_0 \in X$.

最后, 简单介绍一下弱收敛方法, 其被广泛应用于偏微分方程大初值整体弱解的建立过程中.

弱收敛定义　设 Ω 是 $\mathbb{R}^n$ $(n \geqslant 2)$ 中的开区域, $1 < q < \infty$, $q' = \dfrac{q}{q-1}$. 若存在函数 $f \in L^q(\Omega)$ 及函数序列 $\{f_k\}_{k\in\mathbb{N}} \subset L^q(\Omega)$ 满足: 对任意的函数 $g \in L^{q'}(\Omega)$, 成立

$$\lim_{k\to\infty}\int_\Omega f_k(x)g(x)dx = \int_\Omega f(x)g(x)dx.$$

则称 f_k 弱收敛于 f, 记为 $f_k \rightharpoonup f\ \ (L^q(\Omega))$.

弱收敛序列的有界性　假定 $f_k \rightharpoonup f\ \ (L^q(\Omega))$, $1 < q < \infty$. 则

$$\|f\|_{L^q(\Omega)} \leqslant \liminf_{k\to\infty}\|f_k\|_{L^q(\Omega)}.$$

注 1　假设 $1 < q < \infty$, $f_k \rightharpoonup f\ \ (L^q(\Omega))$, 以及

$$\lim_{k\to\infty}\|f_k\|_{L^q(\Omega)} = \|f\|_{L^q(\Omega)}.$$

则

$$\lim_{k\to\infty}\|f_k - f\|_{L^q(\Omega)} = 0,$$

即弱收敛 + 范数收敛 $\Longrightarrow$ 强收敛.

弱收敛定理　设 Ω 是 $\mathbb{R}^n$ $(n \geqslant 2)$ 中的开区域, $1 < q < \infty$. 假定函数序列 $\{f_k\}_{k\in\mathbb{N}} \subset L^q(\Omega)$ 关于 k 是一致有界的, 即 $\sup\limits_k \|f_k\|_{L^q(\Omega)} < \infty$. 则存在子序列 $\{f_{k_j}\} \subset \{f_k\}$ 和函数 $f \in L^q(\Omega)$, 使得下述弱收敛关系成立

$$\lim_{k_j\to\infty}\int_\Omega f_{k_j}(x)g(x)dx = \int_\Omega f(x)g(x)dx, \quad \forall\, g \in L^{\frac{q}{q-1}}(\Omega).$$

注 2　弱 $*$ 收敛定义. 在上述弱收敛定义中, 如果 $q = \infty$, $f \in L^\infty(\Omega)$ 及函数序列 $\{f_k\} \subset L^\infty(\Omega)$ 满足: 对任意的函数 $g \in L^1(\Omega)$, 成立

$$\lim_{k\to\infty}\int_\Omega f_k(x)g(x)dx = \int_\Omega f(x)g(x)dx.$$

则称 f_k 弱 $*$ 收敛于 f, 记为 $f_k \stackrel{*}{\rightharpoonup} f \quad (L^\infty(\Omega))$.

注 3 在上述弱收敛序列的有界性, 弱收敛定理以及注 1 中, 当 $q=\infty$ 时, 结论均成立, 相应的弱收敛改为弱 $*$ 收敛.

Brezis-Lieb 引理 设 Ω 是 $\mathbb{R}^n$ 中的开子集, 并假定 $\{u_k\}\subset L^p(\Omega)$, $1\leqslant p<\infty$. 如果 $\{u_k\}$ 在 $L^p(\Omega)$ 有界, 且 $u_k\to u$ a.e. 在 Ω 中. 则成立

$$\lim_{k\to\infty}(\|u_k\|_{L^p(\Omega)}^p-\|u_k-u\|_{L^p(\Omega)}^p)=\|u\|_{L^p(\Omega)}^p.$$

一般内插不等式 该内插不等式是分析学中的一个常用工具, 在偏微分方程的先验估计中起着重要作用.

假定 $X_0,X,X_1(X_0\subset X\subset X_1)$ 是三个 Banach 空间, 并且 $X_0\hookrightarrow X$ 是紧嵌入, $X\hookrightarrow X_1$ 是连续嵌入. 则对任意的 $\epsilon>0$, 存在 $C_\epsilon=C(\epsilon,X_0,X,X_1)>0$, 使得

$$\|u\|_X\leqslant\epsilon\|u\|_{X_0}+C_\epsilon\|u\|_{X_1},\quad \forall u\in X_0.$$

下面介绍两个紧性定理, 这两个定理在证明演化方程整体弱解的存在性起着重要的作用.

Banach 空间中的紧性定理 设 X_0, X, X_1 是三个 Banach 空间, $X_0\subset X\subset X_1$ 是连续嵌入, X_0,X_1 是自反的, 且 $X_0\hookrightarrow X$ 是紧嵌入. 定义如下空间:

$$Y=\{u\in L^{\alpha_0}(0,T;X_0),\ \ \partial_t u\in L^{\alpha_1}(0,T;X_1)\},$$

以及范数

$$\|u\|_Y=\|u\|_{L^{\alpha_0}(0,T;X_0)}+\|\partial_t u\|_{L^{\alpha_1}(0,T;X_1)},$$

这里 $T>0,\alpha_0>1,\alpha_1>1$ 均为有限数. 则 Y 是一个 Banach 空间, 显然 $Y\subset L^{\alpha_0}(0,T;X)$.

结论 $Y\hookrightarrow L^{\alpha_0}(0,T;X)$ 是紧嵌入映射.

包含分数阶导数的紧性定理 设 X_0, X, X_1 是三个 Hilbert 空间, $X_0\subset X\subset X_1$ 是连续嵌入, 且 $X_0\hookrightarrow X$ 是紧嵌入. 假定函数 $u:\mathbb{R}^1\longrightarrow X_1$, 定义 u 关于 t 的 Fourier 变换 $\hat{u}$:

$$\hat{u}(\tau)=\int_{\mathbb{R}^1}e^{-it\tau}u(t)dt,$$

以及 u 关于 t 的 γ 阶导数:

$$\widehat{\partial_t^\gamma u}(\tau)=(i\tau)^\gamma\hat{u}(\tau).$$

设 $\gamma>0$, 定义如下空间:

$$H^\gamma(\mathbb{R}^1;X_0,X_1)=\{u\in L^2(\mathbb{R}^1;X_0),\partial_t^\gamma u\in L^2(\mathbb{R}^1;X_1)\},$$

以及范数:

$$\|u\|_{H^\gamma(\mathbb{R}^1;X_0,X_1)} = \left(\|u\|^2_{L^2(\mathbb{R}^1;X_0)} + \||\tau|^\gamma \hat{u}\|^2_{L^2(\mathbb{R}^1;X_1)}\right)^{\frac{1}{2}}.$$

则 $H^\gamma(\mathbb{R}^1;X_0,X_1)$ 是一个 Hilbert 空间.

对任意的集合 $K \subset \mathbb{R}^1$, 定义

$$H^\gamma_K(\mathbb{R}^1;X_0,X_1) = \{u \in H^\gamma(\mathbb{R}^1;X_0,X_1),\ \operatorname{supp} u \subset K\}.$$

结论 对任意的有界集合 K 以及 $\gamma > 0$, 映射 $H^\gamma_K(\mathbb{R}^1;X_0,X_1) \hookrightarrow L^2(\mathbb{R}^1,X)$ 是紧嵌入.

1.2 结构安排

本书的 2.1 节主要介绍 (广义) Fourier 变换及其性质, 包括速降函数空间, L^1, L^2 和缓增广义函数空间上的 Fourier 变换, 这些 Fourier 变换的性质在本书中被广泛地使用; 2.2 节主要介绍 Schonbek 方法, 即 Fourier 分离方法. 第 3 章主要介绍 Navier-Stokes 方程的弱解, 3.1 节主要介绍 Leray-Hopf 弱解的整体存在性[41]; 3.2 节主要介绍 Schonbek[32], Wiegner[42] 和 Kajikiya-Miyakawa[26] 的 L^2 上界大时间衰减行为; 3.3 节介绍 Schonbek[33] 对弱解建立的 L^2 下界大时间衰减行为. 第 4 章主要介绍 Navier-Stokes 方程的强解, 4.1 节主要介绍 Kato[25] 的小条件整体强解的存在性和大时间衰减性; 4.2 节主要介绍 Schonbek-Wiegner[37] 建立的关于空间变量任意阶导数的 L^2 大时间衰减行为; 4.3 节主要介绍 Miyakawa[30] 关于时空点的点点上界估计. 这些结果都是早期关于 Navier-Stokes 方程在全空间上的经典结论 (大时间渐近行为估计), 后来在非全空间上关于 Navier-Stokes 方程及其相关数学模型的大时间渐近衰减行为也有很多的研究和非常重要的进展, 感兴趣的读者可以参见文献 [1–3, 8–24, 34–36, 40].

习 题 一

1. 验证: 三维的 $\Delta = \sum_{i=1}^3 \dfrac{\partial^2}{\partial x_i^2}$ 算子在极坐标 (r,θ,φ) 之下有如下形式:

$$\Delta = \frac{1}{r^2}\frac{\partial}{\partial r}\left(r^2\frac{\partial}{\partial r}\right) + \frac{1}{r^2\sin\theta}\frac{\partial}{\partial\theta}\left(\sin\theta\frac{\partial}{\partial\theta}\right) + \frac{1}{r^2\sin\theta^2}\frac{\partial^2}{\partial\varphi^2}.$$

2. 设 Ω 是 $\mathbb{R}^n$ $(n \geqslant 2)$ 中的有界光滑区域. 假定 $u \in C^2(\overline{\Omega})$, 则下述恒等式成立:

$$u(x) = \frac{1}{n\omega_n}\int_\Omega \frac{\partial u(y)}{\partial y_i}\frac{x_i - y_i}{|x-y|^n}dy - \frac{1}{n\omega_n}\int_{\partial\Omega} u(y)\frac{x_i - y_i}{|x-y|^n}\nu_i(y)dS_y,$$

其中 ω_n 表示 $\mathbb{R}^n$ 单位球的体积, $\nu = (\nu_1,\nu_2,\cdots,\nu_n)$ 表示边界 $\partial\Omega$ 上的单位外法向.

3. 假定 $n \geqslant 1$, $\lambda, \mu \in (0, n)$ 满足 $\lambda + \mu > n$. 试证: 存在常数 $C = C(\lambda, \mu, n) > 0$, 使得对任意的 $x \in \mathbb{R}^n$, 成立

$$\int_{\mathbb{R}^n} \frac{dy}{|x-y|^\lambda |y|^\mu} \leqslant C|x|^{-(\lambda+\mu-n)}.$$

4. 设 $n \geqslant 2$. 令

$$A(x) = \{y \in \mathbb{R}^n : \ k_1|x| < |y| < k_2|x|\}, \quad 0 < k_1 < 1, \ k_2 > 1.$$

记 $k = \min\{1-k_1, k_2-1, k_1^2\}$. 则对任意的 $|x| > \dfrac{2}{k}$, 存在仅依赖于 k_1, k_2, n 的常数 $c_1 > 0, c_2 > 0$, 使得

$$\int_{A(x)\setminus B_1(x)} \frac{dy}{|x-y|^n \log|y|} \leqslant c_1 + c_2[\log|x|]^{-1}.$$

第2章 Fourier 变换

2.1 Fourier 变换的性质

Fourier 变换是一种线性的积分变换, 首先由法国学者 J. Fourier (1768—1830) 系统地提出. 最初 Fourier 分析是作为热过程的解析分析的工具被提出的, Fourier 变换的丰富和发展, 极大地促进了信息科学的发展, 现代的信息科学和技术离不开 Fourier 变换的理论和方法, 这是一个在物理上极为重要的数学工具. Fourier 变换在物理学、声学、光学、结构动力学、量子力学、数论、组合数学、概率论、统计学、信号处理、密码学、海洋学、通信等领域都有着广泛的应用. Fourier 变换在经典分析中是很重要的工具, 但由于在进行 Fourier 变换时, 经常对所讨论的函数加上一些限制条件 (例如, Riemann 或 Lebesgue 可积性), 从而使它的应用受到一定的局限. 总之, 经典分析不是讨论 Fourier 变换的理想框架. 然而在广义函数范围中, Fourier 变换与求导运算相仿, 几乎不受限制, 从而使 Fourier 变换成为更加灵活、更加有力的一种分析工具, 并且在现代偏微分方程理论中已被广泛地使用.

2.1.1 速降函数空间 $\mathscr{S}(\mathbb{R}^n)$ 上的 Fourier 变换

先介绍速降函数空间及其相关性质. 对任意的重指标 α, p 以及在全空间 $\mathbb{R}^n$ 上具有任意次可微的函数 φ, 成立 $\lim\limits_{|x|\to\infty} x^\alpha \partial^p \varphi(x) = 0$. 则称 φ 为速降函数, 全体速降函数构成的空间称为速降函数空间, 记为 $\mathscr{S}(\mathbb{R}^n)$ 或 $\mathscr{S}$.

速降函数空间 $\mathscr{S}(\mathbb{R}^n)$ 中的收敛性规定为: 设 $\{\varphi_N\} \subset \mathscr{S}(\mathbb{R}^n)$, 若对任意的重指标 α, p, 当 $N \longrightarrow \infty$ 时, 成立 $\sup\limits_{x\in\mathbb{R}^n} |x^\alpha \partial^p \varphi_N(x)| \longrightarrow 0$. 则称 $\varphi_N \longrightarrow 0$ $(\mathscr{S}(\mathbb{R}^n))$.

注 若 $f, g \in \mathscr{S}(\mathbb{R}^n)$, 则 $f * g \in \mathscr{S}(\mathbb{R}^n)$, 这里 $f * g$ 表示 f, g 的卷积, 其定义为

$$f * g(x) = \int_{\mathbb{R}^n} f(x-y)g(y)dy = \int_{\mathbb{R}^n} f(y)g(x-y)dy.$$

定义 2.1.1 假定 $f \in \mathscr{S}(\mathbb{R}^n)$, 定义 Fourier 变换为

$$F[f](\xi) = \int_{\mathbb{R}^n} f(x)e^{-ix\cdot\xi}dx;$$

另外假定 $g \in \mathscr{S}(\mathbb{R}^n)$, 定义 Fourier 逆变换为

$$F^{-1}[g](x) = (2\pi)^{-n}\int_{\mathbb{R}^n} f(\xi)e^{ix\cdot\xi}d\xi,$$

这里 $i=\sqrt{-1}$ 为虚数单位. 为书写简洁, 有时也将 Fourier (逆) 变换的记号写成 $\hat{f}(\xi)$ $(\check{f}(x))$.

注 Fourier 变换 F (逆变换 F^{-1}) : $\mathscr{S}(\mathbb{R}^n)\longrightarrow\mathscr{S}(\mathbb{R}^n)$ 是线性连续映照. 下面列举 Fourier 变换的一些简单性质:

(1) 线性运算, 即对于任意复数 α_1,α_2 与 $f_1,f_2\in\mathscr{S}(\mathbb{R}^n)$, 成立

$$F[\alpha_1 f_1+\alpha_2 f_2]=\alpha_1 F[f_1]+\alpha_2 F[f_2].$$

(2) 微分运算, 即对任意 $f\in\mathscr{S}(\mathbb{R}^n)$, 成立

$$F[\partial_j f](\xi)=i\xi_j F[f](\xi);\quad F[x_j f](\xi)=i\partial_j F[f](\xi).$$

(3) 卷积运算, 即对任意 $f,g\in\mathscr{S}(\mathbb{R}^n)$, 成立

$$F[f*g]=F[f]F[g],\quad F[fg]=(2\pi)^{-n}F[f]*F[g].$$

(4) 记 τ_h 为平移算子, $h\in\mathbb{R}^n$, 即 $(\tau_h g)(x)=g(x+h)$, 则对任意的 $f\in\mathscr{S}(\mathbb{R}^n)$, 成立 $F[\tau_h f](\xi)=e^{ih\cdot\xi}F[f](\xi)$.

(5) 对任意的 $f\in\mathscr{S}(\mathbb{R}^n)$, 成立 $F^{-1}[F[f]]=F[F^{-1}[f]]=f$.

(6) (Plancherel 定理) 关于 Fourier 变换, 成立如下等式:

$$\int_{\mathbb{R}^n}f(x)\overline{g}(x)dx=(2\pi)^{-n}\int_{\mathbb{R}^n}F[f](x)\overline{F[g]}(x)dx,\ \ \forall\, f,g\in\mathscr{S}(\mathbb{R}^n).$$

特别地, 当 $f=g$ 时, 成立 $\|f\|_{L^2(\mathbb{R}^n)}=(2\pi)^{-\frac{n}{2}}\|F[f]\|_{L^2(\mathbb{R}^n)}$.

(7) 设 $f(x)=e^{-a|x|^2}$, $a>0$. 则

$$F[f](\xi)=\left(\frac{\pi}{a}\right)^{\frac{n}{2}}e^{-\frac{|\xi|^2}{4a}},\quad F^{-1}[f](\xi)=(4\pi a)^{-\frac{n}{2}}e^{-\frac{|\xi|^2}{4a}}.$$

这是一个重要的 Fourier 变换的例子, 它在很多数学分支领域中被广泛使用.

2.1.2 $L^1(\mathbb{R}^n)$ 空间上的 Fourier 变换

本节简单介绍在 $L^1(\mathbb{R}^n)$ 空间上的 Fourier 变换 (其定义与在 $\mathscr{S}(\mathbb{R}^n)$ 空间上的定义类似) 的一些性质. 这些性质在不可压缩黏性流的性质研究中起着重要的作用.

定理 2.1.2 假定 $f\in L^1(\mathbb{R}^n)$, 则 $F[f]$ 在 $\mathbb{R}^n$ 上是一致连续的.

证明 根据等式

$$F[f](x+h)-F[f](x)=\int_{\mathbb{R}^n}[e^{-i(x+h)\cdot y}-e^{-ix\cdot y}]f(y)dy$$

$$= \int_{\mathbb{R}^n} [e^{-ih\cdot y} - 1] e^{-ix\cdot y} f(y) dy,$$

可知

$$\begin{aligned}\sup_{x\in\mathbb{R}^n} |F[f](x+h) - F[f](x)| &\leqslant \int_{\mathbb{R}^n} |e^{-ih\cdot y} - 1||f(y)|dy \\ &\leqslant \int_{|y|\leqslant r} |e^{-ih\cdot y} - 1||f(y)|dy + 2\int_{|y|>r} |f(y)|dy.\end{aligned}$$

因此对任意的 $\epsilon > 0$, 存在充分大的 $r > 0$, 使得 $2\int_{|y|>r} |f(y)|dy < \epsilon$. 另一方面,

$$e^{-ih\cdot y} - 1 = \int_0^1 \frac{d}{ds} e^{-ish\cdot y} ds = -ih\cdot y \int_0^1 e^{-ish\cdot y} ds.$$

因此, 对于给定的 $r > 0$, 成立

$$\sup_{|y|\leqslant r} |e^{-ih\cdot y} - 1| = \sup_{|y|\leqslant r} \left[\left| -ih\cdot y \int_0^1 e^{-ish\cdot y} ds \right| \right] \leqslant \sup_{|y|\leqslant r} \left[|h||y| \int_0^1 |e^{-ish\cdot y}| ds \right] \leqslant r|h|,$$

进而可得

$$\lim_{|h|\to 0} \sup_{|y|\leqslant r} |e^{-ih\cdot y} - 1| = 0.$$

因此

$$\lim_{|h|\to 0} \int_{|y|\leqslant r} |e^{-ih\cdot y} - 1||f(y)|dy \leqslant \lim_{|h|\to 0} \sup_{|y|\leqslant r} |e^{-ih\cdot y} - 1| \int_{\mathbb{R}^n} |f(y)|dy = 0.$$

从而成立

$$\lim_{|h|\to 0} \sup_{x\in\mathbb{R}^n} |F[f](x+h) - F[f](x)| \leqslant \epsilon.$$

由于 $\epsilon > 0$ 是任意的, 故可得

$$\lim_{|h|\to 0} \sup_{x\in\mathbb{R}^n} |F[f](x+h) - F[f](x)| = 0.$$

说明 $F[f]$ 在 $\mathbb{R}^n$ 上是一致连续的. □

定理 2.1.3　假定 $f \in L^1(\mathbb{R}^n)$, 则 $\lim_{|x|\to 0} F[f](x) = 0$.

证明　第一步. 当 $n = 1$ 时, 令 $f(x) = \chi_{(a,b)}(x)$, $-\infty < a < b < \infty$. 则

$$F[f](x) = \int_{-\infty}^{\infty} e^{-ix\xi} \chi_{(a,b)}(\xi) d\xi = \int_a^b e^{-ix\xi} d\xi = \frac{1}{ix}[e^{-iax} - e^{-ibx}].$$

从而成立 $\lim_{|x|\to 0} F[f](x) = 0$. 假如 $f(x)$ 有如下形式:

$$f(x) = f_1(x_1) f_2(x_2) \cdots f_n(x_n), \quad x = (x_1, x_2, \cdots, x_n),$$

则

$$F[f](x) = F[f_1](x_1)F[f_2](x_2)\cdots F[f_n](x_n).$$

由此可知, 当 $f(x)$ 为 $\mathbb{R}^n$ 中的长方体

$$I = \{x \in \mathbb{R}^n | -\infty < a_j < x_j < b_j < \infty, \ \ j = 1, 2, \cdots, n\}$$

上的特征函数时, 必有 $\lim\limits_{|x|\to 0} F[f](x) = 0$. 进一步, 若 $f(x)$ 为阶梯函数 ($\chi_I(x)$ 的线性组合) 时, 成立 $\lim\limits_{|x|\to 0} F[f](x) = 0$.

第二步. 假定 $f \in L^1(\mathbb{R}^n)$. 对任意的 $\epsilon > 0$, 存在阶梯函数 $\chi(x)$, 使得

$$\|f - \chi\|_{L^1(\mathbb{R}^n)} < \frac{\epsilon}{2}.$$

由于 $F[f] = F[f-\chi] + F[\chi]$, 故当 $|x|$ 充分大时, 有

$$|F[f](x)| \leqslant |F[f-\chi](x)| + |F[\chi](x)| \leqslant \|f-\chi\|_{L^1(\mathbb{R}^n)} + |F[\chi](x)| < \epsilon. \qquad \square$$

注 1 假定 f, $F[f]$, $F^{-1}[f] \in L^1(\mathbb{R}^n)$. 则成立

$$F^{-1}[F[f]] = f \quad 及 \quad F[F^{-1}f] = f.$$

注 2 对任意的 $f \in L^p(\mathbb{R}^n)$, $1 \leqslant p \leqslant 2$. 记 $\dfrac{1}{p} + \dfrac{1}{p'} = 1$. 则成立

$$\|F[f]\|_{L^{p'}(\mathbb{R}^n)} \leqslant (2\pi)^{\frac{n}{p'}} \|f\|_{L^p(\mathbb{R}^n)}.$$

注 3 一个重要的例子. 设 $f(x) = e^{-a|x|}$, $a > 0$. 则 $f \in L^1(\mathbb{R}^n)$, 且

$$F[f](\xi) = \pi^{\frac{n-1}{2}} \Gamma\left(\frac{n+1}{2}\right) \left(\frac{2}{a}\right)^n \left(1 + \frac{|\xi|^2}{a^2}\right)^{-\frac{n+1}{2}}.$$

2.1.3 缓增广义函数空间 $\mathscr{S}'(\mathbb{R}^n)$ 上的 Fourier 变换

定义 2.1.4 称 $\mathscr{S}(\mathbb{R}^n)$ 空间上的线性连续泛函为 $\mathscr{S}'(\mathbb{R}^n)$ 广义函数, 有时也简记为 $\mathscr{S}'$ 广义函数. 由这类广义函数全体组成的函数空间, 记为 $\mathscr{S}'(\mathbb{R}^n)$.

根据定义可知, 任一局部可积函数都是 $\mathscr{S}'(\mathbb{R}^n)$ 广义函数, 即 $L^1_{\text{loc}}(\mathbb{R}^n) \subset \mathscr{S}'(\mathbb{R}^n)$.

在 $\mathscr{S}(\mathbb{R}^n)$ 上定义线性泛函 δ:

$$\langle \delta, \varphi \rangle = \varphi(0), \quad \forall\, \varphi \in \mathscr{S}(\mathbb{R}^n).$$

上述定义表明 δ 在 $\mathscr{S}(\mathbb{R}^n)$ 上是线性连续的, 从而 $\delta \in \mathscr{S}'(\mathbb{R}^n)$. 需要指出的是, $\delta \notin L^1_{\text{loc}}(\mathbb{R}^n)$.

定义 2.1.5 对于任一 $\mathscr{S}'$ 广义函数 T, 定义它的 Fourier 变换 $F[T]$ 为

$$\langle F[T], \varphi\rangle = \langle T, F[\varphi]\rangle, \quad \forall\, \varphi \in \mathscr{S}(\mathbb{R}^n).$$

容易验证: $F[T]$ 确实是一个 $\mathscr{S}'$ 广义函数, 即 $F[T] \in \mathscr{S}'(\mathbb{R}^n)$, 并且确实是速降函数空间 $\mathscr{S}(\mathbb{R}^n)$ 上的 Fourier 变换的推广.

同样, 可以定义 $\mathscr{S}'$ 广义函数 T 的 Fourier 逆变换 $F^{-1}[T]$ 为

$$\langle F^{-1}[T], \varphi\rangle = \langle T, F^{-1}[\varphi]\rangle, \quad \forall\, \varphi \in \mathscr{S}(\mathbb{R}^n).$$

$\mathscr{S}'$ 广义函数的 Fourier 变换有如下性质:

(1) 广义 Fourier 变换是线性变换.

(2) 若 $T \in \mathscr{S}'(\mathbb{R}^n)$, 则 $F^{-1}[F][T] = F[F^{-1}][T] = T$.

(3) $F[\partial_j T] = i\xi_j F[T]$, $F[x_j T] = i\partial_j F[T]$.

(4) Fourier 变换 $F: \mathscr{S}'(\mathbb{R}^n) \longrightarrow \mathscr{S}'(\mathbb{R}^n)$ 是同构对应.

(5) $F[\delta(\cdot - a)](\xi) = e^{-ia\cdot\xi}$; $F^{-1}[\delta(\cdot - a)](\xi) = (2\pi)^{-n} e^{ia\cdot\xi}$. 特别地, 取 $a = 0$, 成立 $F[\delta] = 1, F^{-1}[\delta] = (2\pi)^{-n}$.

2.2 Schonbek 方法

本节介绍一类重要的方法: Schonbek 方法, 或称为 Fourier 分离方法 (Fourier Splitting Method), 由美国数学家 Schonbek 在 20 世纪 80 年代创立. 该方法目前在偏微分方程中被广泛地应用. 考虑下面形式的微积分方程:

$$\frac{d}{dt}\int_{\mathbb{R}^n} |u(x,t)|^2 dx \leqslant -C\int_{\mathbb{R}^n} |\partial^m u(x,t)|^2 dx, \tag{2.2.1}$$

其中 C 是一个与时间 t 无关的正常数, $m \geqslant 1$ 为整数. 需要说明的是, 很多偏微分方程的解都满足上述关系, 例如, 演化方程的守恒律, 不可压缩 Navier-Stokes 方程以及磁流体动力学方程的解都满足关系式 (2.2.1) ($m = 1$). 下面用 Schonbek 方法 (或称 Fourier 分离方法), 证明关系式 (2.2.1) 解的上界衰减率和下面线性方程解的上界衰减率是一致的:

$$\partial_t u(x,t) = \partial^{2m} u(x,t), \quad (x,t) \in \mathbb{R}^n \times (0, +\infty).$$

记

$$S_m(t) = \left\{\xi \in \mathbb{R}^n : \, |\xi| \leqslant \left(\frac{n}{C(t+1)}\right)^{\frac{1}{2m}}\right\}, \tag{2.2.2}$$

以及

$$M_m = \{u : \, |\hat{u}(\xi,t)| \leqslant A_m, \forall \xi \in S_m(t)\}. \tag{2.2.3}$$

上述 m, C 来自关系式 (2.2.1); A_m 是一个正常数.

定理 2.2.1 假定 $u=u(x,t)$ 是定义在 $\mathbb{R}^n\times(0,+\infty)$ 上的光滑函数且满足 (2.2.1) 式. 记 $u(x,0)=u_0\in L^2(\mathbb{R}^n)$. 如果存在常数 A_m, 使得 $u\in M_m$, 则

$$\|u(t)\|_{L^2(\mathbb{R}^n)}\leqslant K(t+1)^{-\frac{n}{4m}},\quad \forall t>0, \tag{2.2.4}$$

这里常数 K 依赖于 A_m, $\|u_0\|_{L^2(\mathbb{R}^n)}$.

证明 对关系式 (2.2.1) 利用 Fourier 变换的 Parseval 等式, 对任意 $t>0$, 可得

$$\begin{aligned}
\frac{d}{dt}\int_{\mathbb{R}^n}|\hat{u}(\xi,t)|^2d\xi &\leqslant -C\int_{\mathbb{R}^n}|\xi^{2m}||\hat{u}(\xi,t)|^2d\xi\\
&=-C\int_{\mathbb{R}^n\setminus S_m(t)}|\xi^{2m}||\hat{u}(\xi,t)|^2d\xi-C\int_{S_m(t)}|\xi^{2m}||\hat{u}(\xi,t)|^2d\xi\\
&\leqslant -\frac{n}{t+1}\int_{\mathbb{R}^n\setminus S_m(t)}|\hat{u}(\xi,t)|^2d\xi\\
&=-\frac{n}{t+1}\int_{S_m(t)}|\hat{u}(\xi,t)|^2d\xi+\frac{n}{t+1}\int_{S_m(t)}|\hat{u}(\xi,t)|^2d\xi.
\end{aligned}$$

由于已经假定 $u\in M_m$, 结合上述估计, 可得

$$\begin{aligned}
\frac{d}{dt}\left((t+1)^n\int_{\mathbb{R}^n}|\hat{u}(\xi,t)|^2d\xi\right)&\leqslant n(t+1)^{n-1}\int_{S_m(t)}|\hat{u}(\xi,t)|^2d\xi\\
&\leqslant C(n,m)(t+1)^{n-1-\frac{n}{2m}}.
\end{aligned}$$

进一步, 结合 Fourier 变换的 Parseval 等式, 可得

$$\begin{aligned}
(t+1)^n\int_{\mathbb{R}^n}|\hat{u}(\xi,t)|^2d\xi&\leqslant\frac{C(n,m)}{n-\frac{n}{2m}}(t+1)^{n-\frac{n}{2m}}+\int_{\mathbb{R}^n}|\hat{u}(\xi,0)|^2d\xi\\
&\leqslant\widetilde{C}(n,m)((t+1)^{n-\frac{n}{2m}}+\|u_0\|^2_{L^2(\mathbb{R}^n)}).
\end{aligned}$$

从而成立

$$\int_{\mathbb{R}^n}|u(x,t)|^2dx\leqslant K(n,m,\|u_0\|_{L^2(\mathbb{R}^n)})(t+1)^{-\frac{n}{2m}},\quad\forall t>0.$$ □

下面举一个具体方程的例子, 来说明这些方程的光滑解 u, 确实满足定理 2.2.1 中的假设条件, 即存在常数 A_m, 使得 $u\in M_m$.

定理 2.2.2 假定 $u_0\in L^2(\mathbb{R}^n)\cap L^1(\mathbb{R}^n)\cap C^m(\mathbb{R}^n)$, 并假设 $u=u(x,t)$ 是下述 Cauchy 问题的光滑解, $u(x,0)=u_0$,

$$\partial_t u+\sum_{i=1}^n\partial_{x_i}F_i'(u)=\partial^{2m}u,\quad (x,t)\in\mathbb{R}^n\times(0,+\infty), \tag{2.2.5}$$

其中 m 为正整数, 且 $F_i'(s)=\dfrac{dF_i(s)}{ds}$ 满足

$$\left|\frac{dF_i(s)}{ds}\right| \leqslant C|s|^p, \ \ \forall s\in\mathbb{R}^1, \quad p=1+\frac{2(2m-1)}{n}. \tag{2.2.6}$$

则存在常数 A_m, 使得 $u\in M_m$.

证明　在 (2.2.5) 式中的方程两端进行 Fourier 变化, 可得

$$\partial_t\hat{u}(\xi,t)+|\xi|^{2m}\hat{u}(\xi,t)+\sum_{i=1}^{n}\partial_{x_i}\widehat{uF_i'}(u)(\xi,t)=0, \quad (\xi,t)\in\mathbb{R}^n\times(0,+\infty).$$

上式两端同乘以 $e^{|\xi|^{2m}t}$, 成立

$$\frac{d}{dt}\left(e^{|\xi|^{2m}t}\hat{u}(\xi,t)\right)+\sum_{i=1}^{n}e^{|\xi|^{2m}t}\partial_{x_i}\widehat{uF_i'}(u)(\xi,t)=0.$$

关于 t 进行积分, 可得

$$\hat{u}(\xi,t)=\hat{u_0}(\xi)e^{-|\xi|^{2m}t}-\int_0^t\sum_{i=1}^{n}e^{-|\xi|^{2m}(t-s)}\partial_{x_i}\widehat{uF_i'}(u)(\xi,s)ds. \tag{2.2.7}$$

接下来的讨论中, 需要 Galiardo-Nirenberg 不等式的两种特殊情形, 即

$$\|u\|_{L^\infty(\mathbb{R}^n)}\leqslant C\|u\|_{L^2(\mathbb{R}^n)}^{1-a}\|\partial^m u\|_{L^2(\mathbb{R}^n)}^{a}, \quad a=\frac{n}{2m};$$

$$\|\partial u\|_{L^2(\mathbb{R}^n)}\leqslant C\|u\|_{L^2(\mathbb{R}^n)}^{1-b}\|\partial^m u\|_{L^2(\mathbb{R}^n)}^{b}, \quad b=\frac{1}{m}.$$

利用上述两个不等式和 Hölder 不等式, 可得

$$\begin{aligned}
&\left|\int_0^t\sum_{i=1}^{n}e^{-|\xi|^{2m}(t-s)}\partial_{x_i}\widehat{uF_i'}(u)(\xi,s)ds\right|\\
\leqslant&\sum_{i=1}^{n}\int_0^t|\partial_{x_i}\widehat{uF_i'}(u)(\xi,s)|ds\\
\leqslant&\sum_{i=1}^{n}\int_0^t\int_{\mathbb{R}^n}|\partial_{x_i}u(x,s)F_i'(u)(x,s)|dxds\\
\leqslant&C\int_0^t\int_{\mathbb{R}^n}|\partial u(x,s)||u(x,s)|^p dxds\\
\leqslant&C\int_0^t\||u(s)|^p\|_{L^2(\mathbb{R}^n)}\|\partial u(s)\|_{L^2(\mathbb{R}^n)}ds\\
\leqslant&C\int_0^t\|u(s)\|_{L^\infty(\mathbb{R}^n)}^{p-1}\|u(s)\|_{L^2(\mathbb{R}^n)}\|\partial u(s)\|_{L^2(\mathbb{R}^n)}ds
\end{aligned}$$

$$\leqslant C\int_0^t \|u(s)\|_{L^2(\mathbb{R}^n)}^{(1-a)(p-1)+2-b}\|\partial^m u(s)\|_{L^2(\mathbb{R}^n)}^{a(p-1)+b}ds$$

$$\leqslant C\int_0^t \|u(s)\|_{L^2(\mathbb{R}^n)}^{p-1}\|\partial^m u(s)\|_{L^2(\mathbb{R}^n)}^{2}ds, \tag{2.2.8}$$

这里用到假设条件: $p=1+\dfrac{2(2m-1)}{n}$, 等价于 $a(p-1)+b=2$.

在 (2.2.5) 式两边同乘以 u, 分部积分后, 可得

$$\begin{aligned}&\|u(t)\|_{L^2(\mathbb{R}^n)}^2+\int_0^t\|\partial^m u(s)\|_{L^2(\mathbb{R}^n)}^2ds\\ =&\sum_{i=1}^n\int_0^t\int_{\mathbb{R}^n}F_i'(u(x,s))\partial_{x_i}u(x,s)dxds+\|u_0\|_{L^2(\mathbb{R}^n)}^2\\ =&\sum_{i=1}^n\int_0^t\int_{\mathbb{R}^n}\frac{\partial F_i(u(x,s))}{\partial x_i}dxds+\|u_0\|_{L^2(\mathbb{R}^n)}^2\\ =&\|u_0\|_{L^2(\mathbb{R}^n)}^2.\end{aligned}\tag{2.2.9}$$

将 (2.2.8), (2.2.9) 式代入 (2.2.7) 式中, 成立

$$\begin{aligned}&\left|\int_0^t\sum_{i=1}^n e^{-|\xi|^{2m}(t-s)}\partial_{x_i}\widehat{uF_i'}(u)(\xi,s)ds\right|\\ \leqslant& C\|u_0\|_{L^2(\mathbb{R}^n)}^{p-1}\int_0^t\|\partial^m u(s)\|_{L^2(\mathbb{R}^n)}^2ds\leqslant C\|u_0\|_{L^2(\mathbb{R}^n)}^{p+1}.\end{aligned}\tag{2.2.10}$$

由 (2.2.7), (2.2.10) 可得

$$\begin{aligned}|\hat{u}(\xi,t)|&\leqslant|\hat{u_0}(\xi)|+\left|\int_0^t\sum_{i=1}^n e^{-|\xi|^{2m}(t-s)}\partial_{x_i}\widehat{uF_i'}(u)(\xi,s)ds\right|\\ &\leqslant\|u_0\|_{L^1(\mathbb{R}^n)}+C\|u_0\|_{L^2(\mathbb{R}^n)}^{p+1}.\end{aligned}$$

说明 $u\in M_m$, 其中在 M_m 定义中的 A_m 值: $A_m=\|u_0\|_{L^1(\mathbb{R}^n)}+C\|u_0\|_{L^2(\mathbb{R}^n)}^{p+1}$. □

习 题 二

1. 设 $f\in L^1(\mathbb{R}^1)$, 试证

$$\int_{\mathbb{R}^1}f(x)dx=\int_{\mathbb{R}^1}f\left(x-\frac{1}{x}\right)dx.$$

2. (次级恒等式) 在题 1 中取 $f(x)=e^{-tx^2}$, 试证:

$$e^{-2t}=\frac{1}{\sqrt{\pi}}\int_0^\infty e^{-y-\frac{t^2}{y}}y^{-\frac{1}{2}}dy,\quad t>0.$$

3. (不确定性原理) 设 $f \in \mathscr{S}(\mathbb{R}^n)$, 则成立

$$\|f\|_{L^2(\mathbb{R}^n)}^2 \leqslant \frac{4\pi}{n} \inf_{y\in\mathbb{R}^n} \left(\int_{\mathbb{R}^n} |x-y|^2 |f(x)|^2 dx\right)^{\frac{1}{2}} \inf_{z\in\mathbb{R}^n} \left(\int_{\mathbb{R}^n} |\xi - z|^2 |\hat{f}(\xi)|^2 d\xi\right)^{\frac{1}{2}}.$$

提示: 对于 $y \in \mathbb{R}^n$, 成立

$$\|f\|_{L^2(\mathbb{R}^n)}^2 = \frac{1}{n}\int_{\mathbb{R}^n} f(x)\overline{f(x)} \sum_{j=1}^n \partial_{x_j}(x_j - y_j) dx.$$

然后应用 Plancherel 恒等式以及如下等式:

$$\sum_{j=1}^n |\widehat{\partial_j f}(\xi)|^2 = 4\pi^2 |\xi|^2 |\hat{f}(\xi+z)|^2, \quad \forall\, \xi, z \in \mathbb{R}^n.$$

4. 设 $-\infty < \alpha < \dfrac{n}{2} < \beta < \infty$. 则存在常数 $C = C(\alpha, \beta, n) > 0$, 使得下式成立:

$$\|g\|_{L^1(\mathbb{R}^n)} \leqslant C \||x|^\alpha g(x)\|_{L^2(\mathbb{R}^n)}^{\frac{\beta-\frac{n}{2}}{\beta-\alpha}} \||x|^\beta g(x)\|_{L^2(\mathbb{R}^n)}^{\frac{\frac{n}{2}-\alpha}{\beta-\alpha}}.$$

提示: 首先证明

$$\|g\|_{L^1(\mathbb{R}^n)} \leqslant C(\||x|^\alpha g(x)\|_{L^2(\mathbb{R}^n)} + \||x|^\beta g(x)\|_{L^2(\mathbb{R}^n)}),$$

然后再用 $g(\lambda x)$ 代替 $g(x)$, 这里要选取适当的 $\lambda > 0$.

5. 证明: 设 $u \in \mathscr{S}'(\mathbb{R}^n)$ 满足: $\Delta u = 0$. 则 u 是一个多项式.

6. 记 $P_a(x) = \dfrac{1}{\pi}\dfrac{a}{x^2+a^2}$, $a > 0$. 试证

$$P_a * P_b = P_{a+b}.$$

第 3 章　Navier-Stokes 方程的弱解

Navier-Stokes 方程描述黏性不可压缩流体动量守恒的运动, 反映真实流体流动的基本力学规律, 在流体力学中有十分重要的意义, 自然界中大量的流体模型, 例如, 具有热传导效应的流体动力学模型、磁流体动力学模型、海洋动力学模型, 以及描述像血液流动等管道流的数学模型, 其主部均为 Navier-Stokes 方程. 因此, Navier-Stokes 方程具有很强的物理背景, 在生活、环保、科学技术及工程中有很强的应用价值, 是当今非线性科学研究中的重点和热点问题. Navier-Stokes 方程是由一组二阶非线性非标准抛物型和一阶椭圆型偏微分方程组成的混合型方程组, 该方程本身不能做任何的改动, 研究起来有极大的困难. 关于三维不可压缩 Navier-Stokes 方程具有有限能量光滑初值整体正则解的存在性或该解在有限时间内爆破是美国 Clay 数学研究所公布的七大著名千禧问题之一.

本章及以后各章中, 用 $C_0^\infty(\mathbb{R}^n)$ 表示所有定义在 $\mathbb{R}^n$ 上且具有紧支集的无穷次可微函数构成的全体,

$$C_{0,\sigma}^\infty(\mathbb{R}^n)=\{\phi=(\phi_1,\cdots,\phi_n)\in C_0^\infty(\mathbb{R}^n)\ :\nabla\cdot\phi=0\};$$

$L_\sigma^r(\mathbb{R}^n)$ $(1<r<\infty)$ 表示 $C_{0,\sigma}^\infty(\mathbb{R}^n)$ 在 $L^r(\mathbb{R}^n)$ 空间范数意义下的完备化.

3.1　Leray-Hopf 弱解

考虑如下不可压缩 Navier-Stokes 的齐次 Cauchy 问题:

$$\begin{cases}\partial_t u-\Delta u+(u\cdot\nabla)u+\nabla p=0, & (x,t)\in\mathbb{R}^n\times(0,\infty),\\ \nabla\cdot u=0, & (x,t)\in\mathbb{R}^n\times(0,\infty),\\ u(x,0)=u_0, & x\in\mathbb{R}^n,\end{cases}\tag{3.1.1}$$

其中函数 $u=(u_1(x,t),u_2(x,t),\cdots,u_n(x,t))$ $(n\geqslant 2)$ 和 $p=p(x,t)$ 分别表示未知的流体速度场和压强; $u_0=u_0(x)$ 是给定的初始向量场, 且在广义意义下满足不可压缩特征: $\nabla\cdot u_0=0\in\mathbb{R}^n$.

$$\partial_t=\frac{\partial}{\partial t},\quad \nabla=(\partial_1,\partial_2,\cdots,\partial_n),\quad \partial_j=\frac{\partial}{\partial x_j}\quad (j=1,2,\cdots,n),$$

$$\Delta u=\sum_{j=1}^n\partial_j\partial_j u,\quad (u\cdot\nabla)u=\sum_{j=1}^n u_j\partial_j u,\quad \nabla\cdot u=\sum_{j=1}^n\partial_j u_j.$$

假定 $u_0 \in L^2_\sigma(\mathbb{R}^n)$. 如果对任意的检验函数 $v \in C_0^\infty([0,\infty); C_{0,\sigma}^\infty(\mathbb{R}^n))$, 下式成立:

$$\int_0^\infty \int_{\mathbb{R}^n} \left(-u\frac{\partial v}{\partial \tau} + \nabla u \cdot \nabla v + u \cdot \nabla u \cdot v\right) dx\, d\tau = \int_{\mathbb{R}^n} u_0(x) v(x,0) dx.$$

则称向量函数 $u \in L^\infty(0,\infty; L^2_\sigma(\mathbb{R}^n)) \cap L^2_{\text{loc}}([0,\infty); H^1(\mathbb{R}^n))$ 为问题 (3.1.1) 的弱解.

进一步, 如果对几乎处处的时间 $t \in [0,\infty)$, 包括 $t=0$, 下述能量不等式成立:

$$\|u(t)\|^2_{L^2(\mathbb{R}^n)} + 2\int_0^t \|\nabla u(s)\|^2_{L^2(\mathbb{R}^n)} ds \leqslant \|u_0\|^2_{L^2(\mathbb{R}^n)}.$$

则称弱解 u 为问题 (3.1.1) 的 Leray-Hopf 弱解. 此外, 如果 Leray-Hopf 弱解 u 满足: $u \in L^\infty(0,\infty; H^1_\sigma(\mathbb{R}^n)) \cap L^2_{\text{loc}}([0,\infty); H^2(\mathbb{R}^n))$, 称 u 为问题 (3.1.1) 的强解.

关于不可压缩 Navier-Stokes 方程的 Cauchy 问题, 系统的理论研究始于法国数学家 J. Leray 1934 年的工作[29]. Leray 首次构造了二维、三维情形下具有有限能量的一类整体弱解, Leray 还进一步分析了他所构造的弱解关于时间的可能奇异点集合的 Hausdorff 测度估计. 关于问题 (3.1.1) Leray-Hopf 弱解的正则性, 目前已有很多重要的结果. Foias[6], Lions-Prodi[27], Prodi[31], Serrin[38, 39] 等对问题 (3.1.1) 弱解的正则性进行了系统的研究, 在空间 $L^s(0,T; L^q(\mathbb{R}^n))$ 中, $\frac{2}{s} + \frac{n}{q} = 1$, $2 \leqslant n < q \leqslant \infty$, 证明了 Leray-Hopf 弱解的唯一性和正则性. 经过简单的论证, 可以证明: 对于 Leray-Hopf 弱解 u, 当 $n \geqslant 2$ 时, $u \in L^s(0,T; L^q(\mathbb{R}^n))$, $\frac{2}{s} + \frac{n}{q} \geqslant \frac{n}{2}$. 当 $n \geqslant 3$ 时, 这与已知的正则性准则 $\frac{2}{s} + \frac{n}{q} = 1$ 存在一个间隙 (gap); 当 $n = 2$ 时, $u \in L^s(0,T; L^q(\mathbb{R}^2))$, $\frac{2}{s} + \frac{2}{q} = 1$, $2 < q \leqslant \infty$. Ladyzhenskaya[28] 证明了二维 Navier-Stokes 方程 Cauchy 问题整体弱解的唯一性、正则性和稳定性, 从而证明了在二维情形下, Navier-Stokes 方程 Cauchy 问题解的适定性.

需要指出的是, 如果 Leray-Hopf 弱解 u 在端点空间 $L^\infty(0,T; L^n(\mathbb{R}^n))$ $(n \geqslant 3)$ 中, 长期以来一直都不清楚 u 是否是正则的. 最近, 利用抛物方程的倒向唯一性定理和连续性方法, Escauriaza 等[5] 证明了 Leray-Hopf 弱解 u 在 $\in L^\infty(0,T; L^3(\mathbb{R}^3))$ 中的正则性, 当然也是唯一的, 这在 Navier-Stokes 方程解的正则性研究方面是一个重要的进展和突破. 到目前为止, 在三维及以上维数情形下, Leray-Hopf 弱解的整体正则性问题仍未得到解决. 对于 $n \geqslant 3$ 的情形, 存在充分小的常数 $\delta > 0$, 使得如果初始函数 $\|u_0\|_{L^n(\mathbb{R}^n)} \leqslant \delta$, 则问题 (3.1.1) 的 Leray-Hopf 弱解关于时空变量是光滑的, 也就是通常所说的 Navier-Stokes 方程的 Cauchy 问题 (即问题 (3.1.1)) 存在整体光滑的小解.

下面利用 Galerkin 方法、弱收敛定理和紧性定理, 证明如下 Navier-Stokes 方程的非齐次初边值问题存在一个 (整体) 弱解且满足能量不等式, 即 Leray-Hopf

弱解,

$$\begin{cases} \partial_t u - \nu\Delta u + (u\cdot\nabla)u + \nabla p = f, & (x,t)\in\Omega\times(0,\infty), \\ u(x,t) = 0, & (x,t)\in\partial\Omega\times(0,\infty), \\ \nabla\cdot u = 0, & (x,t)\in\Omega\times(0,\infty), \\ u(x,0) = u_0, & x\in\Omega, \end{cases} \tag{3.1.2}$$

这里 $\nu>0$ 表示流体的黏性系数, $\Omega\subseteq\mathbb{R}^n$ 表示开区域, $f=f(x,t)$ 表示在 (x,t) 点施加在流体上的外力函数.

记 $L^2_\sigma(\Omega)$, $H^1_{0,\sigma}(\Omega)$ 分别为 $C^\infty_{0,\sigma}(\Omega)$ 在 $L^2(\Omega)$, $H^1(\Omega)$ 空间范数意义下的完备化. 令 $H=L^2_\sigma(\Omega)$, $V=H^1_{0,\sigma}(\Omega)$, $V'=[H^1_{0,\sigma}(\Omega)]^*$ 表示 $H^1_{0,\sigma}(\Omega)$ 的共轭空间. 在本节的讨论中, $|\cdot|_H$ 表示 H 上的范数, $\|\cdot\|_V$ 表示 V 上的范数. 接下来需要准备一些预备知识和有用的引理, 需要说明的是, 这些引理本身也是非常有意义的.

对于 $n=2,3,4$, 可以在 $H^1_0(\Omega)$ 或 V 上, 定义如下三线性连续形式 $b(u,v,w)$:

$$b(u,v,w)=\int_\Omega (u\cdot\nabla)v\cdot w dx=\sum_{i,j=1}^n\int_\Omega u_i(\partial_i v_j)w_j dx. \tag{3.1.3}$$

如果 $u\in V$, 则

$$b(u,v,v)=0,\quad \forall v\in H^1_0(\Omega). \tag{3.1.4}$$

对于 V 中的 u,v, 记 $B(u,v)$ 为

$$\langle B(u,v),w\rangle = b(u,v,w),\quad \forall w\in V, \tag{3.1.5}$$

所定义的 V' 中的元素, 并设

$$B(u)=B(u,u)\in V',\quad \forall u\in V. \tag{3.1.6}$$

问题一 给定 f 和 u_0,

$$f\in L^2(0,T;V'),\quad 0<T<\infty, \tag{3.1.7}$$

$$u_0\in H, \tag{3.1.8}$$

寻找 u 满足

$$u\in L^2(0,T;V), \tag{3.1.9}$$

并且

$$\frac{d}{dt}(u,v)+\nu(\nabla u,\nabla v)+b(u,u,v)=\langle f,v\rangle,\quad \forall v\in V, \tag{3.1.10}$$

$$u(0)=u_0. \tag{3.1.11}$$

引理 3.1.1 当 $\mu \longrightarrow \infty$ 时, 如果 u_μ 在 $L^2(0,T;V)$ 中弱收敛到 u, 并在 $L^2(0,T;H)$ 中强收敛到 u, 则对于任意向量值函数 $w \in C^1(\overline{Q})$, $Q = \Omega \times (0,T)$. 当 $\mu \longrightarrow \infty$ 时, 成立

$$\int_0^T b(u_\mu(t), u_\mu(t), w(t))dt \longrightarrow \int_0^T b(u(t), u(t), w(t))dt.$$

证明 简单计算表明下述等式成立:

$$\int_0^T b(u_\mu, u_\mu, w)dt = -\int_0^T b(u_\mu, w, u_\mu)dt = -\sum_{i,j=1}^n \int_0^T \int_\Omega (u_\mu)_i(\partial_i w_j)(u_\mu)_j dxdt.$$

从而可得

$$\begin{aligned}
&\left|\int_0^T b(u_\mu, u_\mu, w)dt - \int_0^T b(u, u, w)dt\right| \\
\leqslant &\left|\sum_{i,j=1}^n \int_0^T \int_\Omega (u_\mu - u)_i(\partial_i w_j)(u_\mu)_j dxdt\right| \\
&+ \left|\sum_{i,j=1}^n \int_0^T \int_\Omega u_i(\partial_i w_j)(u_\mu - u)_j dxdt\right| \\
\leqslant &\|u_\mu - u\|_{L^2(0,T;H)}\|u_\mu\|_{L^2(0,T;H)}\|\nabla w\|_{C(\overline{Q})} \\
&+ \left|\sum_{i,j=1}^n \int_0^T \int_\Omega (u \cdot \nabla)w \cdot (u_\mu - u)dxdt\right|.
\end{aligned}$$

利用引理中的假设条件, 可知

$$\lim_{\mu\to\infty} \int_0^T b(u_\mu(t), u_\mu(t), w(t))dt = \int_0^T b(u(t), u(t), w(t))dt. \qquad \square$$

引理 3.1.2 假设空间的维数为 $n \leqslant 4$, $0 < T < \infty$, 并且 u 属于 $L^2(0,T;V)$. 则由

$$\langle Bu(t), v\rangle = b(u(t), u(t), v), \quad \forall v \in V, \quad \text{a.e. } t \in [0,T],$$

定义的 Bu 属于 $L^1(0,T;V')$.

证明 对于几乎所有的 t, $Bu(t)$ 是 V' 中的元素, 并且容易验证函数

$$t \in [0,T] \to Bu(t) \in V'$$

的可测性. 进一步, 由于 b 在 V 上是三线性连续形式, 成立

$$\|Bw\|_{V'} \leqslant c\|w\|_V^2, \quad \forall w \in V, \tag{3.1.12}$$

所以

$$\int_0^T \|Bu(t)\|_{V'}dt \leqslant c\int_0^T \|u(t)\|_V^2 dt < +\infty. \qquad \square$$

现在, 如果 u 满足 (3.1.9),(3.1.10), 则根据引理 3.1.2, (3.1.10) 可以写为

$$\frac{d}{dt}\langle u, v\rangle = \langle f - \nu Au - Bu, v\rangle, \quad \forall v \in V.$$

由于 Au 属于 $L^2(0,T;V')$, 根据引理 3.1.2, 函数 $f - \nu Au - Bu$ 属于 $L^1(0,T;V')$. 从而

$$u' = f - \nu Au - Bu \in L^1(0,T;V'), \tag{3.1.13}$$

由于

$$u \in L^2(0,T;V) \subset L^1(0,T;V').$$

从而根据 Sobolev 嵌入定理, 可得

$$u \in C([0,T],V').$$

这使得 (3.1.11) 式有意义.

一种代替问题 (3.1.9)—(3.1.11) 的方式可以表达为:

问题二 给定 f 和 u_0 满足 (3.1.7), (3.1.8), 寻找 u 满足

$$u \in L^2(0,T;V), \quad u' \in L^1(0,T;V'), \tag{3.1.14}$$

$$u' + \nu Au + Bu = f \quad \text{在 } \Omega \times (0,T) \text{ 上}, \tag{3.1.15}$$

$$u(0) = u_0 \quad \text{在 } \Omega \text{ 上}. \tag{3.1.16}$$

我们证明了问题一的解一定是问题二的解; 逆命题也是容易验证的, 所以这两个问题等价.

这些问题解的存在性由下述定理保证.

定理 3.1.3 假定 $n = 2,3,4$, $0 < T < \infty$. 给定 f 和 u_0 满足 (3.1.7), (3.1.8). 则至少存在一个函数 u 满足 (3.1.14)—(3.1.16). 进一步,

$$u \in L^\infty(0,T;H). \tag{3.1.17}$$

注 (i) 定理 3.1.3 中得到的解 u 是从 $[0,T]$ 弱连续到 H 中的, 即

$$u \in C_w([0,T],H).$$

该结论可以由 $u \in L^\infty(0,T;H)$, $u \in C_w([0,T],V')$ 以及下述结论[41] 得到.

设 X, Y 是两个 Banach 空间, 且 $X \hookrightarrow Y$ 是连续嵌入映射. 设 $\phi \in L^\infty(0,T;X)$, $\phi \in C_w([0,T],Y)$. 则 $\phi \in C_w([0,T],X)$.

(ii) 如果假设

$$f = f_1 + f_2,\quad f_1 \in L^2(0,T;V'),\quad f_2 \in L^1(0,T;H).$$

检查该定理的证明过程, 可知定理 3.1.3 同样成立.

定理 3.1.3 的证明　第一步. 由于 V 是可分的, 并且 $C_{0,\sigma}^{\infty}(\Omega)$ 在 V 中稠密, 故在 $C_{0,\sigma}^{\infty}(\Omega)$ 中可选取一列元素 $w_1,\cdots,w_m,\cdots$, 它们散度为零并且在 V 中是线性无关的、完备的. 对于每个 m, 定义 (3.1.10) 的近似解 u_m 如下

$$u_m = \sum_{i=1}^{m} g_{im}(t) w_i, \tag{3.1.18}$$

并且

$$\begin{aligned}&(u_m'(t), w_j) + \nu(\nabla u_m(t), \nabla w_j) + b(u_m(t), u_m(t), w_j)\\ =\ &\langle f(t), w_j\rangle,\quad t\in[0,T],\quad j=1,\cdots,m,\end{aligned} \tag{3.1.19}$$

$$u_m(0) = u_{0m}, \tag{3.1.20}$$

其中 $(\cdot,\cdot)$ 是 H 的内积, u_{0m} 是 u_0 从 H 到 $w_1,\cdots,w_m$ 张成的空间上的正交投影. 即

$$u_0 = u_{0m} + u_{0m}^{\perp},$$

$$u_{0m} \in \overline{\operatorname{span}\{w_1,w_2,\cdots,w_m\}_H},\quad u_{0m}^{\perp} \in \overline{\operatorname{span}\{w_1,w_2,\cdots,w_m\}_H}^{\perp}.$$

说明 $|u_{0m}|_H \leqslant |u_0|_H$ 且 $\lim\limits_{m\to\infty} |u_{0m} - u_0|_H = 0$.

方程 (3.1.19) 构造了一个关于函数 $g_{1m},\cdots,g_{mm}$ 的非线性微分系统,

$$\begin{aligned}&\sum_{i=1}^{m}(w_i,w_j)g_{im}'(t) + \nu\sum_{i=1}^{m}(\nabla w_i,\nabla w_j)g_{im}(t)\\ &+\sum_{i,\ell=1}^{m} b(w_i,w_\ell,w_j)g_{im}(t)g_{\ell m}(t) = \langle f(t), w_j\rangle.\end{aligned} \tag{3.1.21}$$

对非奇异矩阵 $((w_i,w_j))_{1\leqslant i,j\leqslant m}$ 取逆, 可以将微分方程组写作通常的形式

$$g_{im}'(t) + \sum_{j=1}^{m}\alpha_{ij}g_{jm}(t) + \sum_{j,k=1}^{m}\alpha_{ijk}g_{jm}(t)g_{km}(t) = \sum_{j=1}^{m}\beta_{ij}\langle f(t), w_j\rangle, \tag{3.1.22}$$

其中 $\alpha_{ij},\alpha_{ijk},\beta_{ij}\in\mathbb{R}$.

条件 (3.1.20) 等价于 m 个初始条件

$$g_{im}(0) = c_{im},\quad i=1,2,\cdots,m, \tag{3.1.23}$$

这里的 $(c_{1m}, c_{2m}, \cdots, c_{mm})$ 是下列线性代数方程组的唯一解:

$$\sum_{i=1}^{m} g_{im}(0)(w_i, w_j) = (u_0, w_j), \quad j = 1, 2, \cdots, m.$$

事实上, 由 u_{0m} 的选取可得

$$\begin{aligned}(u_0, w_j) &= (u_{0m}, w_j) + (u_{0m}^{\perp}, w_j) \\ &= (u_{0m}, w_j) = \left(\sum_{i=1}^{m} g_{im}(0) w_i, w_j\right) \\ &= \sum_{i=1}^{m} g_{im}(0)(w_i, w_j), \quad j = 1, 2, \cdots, m.\end{aligned}$$

带有初始条件 (3.1.23) 的非线性常微分方程组 (3.1.22) 有一个定义在区间 $[0, t_m]$ 上的极大解. 如果 $t_m < T$, 则当 $t \to t_m$ 时, $|u_m(t)|_H$ 一定趋于 $+\infty$; 而后证明的一个先验估计 (3.1.26) 说明这种情形不会发生, 所以 $t_m = T$.

第二步. 将 (3.1.19) 两边乘上 $g_{jm}(t)$, 并将这些方程对 $j = 1, \cdots, m$ 求和. 利用 (3.1.4), 得到

$$(u_m'(t), u_m(t)) + \nu \|u_m(t)\|_V^2 = \langle f(t), u_m(t) \rangle. \tag{3.1.24}$$

于是

$$\begin{aligned}\frac{d}{dt}|u_m(t)|_H^2 + 2\nu \|u_m(t)\|_V^2 &= 2\langle f(t), u_m(t) \rangle \\ &\leqslant 2\|f(t)\|_{V'} \|u_m(t)\|_V \\ &\leqslant \nu \|u_m(t)\|_V^2 + \frac{1}{\nu}\|f(t)\|_{V'}^2.\end{aligned}$$

所以

$$\frac{d}{dt}|u_m(t)|_H^2 + \nu \|u_m(t)\|_V^2 \leqslant \frac{1}{\nu}\|f(t)\|_{V'}^2. \tag{3.1.25}$$

将 (3.1.25) 从 0 到 s 积分, 可得

$$\begin{aligned}|u_m(s)|_H^2 &\leqslant |u_{0m}|_H^2 + \frac{1}{\nu}\int_0^s \|f(t)\|_{V'}^2 dt \\ &\leqslant |u_0|_H^2 + \frac{1}{\nu}\int_0^T \|f(t)\|_{V'}^2 dt.\end{aligned}$$

所以

$$\sup_{s \in [0,T]} |u_m(s)|_H^2 \leqslant |u_0|_H^2 + \frac{1}{\nu}\int_0^T \|f(t)\|_{V'}^2 dt. \tag{3.1.26}$$

这说明

$$u_m \text{ 在 } L^\infty(0,T;H) \text{ 中有界}. \tag{3.1.27}$$

然后将 (3.1.25) 从 0 到 T 积分可以得到

$$\begin{aligned}|u_m(T)|_H^2 + \nu\int_0^T \|u_m(t)\|_V^2 dt &\leqslant |u_{0m}|_H^2 + \frac{1}{\nu}\int_0^T \|f(t)\|_{V'}^2 dt\\ &\leqslant |u_0|_H^2 + \frac{1}{\nu}\int_0^T \|f(t)\|_{V'}^2 dt.\end{aligned}$$

这个估计告诉我们

$$u_m \quad \text{在} \quad L^2(0,T;V) \quad \text{中有界}. \tag{3.1.28}$$

第三步. 设 $\tilde{u}_m$ 是一个从 $\mathbb{R}$ 到 V 的函数, 它在区间 $[0,T]$ 上等于 u_m, 在此区间之外为 0. $\tilde{u}_m$ 的 Fourier 变换记为 $\hat{u}_m$. 我们需要证明, 对于某个 $\gamma > 0$

$$\int_{-\infty}^{+\infty} |\tau|^{2\gamma} |\hat{u}_m(\tau)|_H^2 dt \leqslant C. \tag{3.1.29}$$

再结合 (3.1.28), 可得

$$u_m \quad \text{在} \quad H^\gamma(\mathbb{R};V,H) \quad \text{中有界}. \tag{3.1.30}$$

这能确保我们能够使用第 1 章中介绍的紧性结果.

为了证明 (3.1.29), 观察到 (3.1.19) 可以写作

$$\frac{d}{dt}(\tilde{u}_m, w_j) = \langle \tilde{f}_m, w_j\rangle + (u_{0m}, w_j)\delta_0 - (u_m(T), w_j)\delta_T, \quad j = 1,\cdots,m, \tag{3.1.31}$$

其中 δ_0, δ_T 分别是 0 处和 T 处的 Dirac 广义函数, 且

$$\begin{aligned}&f_m = f - \nu A u_m - B u_m,\\ &\tilde{f}_m = \begin{cases} f_m, & \text{在区间 } [0,T] \text{ 上},\\ 0, & \text{在区间 } [0,T] \text{ 外}.\end{cases}\end{aligned} \tag{3.1.32}$$

由 Fourier 变换, (3.1.31) 给出

$$i\tau(\hat{u}_m, w_j) = \langle \hat{f}_m, w_j\rangle + (u_{0m}, w_j) - (u_m(T), w_j)\exp(-iT\tau), \tag{3.1.33}$$

$\hat{u}_m$ 和 $\hat{f}_m$ 分别表示 $\tilde{u}_m$ 和 $\tilde{f}_m$ 的 Fourier 变换.

将 (3.1.33) 两边乘上 $\hat{g}_{jm}(\tau)(=\tilde{g}_{jm}$ 的 Fourier 变换), 并将这些方程对 $j = 1,\cdots,m$ 求和, 得到

$$i\tau|\hat{u}_m(\tau)|_H^2 = \langle \hat{f}_m(\tau), \hat{u}_m(\tau)\rangle + (u_{0m}, \hat{u}_m(\tau)) - (u_m(T), \hat{u}_m(\tau))\exp(-iT\tau). \tag{3.1.34}$$

由不等式 (3.1.12), 知

$$\int_0^T \|f_m(t)\|_{V'}dt \leqslant \int_0^T (\|f(t)\|_{V'} + \nu\|u_m(t)\|_V + c\|u_m(t)\|_V^2)dt,$$

并且根据 (3.1.28), 上式有界. 所以

$$\sup_{\tau\in\mathbb{R}} \|\hat{f}_m(\tau)\|_{V'} \leqslant \int_0^T \|f_m(t)\|_{V'}dt \leqslant C, \quad \forall m.$$

由于 (3.1.26) 成立, 故

$$|u_m(0)|_H \leqslant C, \quad |u_m(T)|_H \leqslant C.$$

从 (3.1.34), 可以得到

$$|\tau||\hat{u}_m(\tau)|_H^2 \leqslant c_1\|\hat{u}_m(\tau)\|_V + c_2|\hat{u}_m(\tau)|_H. \tag{3.1.35}$$

对于给定的 $0<\gamma<1/4$, 利用 Young 不等式可知

$$|\tau|^{2\gamma} \leqslant c_3(\gamma)\frac{1+|\tau|}{1+|\tau|^{1-2\gamma}}, \quad \forall\tau\in\mathbb{R}.$$

结合 (3.1.35), 利用 Plancherel 恒等式和 (3.1.27), (3.1.28), 可得

$$\begin{aligned}
&\int_{-\infty}^{+\infty} |\tau|^{2\gamma}|\hat{u}_m(\tau)|_H^2 d\tau \\
\leqslant{}& c_3(\gamma)\int_{-\infty}^{+\infty} \frac{1+|\tau|}{1+|\tau|^{1-2\gamma}}|\hat{u}_m(\tau)|_H^2 d\tau \\
\leqslant{}& c_3(\gamma)\int_{-\infty}^{+\infty} |\hat{u}_m(\tau)|_H^2 d\tau + c_3(\gamma)\int_{-\infty}^{+\infty} \frac{c_2\|\hat{u}_m(\tau)\|_V + c_3|\hat{u}_m(\tau)|_H}{1+|\tau|^{1-2\gamma}}d\tau \\
\leqslant{}& c_4\int_{-\infty}^{+\infty} \frac{\|\hat{u}_m(\tau)\|_V}{1+|\tau|^{1-2\gamma}}d\tau + c_5\int_{-\infty}^{+\infty} (|\hat{u}_m(\tau)|_H^2 + |\hat{u}_m(\tau)|_H)d\tau \\
\leqslant{}& c_6\left(\int_{-\infty}^{+\infty} \frac{d\tau}{(1+|\tau|^{1-2\gamma})^2}\right)^{1/2}\left(\int_0^T \|u_m(t)\|_V^2 dt\right)^{1/2} \\
&+ c_7\int_0^T (|u_m(\tau)|_H^2 + |u_m(\tau)|_H)d\tau \leqslant C,
\end{aligned} \tag{3.1.36}$$

此即为 (3.1.29) 式.

第四步. 由估计式 (3.1.27) 和 (3.1.28), 可知存在一个向量函数 $u\in L^2(0,T;V)\cap L^\infty(0,T;H)$, 以及子列, 不妨仍记为 u_m, 使得

$$\left.\begin{aligned}
&u_m \longrightarrow u \quad \text{在 } L^2(0,T;V) \text{ 中弱收敛意义下}, \\
&u_m \longrightarrow u \quad \text{在 } L^\infty(0,T;H) \text{ 中弱 } * \text{ 收敛意义下}.
\end{aligned}\right\} \tag{3.1.37}$$

根据 (3.1.30) 和第 1 章中的紧定理, 还有

$$u_m \longrightarrow u \quad \text{在} \ L^2(0,T;H) \ \text{中强收敛意义下}. \tag{3.1.38}$$

令 $\psi \in C_0^\infty([0,T))$. 在 (3.1.19) 两边同乘以 $\psi(t)$, 然后分部积分, 成立

$$\begin{aligned} &-\int_0^T (u_m(t), w_j\psi'(t))dt + \nu\int_0^T (\nabla u_m(t), \psi(t)\nabla w_j)dt \\ &+\int_0^T b(u_m(t), u_m(t), w_j\psi(t))dt \\ =\ &(u_{0m}, w_j)\psi(0) + \int_0^T \langle f(t), w_j\psi(t)\rangle dt. \end{aligned} \tag{3.1.39}$$

利用 (3.1.37), (3.1.38), 以及引理 3.1.1, 在 (3.1.39) 中令 $m \longrightarrow \infty$, 可得

$$\begin{aligned} &-\int_0^T (u(t), v\psi'(t))dt + \nu\int_0^T (\nabla u(t), \psi(t)\nabla v)dt \\ &+\int_0^T b(u(t), u(t), v\psi(t))dt = (u_0, v)\psi(0) + \int_0^T \langle f(t), v\psi(t)\rangle dt \end{aligned} \tag{3.1.40}$$

对 $v = w_1, w_2, \cdots$ 成立; 由线性性质, 上述积分等式对任意的 w_j 的有限线性组合 v 都成立, 通过连续性论证, (3.1.40) 对任意 $v \in V$ 也成立.

特别地, 在 (3.1.40) 中取 $\psi = \phi \in C_0^\infty((0,T))$, 可以看出 u 在分布意义下满足 (3.1.10).

最后, 还要证明 u 满足 (3.1.11). 在 (3.1.10) 两边乘上 $\psi \in C_0^\infty([0,T))$, 然后积分, 再对第一项分部积分有

$$\begin{aligned} &-\int_0^T (u(t), v\psi'(t))dt + \nu\int_0^T (\nabla u(t), \psi(t)\nabla v)dt \\ &+\int_0^T b(u(t), u(t), v\psi(t))dt = (u(0), v)\psi(0) + \int_0^T \langle f(t), v\psi(t)\rangle dt. \end{aligned} \tag{3.1.41}$$

和 (3.1.40) 比较, 有

$$(u(0) - u_0, v)\psi(0) = 0, \quad \psi \in C_0^\infty([0,T)).$$

可以选取 ψ, 满足 $\psi(0) \neq 0$, 则

$$(u(0) - u_0, v) = 0, \quad \forall v \in V.$$

由于 $C_{0,\sigma}^\infty(\Omega)$ 在 V 中稠密, 上式对任意的 $v \in C_{0,\sigma}^\infty(\Omega)$ 也成立. 从而存在广义函数 p, 使得 $u(0) - u_0 = \nabla p$. 又由于 $u(0), u_0 \in H = L_\sigma^2(\Omega)$, 故在 Ω 中, $u(0) = u_0$ 几乎处处成立, 说明 (3.1.11) 成立. □

注 (i) 无界区域情形.

当 Ω 无界时, 检查证明过程发现 (3.1.27)—(3.1.30) 同样成立, 主要的区别在于从 V 到 H 的嵌入映射不再是紧的了.

尽管如此, 可以选取满足 (3.1.37) 的子列, 不妨仍记为 u_m. 对任意 Ω 内的球 $\mathscr{O}$, 由 $H^1(\mathscr{O})$ 到 $L^2(\mathscr{O})$ 的嵌入映射是紧的, 并且 (3.1.30) 说明

$$u_m|_{\mathscr{O}} \text{ 在 } H^\gamma(\mathbb{R}; H^1(\mathscr{O}), L^2(\mathscr{O})) \text{ 中有界}, \ \forall \mathscr{O}.$$

由第 1 章中的紧性定理, 可推知

$$u_m|_{\mathscr{O}} \longrightarrow u|_{\mathscr{O}} \text{ 在 } L^2(0,T;L^2(\mathscr{O})) \text{ 中强收敛意义下}, \ \forall \mathscr{O}.$$

说明

$$u_m \longrightarrow u \text{ 在 } L^2(0,T;L^2_{\text{loc}}(\Omega)) \text{ 中强收敛意义下}.$$

特别地, 固定 j,

$$u_m|_{\Omega'} \longrightarrow u|_{\Omega'} \text{ 在 } L^2(0,T;L^2(\Omega')) \text{ 中强收敛意义下},$$

其中 Ω' 是 $w_j \in C^\infty_{0,\sigma}(\Omega)$ 的支集, 这足够在 (3.1.39) 式两边取极限得到相应的极限积分方程等式.

(ii) 能量不等式. 对 (3.1.24) 进行积分, 可以看出

$$|u_m(t)|_H^2 + 2\nu \int_0^t \|u_m(s)\|_V^2 ds = |u_{0m}|_H^2 + 2\int_0^t \langle f(s), u_m(s)\rangle ds.$$

在这个等式两边乘上 $\phi(t)$, 其中 $\phi \in C_0^\infty((0,T))$, $\phi(t) \geqslant 0$. 然后积分, 成立

$$\begin{aligned}&\int_0^T \left\{|u_m(t)|_H^2 + 2\nu \int_0^t \|u_m(s)\|_V^2 ds\right\}\phi(t)dt\\ =&\int_0^T \left\{|u_{0m}|_H^2 + 2\int_0^t \langle f(s), u_m(s)\rangle ds\right\}\phi(t)dt.\end{aligned}$$

利用 (3.1.37), 由上式可得

$$\begin{aligned}&\int_0^T \left\{|u(t)|_H^2 + 2\nu \int_0^t \|u(s)\|_V^2 ds\right\}\phi(t)dt\\ \leqslant&\int_0^T \left\{|u_0|_H^2 + 2\int_0^t \langle f(s), u(s)\rangle ds\right\}\phi(t)dt,\end{aligned}$$

对任意的 $\phi \in C_0^\infty((0,T))$, $\phi(t) \geqslant 0$ 都成立. 说明

$$|u(t)|_H^2 + 2\nu \int_0^t \|u(s)\|_V^2 ds \leqslant |u_0|_H^2 + 2\int_0^t \langle f(s), u(s)\rangle ds$$

对几乎所有 $t \in [0,T]$ 成立.

由定理 3.1.3 以及上述定理的注, 并注意到 $H^{-1}(\Omega) = [H_0^1(\Omega)]^* \subset [H_{0,\sigma}^1(\Omega)]^*$, 可知, 关于问题 (3.1.2), 下述弱解的存在性结论成立.

定理 3.1.4 假定设 Ω 是 $\mathbb{R}^n$ $(n=2,3,4)$ 中的 Lipschitz 开区域, $u_0 \in L_\sigma^2(\Omega)$ $(n=2,3,4)$, $f \in L^2(0,T;H^{-1}(\Omega))$. 则问题 (3.1.2) 存在一个 Leray-Hopf 弱解.

3.2 能量衰减的上界估计

1934 年, Leray 在其开创性的工作中[29] 对不可压缩 Navier-Stokes 方程进行了系统的研究, 建立了二、三维整体弱解的存在性, 并首次提出弱解的能量是否大时间衰减到零. 这个问题经过 50 余年才被 Schonbek[32], Wiegner[42] 和 Miyakawa[26] 等分别独立解决, 所用方法主要是 Schonbek 创立的 Fourier 分离技巧、Wiegner 建立的基本不等式以及 Miyakawa 建立的谱分析方法. 我们将详细介绍这三种方法以及用这三种方法得到的相应结果.

3.2.1 Schonbek 方法

本节利用 Schonbek 创建的方法 (即 Fourier 分离方法), 讨论问题 (3.1.1) 整体 Leray-Hopf 弱解在 $L^2(\mathbb{R}^n)$ 中关于时间衰减的上界估计.

下面第一个结果是关于问题 (3.1.1) 光滑解的衰减估计.

定理 3.2.1 设 $u_0 \in L^1(\mathbb{R}^n) \cap L_\sigma^2(\mathbb{R}^n)$ $(n \geqslant 3)$. 假定 $u: \mathbb{R}^n \times (0,\infty) \longrightarrow \mathbb{R}^n$, $p: \mathbb{R}^n \times (0,\infty) \longrightarrow \mathbb{R}^1$ 是光滑函数, 当 $|x|$ 趋于无穷远处时快速趋于零, 并且满足问题 (3.1.1). 则

$$\|u(t)\|_{L^2(\mathbb{R}^n)} \leqslant C(t+1)^{-\frac{n}{4}+\frac{1}{2}}, \quad \forall t > 0,$$

其中常数 C 仅依赖于 n, $\|u_0\|_{L^2(\mathbb{R}^n)}$ 和 $\|u_0\|_{L^1(\mathbb{R}^n)}$.

证明 利用不可压缩特征方程: $\nabla \cdot u = 0$, 可知

$$\int_{\mathbb{R}^n} (u(x,t)\cdot\nabla)u(x,t)\cdot u(x,t)dx = 0, \quad \forall t > 0.$$

在问题 (3.1.1) 中第一个方程的两边同乘以 u, 在 $\mathbb{R}^n$ 上进行分部积分可得

$$\frac{d}{dt}\int_{\mathbb{R}^n} |u(x,t)|^2 dx = -2\int_{\mathbb{R}^n} |\nabla u(x,t)|^2 dx. \tag{3.2.1}$$

记

$$S(t) = \{x \in \mathbb{R}^n;\ |x| < r(t)\}, \quad r(t) = \left[\frac{n}{2(t+1)}\right]^{\frac{1}{2}}.$$

在 (3.2.1) 式两边应用 Fourier 变换中的 Plancherel 定理, 成立

$$
\begin{aligned}
&\frac{d}{dt}\int_{\mathbb{R}^n}|\hat{u}(\xi,t)|^2d\xi\\
&=-2\int_{\mathbb{R}^n}|\xi|^2|\hat{u}(\xi,t)|^2d\xi\\
&=-2\int_{\mathbb{R}^n\setminus S(t)}|\xi|^2|\hat{u}(\xi,t)|^2d\xi-2\int_{S(t)}|\xi|^2|\hat{u}(\xi,t)|^2d\xi\\
&\leqslant-\frac{n}{t+1}\int_{\mathbb{R}^n\setminus S(t)}|\hat{u}(\xi,t)|^2d\xi-2\int_{S(t)}|\xi|^2|\hat{u}(\xi,t)|^2d\xi\\
&=-\frac{n}{t+1}\int_{\mathbb{R}^n}|\hat{u}(\xi,t)|^2d\xi+\int_{S(t)}\left(\frac{n}{t+1}-2|\xi|^2\right)|\hat{u}(\xi,t)|^2d\xi,\quad\forall t>0.
\end{aligned}
$$

从而对任意 $t>0$, 有

$$
\frac{d}{dt}\int_{\mathbb{R}^n}|\hat{u}(\xi,t)|^2d\xi+\frac{n}{t+1}\int_{\mathbb{R}^n}|\hat{u}(\xi,t)|^2d\xi\leqslant\frac{n}{t+1}\int_{S(t)}|\hat{u}(\xi,t)|^2d\xi. \tag{3.2.2}
$$

现在先假定下面的估计成立:

$$
|\hat{u}(\xi,t)|\leqslant C_0|\xi|^{-1},\quad\forall\xi\in S(t),\quad t>0, \tag{3.2.3}
$$

其中常数 $C_0=\|u_0\|_{L^1(\mathbb{R}^n)}\left(\frac{n}{2}\right)^{\frac{1}{2}}+2\|u_0\|^2_{L^2(\mathbb{R}^n)}$.

利用 (3.2.3) 式, 对任意 $t>0$, 可得

$$
\int_{S(t)}|\hat{u}(\xi,t)|^2d\xi\leqslant C\int_{S(t)}|\xi|^{-2}d\xi\leqslant C\int_0^{r(t)}r^{n-1-2}dr\leqslant C(t+1)^{-\frac{n}{2}+1}.
$$

结合 (3.2.2) 式, 对任意 $t>0$, 成立

$$
\frac{d}{dt}\left((t+1)^n\int_{\mathbb{R}^n}|\hat{u}(\xi,t)|^2d\xi\right)\leqslant C(t+1)^{n-1-\frac{n}{2}+1}.
$$

在上式两端关于时间 $t>0$ 积分, 可知

$$
(t+1)^n\int_{\mathbb{R}^n}|\hat{u}(\xi,t)|^2d\xi\leqslant C(t+1)^{n-\frac{n}{2}+1}+\int_{\mathbb{R}^n}|\hat{u}(\xi,0)|^2d\xi.
$$

进一步成立

$$
\int_{\mathbb{R}^n}|\hat{u}(\xi,t)|^2d\xi\leqslant C(t+1)^{-\frac{n}{2}+1}+(t+1)^{-n}\int_{\mathbb{R}^n}|\hat{u_0}(\xi)|^2d\xi,\quad\forall t>0. \tag{3.2.4}
$$

由于 $u_0\in L^2(\mathbb{R}^n)$, 利用 Fourier 变换中的 Plancherel 定理, 结合 (3.2.4) 式, 成立

$$
\int_{\mathbb{R}^n}|u(x,t)|^2dx\leqslant C(t+1)^{-\frac{n}{2}+1},\quad\forall t>0.
$$

接下来, 需要证明 (3.2.3) 式.

在问题 (3.1.1) 中第一个方程组两边进行 Fourier 变换, 可得

$$\frac{d}{dt}\hat{u}(\xi,t)+|\xi|^2\hat{u}(\xi,t)=G(\xi,t),$$

进而

$$\frac{d}{dt}\left(e^{|\xi|^2t}\hat{u}(\xi,t)\right)=e^{|\xi|^2t}G(\xi,t),\quad \forall\xi\in\mathbb{R}^n,\ \ t>0, \tag{3.2.5}$$

其中

$$G(\xi,t)=-(\widehat{u\cdot\nabla u})(\xi,t)-i\xi\hat{p}(\xi,t).$$

在 (3.2.5) 式两端关于时间 $t>0$ 积分, 可知

$$\hat{u}(\xi,t)=\hat{u_0}(\xi)e^{-|\xi|^2t}+\int_0^t e^{-|\xi|^2(t-s)}G(\xi,s)ds,\quad \forall\xi\in\mathbb{R}^n,\ \ t>0. \tag{3.2.6}$$

由 (3.2.1) 式可得如下能量等式:

$$\int_{\mathbb{R}^n}|u(x,t)|^2dx+2\int_0^t\int_{\mathbb{R}^n}|\nabla u(x,s)|^2dxds=\int_{\mathbb{R}^n}|u_0(x)|^2dx,\quad \forall t>0. \tag{3.2.7}$$

利用不可压缩方程: $\nabla\cdot u=0$ 可知 $u\cdot\nabla u=\sum_{j=1}^n\partial_j(u_ju)$. 因此, 利用 Fourier 变换性质, 结合 (3.2.7) 式, 可得

$$\begin{aligned}|(\widehat{u\cdot\nabla u})(\xi,t)|&=\left|\sum_{j=1}^n i\xi_j\widehat{(u_ju)}(\xi,t)\right|\\&=\left|\sum_{j=1}^n i\xi_j\int_{\mathbb{R}^n}e^{-i\xi\cdot y}(u_ju)(y,t)dy\right|\\&\leqslant\sum_{j=1}^n|\xi_j|\int_{\mathbb{R}^n}|u_j(y,t)||u(y,t)|dy\\&\leqslant|\xi|\int_{\mathbb{R}^n}|u(y,t)|^2dy\\&\leqslant|\xi|\|u_0\|^2_{L^2(\mathbb{R}^n)},\quad \forall\xi\in\mathbb{R}^n,\ \ t>0.\end{aligned} \tag{3.2.8}$$

利用不可压缩方程: $\nabla\cdot u=0$, 在问题 (3.1.1) 中第一个方程组两边取散度, 可知压强函数 p 满足如下方程:

$$-\Delta p(x,t)=\sum_{i,j=1}^n\partial_{x_i}\partial_{x_j}(u_iu_j)(x,t).$$

在上述方程两端进行 Fourier 变换, 可得

$$|\xi|^2\hat{p}(\xi,t) = -\sum_{i,j=1}^{n}\xi_i\xi_j\widehat{(u_iu_j)}(\xi,t).$$

进一步, 结合 (3.2.7) 式,

$$\begin{aligned}|\xi|^2|\hat{p}(\xi,t)| &\leqslant \sum_{i,j=1}^{n}|\xi_i||\xi_j||\widehat{(u_iu_j)}(\xi,t)| \\ &\leqslant \sum_{i,j=1}^{n}|\xi_i||\xi_j|\left|\int_{\mathbb{R}^n}e^{-i\xi\cdot y}(u_iu_j)(y,t)dy\right| \\ &\leqslant \sum_{i,j=1}^{n}|\xi_i||\xi_j|\int_{\mathbb{R}^n}|(u_iu_j)(y,t)|dy \\ &\leqslant |\xi|^2\int_{\mathbb{R}^n}|u(y,t)|^2dy \\ &\leqslant |\xi|^2\|u_0\|_{L^2(\mathbb{R}^n)}^2.\end{aligned}$$

从而成立

$$|\hat{p}(\xi,t)| \leqslant \|u_0\|_{L^2(\mathbb{R}^n)}^2, \quad \forall\xi\in\mathbb{R}^n, \quad t>0. \tag{3.2.9}$$

结合 $G(\xi,t)$ 的定义, 可知

$$|G(\xi,t)| \leqslant |\widehat{(u\cdot\nabla u)}(\xi,t)| + |\xi\hat{p}(\xi,t)| \leqslant 2|\xi|\|u_0\|_{L^2(\mathbb{R}^n)}^2, \quad \forall\xi\in\mathbb{R}^n,\ t>0. \tag{3.2.10}$$

注意到 $u_0\in L^1(\mathbb{R}^n)$, 利用 Fourier 变换的定义, 可知

$$|\hat{u_0}(\xi)| \leqslant \left|\int_{\mathbb{R}^n}e^{-i\xi\cdot y}u_0(y)dy\right| \leqslant \int_{\mathbb{R}^n}|u_0(y)|dy.$$

结合 (3.2.6), (3.2.10) 式, 对任意的 $\xi\in\mathbb{R}^n$, $t>0$, 成立

$$\begin{aligned}|\hat{u}(\xi,t)| &\leqslant |\hat{u_0}(\xi)|e^{-|\xi|^2t} + \int_0^t e^{-|\xi|^2(t-s)}|G(\xi,s)|ds \\ &\leqslant \|u_0\|_{L^1(\mathbb{R}^n)}e^{-|\xi|^2t} + 2|\xi|\|u_0\|_{L^2(\mathbb{R}^n)}^2\int_0^t e^{-|\xi|^2(t-s)}ds \\ &\leqslant \|u_0\|_{L^1(\mathbb{R}^n)}e^{-|\xi|^2t} + \frac{2\|u_0\|_{L^2(\mathbb{R}^n)}^2}{|\xi|}(1-e^{-|\xi|^2t}).\end{aligned}$$

进一步, 对任意的 $\xi\in S(t)$, $t>0$, 此时 ξ 满足: $|\xi|<r(t):=\left(\dfrac{n}{2(t+1)}\right)^{\frac{1}{2}}<\left(\dfrac{n}{2}\right)^{\frac{1}{2}}$, 成立

$$|\xi||\hat{u}(\xi,t)| \leqslant \|u_0\|_{L^1(\mathbb{R}^n)}|\xi|e^{-|\xi|^2t} + 2\|u_0\|_{L^2(\mathbb{R}^n)}^2(1-e^{-|\xi|^2t})$$

$$\leqslant \|u_0\|_{L^1(\mathbb{R}^n)} \left(\frac{n}{2}\right)^{\frac{1}{2}} + 2\|u_0\|^2_{L^2(\mathbb{R}^n)} := C_0.$$

这就是 (3.2.3) 式. □

下面的结果是针对三维情形, 主要原因是, 当 $n \geqslant 4$ 时, Navier-Stokes 方程不再描述实际生活中的流体性质. 当然, 当 $n=4$ 时, 根据定理 3.1.3 可知, 也有下面定理 3.2.2 中类似的衰减结果. 当 $n \geqslant 5$ 时, 利用 Sobolev 嵌入定理对近似解进行估计时, 处理起来比较复杂, 从而在高维 ($n \geqslant 5$) 情形下, 运用定理 3.1.3 证明过程中的收敛方法建立 Leray-Hopf 弱解的存在性时会遇到非常大的困难.

定理 3.2.2　*设 $u_0 \in L^2_\sigma(\mathbb{R}^3) \cap L^1(\mathbb{R}^3)$. 则问题 (3.1.1) 存在 Leray-Hopf 弱解 u, 满足*

$$\|u(t)\|_{L^2(\mathbb{R}^3)} \leqslant C(t+1)^{-\frac{1}{4}}, \quad \forall t>0,$$

其中常数 C 仅依赖于 $\|u_0\|_{L^2(\mathbb{R}^3)}$ 和 $\|u_0\|_{L^1(\mathbb{R}^3)}$.

证明　在定理 3.1.3 的证明过程中, 对近似解重复定理 3.2.1 的证明过程, 可知近似解具有定理 3.2.1 中的衰减结果, 再利用定理 3.1.3 证明过程中的紧性收敛方法, 可推知问题 (3.1.1) 存在一个 Leray-Hopf 弱解 u, 满足: $\|u(t)\|_{L^2(\mathbb{R}^3)} \leqslant C(t+1)^{-\frac{1}{4}}$, $\forall t>0$. □

下面考虑二维 Navier-Stokes 方程解的大时间上界衰减估计.

定理 3.2.3　*设 $u_0 \in L^1(\mathbb{R}^2) \cap L^2_\sigma(\mathbb{R}^2)$. 则问题 (3.1.1) 存在唯一的 Leray-Hopf 强解 u, 满足*

$$\|u(t)\|_{L^2(\mathbb{R}^2)} \leqslant C(t+1)^{-\frac{1}{2}}, \quad \forall t>0,$$

其中常数 C 仅依赖于 $\|u_0\|_{L^2(\mathbb{R}^2)}$ 和 $\|u_0\|_{L^1(\mathbb{R}^2)}$.

证明　已知二维的 Navier-Stokes 方程的 Cauchy 问题, 其整体的 Leray-Hopf 弱解 u 是光滑解、唯一的, 可以参考 Ladyzhenskaya 的专著[28].

第一步. 设 $u_0 \in L^2_\sigma(\mathbb{R}^2)$. 则下述估计成立:

$$\sup_{0\leqslant t<\infty} \|u(t)\|^2_{L^2(\mathbb{R}^2)} \leqslant \|u_0\|^2_{L^2(\mathbb{R}^2)}, \quad \int_0^\infty \|\nabla u(t)\|^2_{L^2(\mathbb{R}^2)} dt \leqslant \frac{1}{2}\|u_0\|^2_{L^2(\mathbb{R}^2)}. \tag{3.2.11}$$

进一步假设 $u_0 \in H^1(\mathbb{R}^2)$. 则成立

$$\lim_{t\to\infty} [t\|\nabla u(t)\|^2_{L^2(\mathbb{R}^2)}] = 0, \quad \lim_{t\to\infty} [t^{\frac{1}{2}-\frac{1}{p}}\|u(t)\|_{L^p(\mathbb{R}^2)}] = 0, \tag{3.2.12}$$

其中 $p>2$.

验证　在 (3.1.1) 中的第一个方程两端与矢量函数 $2u$ 作数量积, 然后在 $\mathbb{R}^2$ 上进行分部积分, 成立

$$\frac{d}{dt}\|u(t)\|^2_{L^2(\mathbb{R}^2)} + 2\|\nabla u(t)\|^2_{L^2(\mathbb{R}^2)} = 0.$$

从而成立以下不等式

$$\sup_{0\leqslant t<\infty}\|u(t)\|_{L^2(\mathbb{R}^2)}^2\leqslant\|u_0\|_{L^2(\mathbb{R}^2)}^2,\quad 2\int_0^\infty\|\nabla u(t)\|_{L^2(\mathbb{R}^2)}^2dt\leqslant\|u_0\|_{L^2(\mathbb{R}^2)}^2.$$

此即为 (3.2.11) 式.

注意到 $u=(u_1,u_2)$ 中的两个分量 u_1,u_2 分别满足如下方程:

$$\partial_t u_i-\Delta u_i+(u\cdot\nabla)u_i+\partial_i p=0,\quad i=1,2.$$

令 $w(x,t)=\dfrac{\partial u_1}{\partial x_2}-\dfrac{\partial u_2}{\partial x_1}$. 由于 $\nabla\cdot u=0$, 故

$$\begin{aligned}
\partial_t w-\Delta w&=\partial_t[\partial_2u_1-\partial_1u_2]-\Delta[\partial_2u_1-\partial_1u_2]\\
&=\partial_2\partial_tu_1-\partial_1\partial_tu_2-\partial_2\Delta u_1+\partial_1\Delta u_2\\
&=\partial_2[\Delta u_1-(u\cdot\nabla)u_1-\partial_1p]\\
&\quad-\partial_1[\Delta u_2-(u\cdot\nabla)u_2-\partial_2p]-\partial_2\Delta u_1+\partial_1\Delta u_2\\
&=\partial_1[(u\cdot\nabla)u_2]-\partial_2[(u\cdot\nabla)u_1]\\
&=(u\cdot\nabla)(\partial_1u_2-\partial_2u_1)+\partial_1u_1\partial_1u_2+\partial_1u_2\partial_2u_2\\
&\quad-[\partial_2u_1\partial_1u_1+\partial_2u_2\partial_2u_1]\\
&=-(u\cdot\nabla)w+\partial_1u_2[\partial_1u_1+\partial_2u_2]-\partial_2u_1[\partial_1u_1+\partial_2u_2]\\
&=-(u\cdot\nabla)w.
\end{aligned}$$

说明 w 满足抛物型方程:

$$w_t-\Delta w+\sum_{i=1}^2u_i\frac{\partial w}{\partial x_i}=0.$$

初始条件为

$$w(x,0)=\frac{\partial u_{01}}{\partial x_2}-\frac{\partial u_{02}}{\partial x_1}.$$

在这个等式的两端与 $2w$ 作数量积, 同时在 $\mathbb{R}^2$ 中积分, 得到

$$\frac{d}{dt}\|w(t)\|_{L^2(\mathbb{R}^2)}^2+2\|\nabla w(t)\|_{L^2(\mathbb{R}^2)}^2=0.$$

注意到

$$\begin{aligned}
\|w(t)\|_{L^2(\mathbb{R}^2)}^2&=\int_{\mathbb{R}^2}|\partial_2u_1-\partial_1u_2|^2dx\\
&=\int_{\mathbb{R}^2}(|\partial_2u_1|^2+|\partial_1u_2|^2)dx-2\int_{\mathbb{R}^2}\partial_2u_1\partial_1u_2dx
\end{aligned}$$

$$
\begin{aligned}
&= \int_{\mathbb{R}^2} (|\partial_2 u_1|^2 + |\partial_1 u_2|^2) dx - 2 \int_{\mathbb{R}^2} \partial_1 u_1 \partial_2 u_2 dx \\
&= \int_{\mathbb{R}^2} (|\partial_2 u_1|^2 + |\partial_1 u_2|^2) dx + \int_{\mathbb{R}^2} |\partial_1 u_1|^2 dx + \int_{\mathbb{R}^2} |\partial_2 u_2|^2 dx \\
&= \|\nabla u(t)\|_{L^2(\mathbb{R}^2)}^2.
\end{aligned}
$$

上述推导过程中, 用到 $\partial_1 u_1 + \partial_2 u_2 = 0$. 因此有

$$
\frac{d}{dt} \|\nabla u(t)\|_{L^2(\mathbb{R}^2)}^2 + 2\|\nabla w(t)\|_{L^2(\mathbb{R}^2)}^2 = 0, \quad t > 0.
$$

从而

$$
\sup_{0<t<\infty} \|\nabla u(t)\|_{L^2(\mathbb{R}^2)}^2 + 2 \int_0^\infty \|\nabla w(t)\|_{L^2(\mathbb{R}^2)}^2 dt \leqslant \|\nabla u_0\|_{L^2(\mathbb{R}^2)}^2.
$$

观察到

$$
\frac{d}{dt} \|w(t)\|_{L^2(\mathbb{R}^2)}^2 = -2\|\nabla w(t)\|_{L^2(\mathbb{R}^2)}^2 < 0.
$$

因此, $\lim\limits_{t\to\infty} \|\nabla u(t)\|_{L^2(\mathbb{R}^2)}^2 = \lim\limits_{t\to\infty} \|w(t)\|_{L^2(\mathbb{R}^2)}^2$ 存在. 另外, $\|\nabla u(t)\|_{L^2(\mathbb{R}^2)}^2 \in L^1[0,\infty)$, 所以 $\lim\limits_{t\to\infty} \|\nabla u(t)\|_{L^2(\mathbb{R}^2)}^2 = 0$.

由于 $\|\nabla u(t)\|_{L^2(\mathbb{R}^2)}^2$ 关于 t 单调递减, 故对于 $s < t < \infty$, 成立

$$
\int_s^\infty \|\nabla u(\tau)\|_{L^2(\mathbb{R}^2)}^2 d\tau \geqslant \int_s^t \|\nabla u(\tau)\|_{L^2(\mathbb{R}^2)}^2 d\tau \geqslant (t-s)\|\nabla u(t)\|_{L^2(\mathbb{R}^2)}^2.
$$

所以

$$
\int_s^\infty \|\nabla u(\tau)\|_{L^2(\mathbb{R}^2)}^2 d\tau \geqslant \limsup_{t\longrightarrow\infty} [(t-s)\|\nabla u(t)\|_{L^2(\mathbb{R}^2)}^2] = \limsup_{t\longrightarrow\infty} [t\|\nabla u(t)\|_{L^2(\mathbb{R}^2)}^2].
$$

如果取 s 充分大, 上述不等式的左端可以任意小, 所以

$$
\lim_{t\to\infty} [t\|\nabla u(t)\|_{L^2(\mathbb{R}^2)}^2] = 0.
$$

利用 Sobolev 插值不等式以及 (3.2.11) 式, 对任意的 $p > 2$, 可得

$$
\|u(t)\|_{L^p(\mathbb{R}^2)} \leqslant C\|u(t)\|_{L^2(\mathbb{R}^2)}^{\frac{2}{p}} \|\nabla u(t)\|_{L^2(\mathbb{R}^2)}^{1-\frac{2}{p}} \leqslant C\|u_0\|_{L^2(\mathbb{R}^2)}^{\frac{2}{p}} \|\nabla u(t)\|_{L^2(\mathbb{R}^2)}^{1-\frac{2}{p}}.
$$

从而

$$
\lim_{t\to\infty} [t^{\frac{1}{2}-\frac{1}{p}} \|u(t)\|_{L^p(\mathbb{R}^2)}] \leqslant C\|u_0\|_{L^2(\mathbb{R}^2)}^{\frac{2}{p}} \lim_{t\to\infty} [t\|\nabla u(t)\|_{L^2(\mathbb{R}^2)}^2]^{\frac{1}{2}-\frac{1}{p}} = 0,
$$

其中 $p > 2$.

第二步. 令 $u_0 \in L^1(\mathbb{R}^2) \cap L^2_\sigma(\mathbb{R}^2)$. 成立如下估计:

$$\begin{aligned} |\hat{u}(\xi,t)| &\leqslant \|u_0\|_{L^1(\mathbb{R}^2)} + 2|\xi| \int_0^t \|u(s)\|^2_{L^2(\mathbb{R}^2)} ds \\ &\leqslant \|u_0\|_{L^1(\mathbb{R}^2)} + 2\|u_0\|^2_{L^2(\mathbb{R}^2)} |\xi| t. \end{aligned} \tag{3.2.13}$$

验证 因为 $\nabla \cdot u = 0$, 所以

$$u \cdot \nabla u = \left(\sum_{j=1}^2 \frac{\partial}{\partial x_j}(u_i u_j) \right)_{1 \leqslant i \leqslant 2},$$

且

$$\widehat{u \cdot \nabla u}(\xi) = \sqrt{-1} \left(\sum_{j=1}^2 \xi_j \widehat{u_i u_j} \right)_{1 \leqslant i \leqslant 2}.$$

注意到

$$\begin{aligned} |\widehat{u \cdot \nabla u}(\xi)|^2 &= \sum_{i=1}^2 \left| \sum_{j=1}^2 \xi_j \widehat{u_i u_j} \right|^2 \leqslant \sum_{i=1}^2 \sum_{j=1}^2 \left| \xi_j \right|^2 \sum_{j=1}^2 \left| \widehat{u_i u_j} \right|^2 \\ &\leqslant |\xi|^2 \sum_{i=1}^2 \sum_{j=1}^2 \int_{\mathbb{R}^2} |u_i|^2 dx \int_{\mathbb{R}^2} |u_j|^2 dx \leqslant |\xi|^2 \|u(t)\|^4_{L^2(\mathbb{R}^2)}. \end{aligned}$$

从而有

$$|\widehat{u \cdot \nabla u}(\xi)| \leqslant |\xi| \|u(t)\|^2_{L^2(\mathbb{R}^2)}. \tag{3.2.14}$$

利用 Navier-Stokes 方程, 可导出压强函数 p 满足的方程:

$$\Delta p = -\sum_{i=1}^2 \sum_{j=1}^2 \frac{\partial^2}{\partial x_i \partial x_j}(u_i u_j).$$

在上述等式两端进行 Fourier 变换, 得

$$|\xi|^2 \widehat{p}(\xi,t) = -\sum_{i=1}^2 \sum_{j=1}^2 \xi_i \xi_j \widehat{u_i u_j}.$$

从而

$$\begin{aligned} |\xi|^2 |\widehat{p}| &\leqslant \sum_{i=1}^2 \sum_{j=1}^2 |\xi_i| |\xi_j| \|u_i(t)\|_{L^2(\mathbb{R}^2)} \|u_j(t)\|_{L^2(\mathbb{R}^2)} \\ &= \left(\sum_{i=1}^2 |\xi_i| \|u_i(t)\|_{L^2(\mathbb{R}^2)} \right)^2 \leqslant |\xi|^2 \|u(t)\|^2_{L^2(\mathbb{R}^2)}. \end{aligned}$$

说明

$$|\widehat{p}| \leqslant \|u(t)\|_{L^2(\mathbb{R}^2)}^2. \tag{3.2.15}$$

在问题 (3.1.1) 中的第一个方程两端运用广义 Fourier 变换, 得

$$\widehat{u}_t + |\xi|^2\widehat{u} + \widehat{(u\cdot\nabla)u} + \widehat{\nabla p} = 0.$$

等价于

$$\left(\widehat{u}e^{|\xi|^2 t}\right)_t + \left(\widehat{(u\cdot\nabla)u} + \widehat{\nabla p}\right)e^{|\xi|^2 t} = 0.$$

在上述等式两端关于 t 进行积分, 可得

$$\widehat{u}(\xi,t) = e^{-|\xi|^2 t}\widehat{u_0}(\xi) - \int_0^t e^{-|\xi|^2(t-s)}\left(\widehat{(u\cdot\nabla)u}(\xi,s) + \widehat{\nabla p}(\xi,s)\right)ds.$$

结合 (3.2.14) 和 (3.2.15), 可知

$$\begin{aligned}
|\widehat{u}(\xi,t)| &\leqslant |\widehat{u_0}(\xi)| + 2|\xi|\int_0^t \|u(s)\|_{L^2(\mathbb{R}^2)}^2 ds \\
&\leqslant \|u_0\|_{L^1(\mathbb{R}^2)} + 2|\xi|\int_0^t \|u(s)\|_{L^2(\mathbb{R}^2)}^2 ds \\
&\leqslant \|u_0\|_{L^1(\mathbb{R}^2)} + 2\|u_0\|_{L^2(\mathbb{R}^2)}^2|\xi|t.
\end{aligned}$$

此即为 (3.2.13).

第三步. 在第一步中已证得如下等式:

$$\frac{d}{dt}\int_{\mathbb{R}^2}|u(x,t)|^2dx + 2\int_{\mathbb{R}^2}|\nabla u(x,t)|^2dx = 0.$$

在上述等式两端进行广义 Fourier 变换, 可得

$$\frac{d}{dt}\int_{\mathbb{R}^2}|\widehat{u}(\xi,t)|^2d\xi + 2\int_{\mathbb{R}^2}|\xi|^2|\widehat{u}(\xi,t)|^2d\xi = 0.$$

设 $f(t)$ 是关于 $t \geqslant 0$ 的连续可微函数, 满足: $f(0) = 1, f(t) \geqslant 1,\ f'(t) > 0, \forall t > 0$. 利用上式, 可得

$$\frac{d}{dt}\left[f(t)\int_{\mathbb{R}^2}|\widehat{u}(\xi,t)|^2d\xi\right] + 2f(t)\int_{\mathbb{R}^2}|\xi|^2|\widehat{u}(\xi,t)|^2d\xi = f'(t)\int_{\mathbb{R}^2}|\widehat{u}(\xi,t)|^2d\xi. \tag{3.2.16}$$

令

$$B(t) = \{\xi\in\mathbb{R}^2 :\ 2f(t)|\xi|^2 \leqslant f'(t)\}.$$

则

$$2f(t)\int_{\mathbb{R}^2}|\xi|^2|\widehat{u}(\xi,t)|^2d\xi$$

$$
\begin{aligned}
&= 2f(t)\int_{B(t)}|\xi|^2|\widehat{u}(\xi,t)|^2d\xi + 2f(t)\int_{B(t)^c}|\xi|^2|\widehat{u}(\xi,t)|^2d\xi \\
&\geqslant f'(t)\int_{B(t)^c}|\widehat{u}(\xi,t)|^2d\xi \\
&= f'(t)\int_{\mathbb{R}^2}|\widehat{u}(\xi,t)|^2d\xi - f'(t)\int_{B(t)}|\widehat{u}(\xi,t)|^2d\xi.
\end{aligned}
$$

将上述估计代入 (3.2.16) 式, 再结合第二步中的 (3.2.13) 式, 可得如下估计:

$$
\begin{aligned}
&\frac{d}{dt}\left[f(t)\int_{\mathbb{R}^2}|\widehat{u}(\xi,t)|^2d\xi\right] \\
\leqslant\ & f'(t)\int_{B(t)}|\widehat{u}(\xi,t)|^2d\xi \\
\leqslant\ & f'(t)\int_0^{2\pi}\int_0^{A}\left[\|u_0\|_{L^1(\mathbb{R}^2)} + 2r\int_0^t\|u(s)\|_{L^2(\mathbb{R}^2)}^2ds\right]^2 rdrd\theta \\
\leqslant\ & Cf'(t)\left[\frac{f'(t)}{f(t)} + t\left|\frac{f'(t)}{f(t)}\right|^2\int_0^t\|u(s)\|_{L^2(\mathbb{R}^2)}^4ds\right],
\end{aligned}
$$

其中 $A^2=\dfrac{f'(t)}{2f(t)}$. 关于时间 t 积分, 可得

$$
\begin{aligned}
&f(t)\int_{\mathbb{R}^2}|\widehat{u}(\xi,t)|^2d\xi \\
\leqslant\ & \int_{\mathbb{R}^2}|\widehat{u_0}(\xi)|^2d\xi + C\int_0^t f'(s)\left[\frac{f'(s)}{f(s)} + s\left|\frac{f'(s)}{f(s)}\right|^2\int_0^s\|u(r)\|_{L^2(\mathbb{R}^2)}^4dr\right]ds. \quad (3.2.17)
\end{aligned}
$$

(a) 令 $f(t)=[\log(e+t)]^3,\ t\geqslant 0$. 则

$$
f'(t)=\frac{3[\log(e+t)]^2}{e+t},\quad \frac{f'(t)}{f(t)}=3[(e+t)\log(e+t)]^{-1}.
$$

结合 (3.2.11) 式, 可得

$$
\begin{aligned}
&\int_0^t f'(s)\left[\frac{f'(s)}{f(s)} + s\left|\frac{f'(s)}{f(s)}\right|^2\int_0^s\|u(r)\|_{L^2(\mathbb{R}^2)}^4dr\right]ds \\
\leqslant\ & \int_0^t f'(s)\left[\frac{f'(s)}{f(s)} + s^2\left|\frac{f'(s)}{f(s)}\right|^2\|u_0\|_{L^2(\mathbb{R}^2)}^4\right]ds \\
=\ & \int_0^t\frac{3[\log(e+s)]^2}{e+s}\left[\frac{3}{(e+s)\log(e+s)} + \frac{9s^2}{[(e+s)\log(e+s)]^2}\|u_0\|_{L^2(\mathbb{R}^2)}^4\right]ds \\
\leqslant\ & 9\int_0^t\left[\frac{\log(e+s)}{(e+s)^2} + \frac{3}{e+s}\|u_0\|_{L^2(\mathbb{R}^2)}^4\right]ds
\end{aligned}
$$

$$\leqslant C\int_0^t \frac{1}{e+s}ds \leqslant C\log(e+t),\quad t>0,$$

其中 C 仅依赖于 $\|u_0\|_{L^2(\mathbb{R}^2)}$.

进一步, 可知

$$\frac{1}{f(t)}\int_0^t f'(s)\left[\frac{f'(s)}{f(s)}+s\left|\frac{f'(s)}{f(s)}\right|^2\int_0^s \|u(r)\|_{L^2(\mathbb{R}^2)}^4 dr\right]ds \leqslant C[\log(e+t)]^{-2},\quad t>0.$$

再结合 (3.2.17) 式, 可得

$$\begin{aligned}\int_{\mathbb{R}^2}|u(x,t)|^2dx &\leqslant C\int_{\mathbb{R}^2}|\widehat{u}(\xi,t)|^2d\xi\\ &\leqslant C[\log(e+t)]^{-3}\int_{\mathbb{R}^2}|\widehat{u_0}(\xi)|^2d\xi + C[\log(e+t)]^{-2}\\ &\leqslant C[\log(e+t)]^{-2},\quad t>0,\end{aligned}$$

即如下基本的估计成立:

$$\|u(t)\|_{L^2(\mathbb{R}^2)} \leqslant C[\log(e+t)]^{-1},\quad t>0, \tag{3.2.18}$$

这里 C 仅依赖于 $\|u_0\|_{L^2(\mathbb{R}^2)}$.

(b) 令 $f(t)=(1+t)^2,\ t\geqslant 0$. 则

$$f'(t)=2(1+t),\quad \frac{f'(t)}{f(t)}=\frac{2}{1+t}.$$

由 (3.2.18), 成立不等式

$$\begin{aligned}&\int_0^t f'(s)\left[\frac{f'(s)}{f(s)}+s\left|\frac{f'(s)}{f(s)}\right|^2\int_0^s \|u(r)\|_{L^2(\mathbb{R}^2)}^4 dr\right]ds\\ \leqslant&\int_0^t 2(1+s)\left[\frac{2}{1+s}+\frac{4s}{(1+s)^2}\int_0^s \|u(r)\|_{L^2(\mathbb{R}^2)}^4 dr\right]ds\\ \leqslant&\int_0^t\left[4+8\int_0^s \|u(r)\|_{L^2(\mathbb{R}^2)}^4 dr\right]ds\\ \leqslant& 4t+8t\int_0^t \|u(r)\|_{L^2(\mathbb{R}^2)}^4 dr\\ \leqslant& 4t+Ct\int_0^t \|u(r)\|_{L^2(\mathbb{R}^2)}^2[\log(e+r)]^{-2}dr.\end{aligned}$$

结合 (3.2.17) 式, 可知

$$(1+t)\|u(t)\|_{L^2(\mathbb{R}^2)}^2 \leqslant 4+C\int_0^t \|u(s)\|_{L^2(\mathbb{R}^2)}^2[\log(e+s)]^{-2}ds. \tag{3.2.19}$$

令

$$g(t) = (1+t)\|u(t)\|_{L^2(\mathbb{R}^2)}^2, \quad h(t) = C(1+t)^{-1}[\log(e+t)]^{-2}.$$

由 (3.2.19) 式, 可知

$$g(t) \leqslant 4 + \int_0^t g(s)h(s)ds.$$

通过使用 Gronwall 不等式, 得到

$$g(t) \leqslant C\exp\left(\int_0^t h(s)ds\right).$$

即

$$(1+t)\|u(t)\|_{L^2(\mathbb{R}^2)}^2 \leqslant C\exp\left(C\int_0^\infty (1+t)^{-1}(\log(e+t))^{-2}dt\right) \leqslant C, \quad t>0.$$

从而成立

$$\|u(t)\|_{L^2(\mathbb{R}^2)} \leqslant C(1+t)^{-\frac{1}{2}}, \quad t>0. \qquad \square$$

注 和热方程的基本解比较, 定理 3.2.3 的衰减速率是最优的, 该定理的结果主要来自于文献 [43].

3.2.2 基本不等式方法

本节研究带外力函数的 n $(n\geqslant 2)$ 维不可压缩 Navier-Stokes 方程 Cauchy 问题解的能量衰减估计, 利用 Wiegner 建立的基本不等式方法[42], 可以对任意的 Leray-Hopf 弱解建立最优的 L^2-大时间衰减速率.

考虑如下带有外力函数的不可压缩 Navier-Stokes 方程的 Cauchy 问题, 即

$$\begin{cases} \partial_t u - \Delta u + (u\cdot\nabla)u + \nabla p = f, & \text{在} \quad \mathbb{R}^n\times(0,\infty) \text{ 中}, \\ \nabla\cdot u = 0, & \text{在} \quad \mathbb{R}^n\times(0,\infty) \text{ 中}, \\ u(x,0) = a, & \text{在} \quad \mathbb{R}^n \text{ 中}, \end{cases} \tag{3.2.20}$$

其中函数 $u=(u_1(x,t),u_2(x,t),\cdots,u_n(x,t))$ $(n\geqslant 2)$ 和 $p=p(x,t)$ 分别表示流体在 (x,t) 处的速度和压强; $a=a(x)\in L^2_\sigma(\mathbb{R}^n)$ 是给定的初始向量场, $f=f(x,t)\in L^1(0,+\infty;L^2(\mathbb{R}^n))$ 表示给定的外力函数.

这里, 称 u 是问题 (3.2.20) 的弱解是指 $u\in L^\infty(0,\infty;L^2_\sigma(\mathbb{R}^n))\cap L^2_{\text{loc}}(0,\infty;H^1(\mathbb{R}^n))$, 且满足

$$\begin{aligned} &\int_0^t [-\langle u(s),\partial_s\phi(s)\rangle + \langle\nabla u(s),\nabla\phi(s)\rangle + \langle(u(s)\cdot\nabla)u(s),\phi(s)\rangle]\,ds \\ &= -\langle u(t),\phi(t)\rangle + \int_0^t \langle f(s),\phi(s)\rangle ds + \langle a,\phi(0)\rangle, \quad \forall t>0, \end{aligned} \tag{3.2.21}$$

其中, $\phi \in C_{c,\sigma}^{\infty}(\mathbb{R}^n \times [0,\infty))$. 这里, $\langle \cdot,\cdot \rangle$ 表示 $L^2(\mathbb{R}^n)$ 中的范数.

对于几乎所有的 $s \geqslant 0$, 包括 $s=0$, 以及所有的 $t \geqslant s$, 进一步假设能量不等式成立

$$\|u(t)\|_{L^2(\mathbb{R}^n)}^2 + 2\int_s^t \|\nabla u(r)\|_{L^2(\mathbb{R}^n)}^2 dr \leqslant \|u(s)\|_{L^2(\mathbb{R}^n)}^2 + 2\int_s^t |\langle f(r), u(r)\rangle| dr. \quad (3.2.22)$$

由关于 f 的假设条件可知, 存在 $C=C(a,f)>0$, 使得对于 $s=0$, 以及几乎所有的 $s>0$, 所有的 $t \geqslant s$, 有

$$\|u(t)\|_{L^2(\mathbb{R}^n)}^2 + 2\int_s^t \|\nabla u(r)\|_{L^2(\mathbb{R}^n)}^2 dr \leqslant \|u(s)\|_{L^2(\mathbb{R}^n)}^2 + C\int_s^t \|f(r)\|_{L^2(\mathbb{R}^n)} dr. \quad (3.2.23)$$

验证 (3.2.23) 式　不妨假设 $\|f(t)\|_{L^2(\mathbb{R}^n)}>0$, 否则, 用 $\|f(t)\|_{L^2(\mathbb{R}^n)}+\epsilon$ 代替 $\|f(t)\|_{L^2(\mathbb{R}^n)}>0$, 最后再令 $\epsilon \longrightarrow 0$. 则 $h(t) := \dfrac{|\langle f(t), u(t)\rangle|}{\|f(t)\|_{L^2(\mathbb{R}^n)}}$ 满足

$$h(t) \leqslant \frac{\|f(t)\|_{L^2(\mathbb{R}^n)}\|u(t)\|_{L^2(\mathbb{R}^n)}}{\|f(t)\|_{L^2(\mathbb{R}^n)}} = \|u(t)\|_{L^2(\mathbb{R}^n)}.$$

结合 (3.2.22) 式, 可得

$$\begin{aligned} h^2(t) &\leqslant \|a\|_{L^2(\mathbb{R}^n)}^2 + 2\int_0^t h(r)\|f(r)\|_{L^2(\mathbb{R}^n)} dr \\ &\leqslant \|a\|_{L^2(\mathbb{R}^n)}^2 + \int_0^\infty \|f(r)\|_{L^2(\mathbb{R}^n)} dr + \int_0^t h^2(r)\|f(r)\|_{L^2(\mathbb{R}^n)} dr. \end{aligned}$$

利用 Gronwall 不等式可得

$$h^2(t) \leqslant \left(\|a\|_{L^2(\mathbb{R}^n)}^2 + \int_0^\infty \|f(r)\|_{L^2(\mathbb{R}^n)} dr\right) \exp\left(\int_0^\infty \|f(r)\|_{L^2(\mathbb{R}^n)} dr\right),$$

或写为

$$h(t) \leqslant C(a,f),$$

其中

$$C(a,f) = \left(\|a\|_{L^2(\mathbb{R}^n)}^2 + \int_0^\infty \|f(r)\|_{L^2(\mathbb{R}^n)} dr\right)^{\frac{1}{2}} \exp\left(\frac{1}{2}\int_0^\infty \|f(r)\|_{L^2(\mathbb{R}^n)} dr\right).$$

结合 (3.2.22) 式, 可得

$$\|u(t)\|_{L^2(\mathbb{R}^n)}^2 + 2\int_s^t \|\nabla u(r)\|_{L^2(\mathbb{R}^n)}^2 dr$$

$$\leqslant \|u(s)\|_{L^2(\mathbb{R}^n)}^2 + 2\int_s^t h(r)\|f(r)\|_{L^2(\mathbb{R}^n)}dr$$

$$\leqslant \|u(s)\|_{L^2(\mathbb{R}^n)}^2 + 2C(a,f)\int_s^t \|f(r)\|_{L^2(\mathbb{R}^n)}dr.$$

此即为 (3.2.23) 式, 其中 $C = 2C(a,f)$. □

关于初值, 需要下面条件, 即 $(a,f) \in L^2(\mathbb{R}^n) \times L^1(\mathbb{R}^+, L^2(\mathbb{R}^n))$ 属于 $D_\alpha^{(n)}(\alpha \geqslant 0)$, 当且仅当

$$\|u_0(t)\|_{L^2(\mathbb{R}^n)}^2 + (1+t)^2\|f(t)\|_{L^2(\mathbb{R}^n)}^2 \leqslant C(1+t)^{-\alpha}, \quad t > 0, \tag{3.2.24}$$

其中, $C > 0$, $u_0(t)$ 表示初值为 a 的热传导方程组 $\partial_t u - \Delta u = f$ 的半群解.

注 (1) 当 $t \longrightarrow \infty$ 时, $\|u_0(t)\|_{L^2(\mathbb{R}^n)} \longrightarrow 0$.

验证 在热传导方程 $\partial_t u_0 - \Delta u_0 = f$ 两边进行 Fourier 变换, 可得

$$\partial_t \hat{u_0} + |\xi|^2 \hat{u_0} = \hat{f}, \quad \hat{u_0}(\xi, 0) = \hat{a}(\xi).$$

进一步可得

$$\hat{u_0}(\xi,t) = e^{-|\xi|^2 t}\hat{a}(\xi) + \int_0^t e^{-|\xi|^2(t-s)}\hat{f}(\xi,s)ds,$$

或写为

$$\hat{u_0}(\xi,t) = e^{-|\xi|^2 t}\hat{a}(\xi) + \int_0^\infty \chi_t(s)e^{-|\xi|^2(t-s)}\hat{f}(\xi,s)ds, \tag{3.2.25}$$

其中, 如果 $0 < s < t$, 则 $\chi_t(s) = 1$; 如果 $s \geqslant t$, 则 $\chi_t(s) = 0$.

由于 $a, \hat{a} \in L^2(\mathbb{R}^n)$. 利用 Lebesgue 控制收敛定理, 可知

$$\lim_{t\to\infty} \|e^{-|\cdot|^2 t}\hat{a}\|_{L^2(\mathbb{R}^n)} = 0. \tag{3.2.26}$$

注意到 $f, \hat{f} \in L^1(\mathbb{R}^+, L^2(\mathbb{R}^n))$. 因此

$$\left|\int_0^\infty \chi_t(s)e^{-|\xi|^2(t-s)}\hat{f}(\xi,s)ds\right| \leqslant \int_0^\infty |\hat{f}(\xi,s)|ds \in L^2(\mathbb{R}^n). \tag{3.2.27}$$

另一方面, 对几乎处处的 $\xi \in \mathbb{R}^n$, 成立

$$\lim_{t\to\infty} \chi_t(s)e^{-|\xi|^2(t-s)}\hat{f}(\xi,s) = 0, \quad \text{a.e. } s \in \mathbb{R}^+,$$

以及

$$|\chi_t(s)e^{-|\xi|^2(t-s)}\hat{f}(\xi,s)| \leqslant |\hat{f}(\xi,s)| \in L^1(\mathbb{R}^+).$$

利用 Lebesgue 控制收敛定理, 对几乎处处的 $\xi \in \mathbb{R}^n$, 成立

$$\lim_{t\to\infty} \int_0^\infty \chi_t(s)e^{-|\xi|^2(t-s)}\hat{f}(\xi,s)ds = 0. \tag{3.2.28}$$

由 (3.2.27), (3.2.28), 结合 Lebesgue 控制收敛定理, 可得

$$\lim_{t\to\infty}\left\|\int_0^\infty \chi_t(s)e^{-|\cdot|^2(t-s)}\hat{f}(\cdot,s)ds\right\|_{L^2(\mathbb{R}^n)}=0. \tag{3.2.29}$$

将 (3.2.26), (3.2.29) 式代入 (3.2.25) 式中, 可知

$$\lim_{t\to\infty}\|\hat{u_0}(t)\|_{L^2(\mathbb{R}^n)}=0,$$

进而有 $\lim\limits_{t\to\infty}\|u_0(t)\|_{L^2(\mathbb{R}^n)}=0$. □

(2) 如果 $(a,f)\in L^p(\mathbb{R}^n)\times L^1(\mathbb{R}^+,L^p(\mathbb{R}^n)), 1\leqslant p<2$, 并且

$$\|f(t)\|^2_{L^2(\mathbb{R}^n)}\leqslant C(1+t)^{-(\alpha+2)},\quad \alpha=n\left(\frac{1}{p}-\frac{1}{2}\right), \tag{3.2.30}$$

则 $(a,f)\in D^{(n)}_\alpha$.

验证　借助于热传导方程的基本解和 Young 不等式, 可推出

$$\|e^{t\Delta}a\|_{L^q(\mathbb{R}^n)}\leqslant t^{-\frac{n}{2}\left(\frac{1}{r}-\frac{1}{q}\right)}\|a\|_{L^r(\mathbb{R}^n)},\quad 1\leqslant r\leqslant q\leqslant\infty. \tag{3.2.31}$$

另外, $u_0(t)$ 可以表示为如下形式:

$$u_0(t)=e^{t\Delta}a+\int_0^t e^{(t-s)\Delta}f(\cdot,s)ds.$$

结合 (3.2.30), (3.2.31) 式, 可得

$$\begin{aligned}
\|u_0(t)\|_{L^2(\mathbb{R}^n)}&\leqslant\|e^{t\Delta}a\|_{L^2(\mathbb{R}^n)}+\int_0^t\|e^{(t-s)\Delta}f(\cdot,s)\|_{L^2(\mathbb{R}^n)}ds\\
&\leqslant t^{-\frac{n}{2}\left(\frac{1}{p}-\frac{1}{2}\right)}\|a\|_{L^p(\mathbb{R}^n)}+\int_0^{\frac{t}{2}}(t-s)^{-\frac{n}{2}\left(\frac{1}{p}-\frac{1}{2}\right)}\|f(\cdot,s)\|_{L^p(\mathbb{R}^n)}ds\\
&\quad+\int_{\frac{t}{2}}^t\|f(\cdot,s)\|_{L^2(\mathbb{R}^n)}ds\\
&\leqslant Ct^{-\frac{n}{2}\left(\frac{1}{p}-\frac{1}{2}\right)}\left(\|a\|_{L^p(\mathbb{R}^n)}+\int_0^\infty\|f(\cdot,s)\|_{L^p(\mathbb{R}^n)}ds\right)\\
&\quad+C\int_{\frac{t}{2}}^t(1+s)^{-\frac{\alpha+2}{2}}ds\\
&\leqslant Ct^{-\frac{\alpha}{2}},\qquad \alpha=n\left(\frac{1}{p}-\frac{1}{2}\right).
\end{aligned}$$

结合 (3.2.30) 式, 成立

$$\|u_0(t)\|^2_{L^2(\mathbb{R}^n)}+(1+t)^2\|f(t)\|^2_{L^2(\mathbb{R}^n)}\leqslant C(1+t)^{-\alpha}.$$

说明 $(a,f)\in D_\alpha^{(n)}$. □

(3) 若对于 $|\xi|^2\leqslant\delta, s\in\mathbb{R}^+$, 成立 $|\hat{a}(\xi)|+|\hat{f}(\xi,s)|=0$, $\|f(t)\|_{L^2(\mathbb{R}^n)}\leqslant Ce^{-\delta t}$, 由 Fourier 变换可得, 热传导方程的解具有指数衰减, 即

$$\|u_0(t)\|_{L^2(\mathbb{R}^n)}\leqslant e^{-\tilde{\delta}t},\quad 0<\tilde{\delta}<\delta.$$

验证 已知

$$\hat{u_0}(\xi,t)=e^{-|\xi|^2t}\hat{a}(\xi)+\int_0^t e^{-|\xi|^2(t-s)}\hat{f}(\xi,s)ds,$$

结合 (3) 中假设条件, 可得

$$\begin{aligned}\|u_0(t)\|_{L^2(\mathbb{R}^n)}&=(2\pi)^{-\frac{n}{2}}\|\hat{u_0}(t)\|_{L^2(\mathbb{R}^n)}\\&\leqslant(2\pi)^{-\frac{n}{2}}e^{-\delta t}\|\hat{a}\|_{L^2(\mathbb{R}^n)}+(2\pi)^{-\frac{n}{2}}\int_0^t e^{-\delta(t-s)}\|\hat{f}(\cdot,s)\|_{L^2(\mathbb{R}^n)}ds\\&\leqslant e^{-\delta t}\|a\|_{L^2(\mathbb{R}^n)}+\int_0^t e^{-\delta(t-s)}\|\hat{f}(\cdot,s)\|_{L^2(\mathbb{R}^n)}ds\\&\leqslant e^{-\delta t}\|a\|_{L^2(\mathbb{R}^n)}+C\int_0^t e^{-\delta(t-s)}e^{-\delta s}ds\\&\leqslant e^{-\delta t}\|a\|_{L^2(\mathbb{R}^n)}+Cte^{-\delta t}\\&\leqslant Ce^{-\tilde{\delta}t},\quad 0<\tilde{\delta}<\delta.\end{aligned}$$

从而, 对于任意的 $\alpha>0$, 成立

$$\|u_0(t)\|_{L^2(\mathbb{R}^n)}^2+(1+t)^2\|f(t)\|_{L^2(\mathbb{R}^n)}^2\leqslant C[e^{-\tilde{\delta}t}+(1+t)^2e^{-\delta t}]\leqslant C(1+t)^{-\alpha},$$

说明 $(a,f)\in D_\alpha^{(n)}$. □

(4) 如果 $(a,f)\in D_\alpha^{(n)}$, $f(s)\in L^n(\mathbb{R}^n)$ 满足: $\|f(s)\|_{L^n(\mathbb{R}^n)}\leqslant Cs^{-\beta}$, 其中, $\beta=\dfrac{\alpha+1}{2}+\dfrac{n}{4}$. 结合 (3.2.31), 成立 $\|u_0(t)\|_{L^\infty(\mathbb{R}^n)}\leqslant Ct^{-\frac{\alpha}{2}-\frac{n}{4}}$, $t>0$. 事实上,

$$\begin{aligned}\|u_0(t)\|_{L^\infty(\mathbb{R}^n)}&\leqslant\|e^{\frac{t}{2}\Delta}u_0(t/2)\|_{L^\infty(\mathbb{R}^n)}+\int_{t/2}^t\|e^{(t-s)\Delta}f(s)\|_{L^\infty(\mathbb{R}^n)}ds\\&\leqslant Ct^{-\frac{n}{2}(\frac{1}{2}-\frac{1}{\infty})}\|u_0(t/2)\|_{L^2(\mathbb{R}^n)}\\&\quad+C\int_{t/2}^t(t-s)^{-\frac{n}{2}(\frac{1}{n}-\frac{1}{\infty})}\|f(s)\|_{L^n(\mathbb{R}^n)}ds\\&\leqslant Ct^{-\frac{n}{4}-\frac{\alpha}{2}}+C\int_{t/2}^t(t-s)^{-\frac{1}{2}}s^{-\beta}ds\\&\leqslant Ct^{-\frac{\alpha}{2}-\frac{n}{4}}+Ct^{-\beta}\int_{t/2}^t(t-s)^{-\frac{1}{2}}ds\end{aligned}$$

$$\leqslant Ct^{-\frac{\alpha}{2}-\frac{n}{4}}.$$

下面给出本节的主要结果.

定理 3.2.4　设 $n \geqslant 2$, u 是 Navier-Stokes 方程 (3.2.20) 的弱解, $(a, f) \in L^2(\mathbb{R}^n) \times L^1(\mathbb{R}^+, L^2(\mathbb{R}^n))$. 如果能量不等式 (3.2.22) 成立, 则

(1) $\lim\limits_{t \to \infty} \|u(t)\|_{L^2(\mathbb{R}^n)} = 0$. 结论 (1) 中还要求 $\displaystyle\int_0^\infty \|f(s)\|_{L^2(\mathbb{R}^n)} \log(e+s) ds < \infty$.

(2) 如果 $(a, f) \in D_{\alpha_0}^{(n)}$, 则 $\|u(t)\|_{L^2(\mathbb{R}^n)}^2 \leqslant C(1+t)^{-\bar{\alpha}_0}$, 其中

$$\bar{\alpha}_0 = \min\left\{\alpha_0, \frac{n}{2}+1\right\}.$$

(3) u 在 L^2 范数意义下关于 t 的大时间渐近行为等价于具有相同初值的热传导方程组的解, 即

$$\|u(t) - u_0(t)\|_{L^2(\mathbb{R}^n)}^2 \leqslant h_{\alpha_0}(t)(1+t)^{-d},$$

其中, $d = \dfrac{n}{2} + 1 - 2\max\{1-\alpha_0, 0\}$ $\Big($若 $\alpha_0 < \dfrac{n}{2}+1$, 则有 $d > \bar{\alpha}_0 = \alpha_0$. 此外, 当 $n=2$ 时, 还要求 $\alpha_0 > 0\Big)$,

$$h_{\alpha_0}(t) = \begin{cases} \varepsilon(t), & \alpha_0 = 0, \quad \varepsilon(t) \searrow 0, \quad t \to \infty, \\ C[\log(t+e)]^2, & \alpha_0 = 1, \\ C, & \alpha_0 \neq 0, 1. \end{cases}$$

对于结论 (3), 要求 $a \in L^\infty(\mathbb{R}^n)$, 且对 f 需要施加下面的条件 (见上述注中的 (4)):

$$f \in L^n(\mathbb{R}^n), \quad \|f(s)\|_{L^n(\mathbb{R}^n)} \leqslant Cs^{-\beta}, \quad \beta = \frac{\alpha_0+1}{2} + \frac{n}{4}.$$

注　假定 $f \equiv 0$, $a \in L^1(\mathbb{R}^n) \cap L^2_\sigma(\mathbb{R}^n)$. 由 (3.2.31) 式可知

$$\|u_0(t)\|_{L^2(\mathbb{R}^n)}^2 = \|e^{t\Delta}a\|_{L^2(\mathbb{R}^n)}^2 \leqslant C(1+t)^{-\frac{n}{2}} \|a\|_{L^1(\mathbb{R}^n)}^2.$$

此时, 定理 3.2.4 中的 $\alpha_0 = \dfrac{n}{2}$. 相应地, 上述定理中的 (2), (3) 可以叙述为

(2)′ $\|u(t)\|_{L^2(\mathbb{R}^n)} \leqslant C(1+t)^{-\frac{n}{4}}$;

(3)′ $\|u(t) - u_0(t)\|_{L^2(\mathbb{R}^n)} \leqslant \begin{cases} C(1+t)^{-1}\log(1+t), & n=2, \\ C(1+t)^{-\frac{n}{4}-\frac{1}{2}}, & n \geqslant 3. \end{cases}$

为了证明定理 3.2.4, 需要建立下面的基本不等式, 这在定理 3.2.4 的证明中起着关键作用.

假设 u 是 Navier-Stokes 方程 (3.2.20) 的弱解, 使得能量不等式 (3.2.22) 式成立, 则存在固定常数 $c_n > 0$, 使得对于任何 $g \in C([0,\infty), \mathbb{R}^+)$, $t \geqslant 0$, 成立

$$
\begin{aligned}
&\|u(t)\|_{L^2(\mathbb{R}^n)}^2 \exp\left\{\int_0^t g^2(s)ds\right\} \\
\leqslant\ & \|a\|_{L^2(\mathbb{R}^n)}^2 + c_n \int_0^t \frac{d}{ds}\exp\left\{\int_0^s g^2(r)dr\right\} \\
&\times \left\{R(s) + g^{n+2}(s)\left(\int_0^s \|u(r)\|_{L^2(\mathbb{R}^n)}^2 dr\right)^2\right\} ds,
\end{aligned}
\tag{3.2.32}
$$

其中

$$
R(s) = \|u_0(s)\|_{L^2(\mathbb{R}^n)}^2 + \min\left\{\|f(s)\|_{L^2(\mathbb{R}^n)} g^{-2}(s),\ \|f(s)\|_{L^2(\mathbb{R}^n)}^2 g^{-4}(s)\right\},
$$

这里 $u_0(t)$ 表示具有相同初值条件 (a, f) 的热传导方程组的解.

不等式 (3.2.32) 式证明 对于几乎所有的 t, 由 Plancherel 定理得

$$
\begin{aligned}
\|\nabla u(t)\|_{L^2(\mathbb{R}^n)}^2 &= (2\pi)^{-n} \int_{\mathbb{R}^n} |\xi|^2 |\hat{u}(\xi, t)|^2 d\xi \\
&\geqslant (2\pi)^{-n} g^2(t) \int_{\{\xi\in\mathbb{R}^n:\ |\xi|\geqslant g(t)\}} |\hat{u}(\xi, t)|^2 d\xi \\
&\geqslant g^2(t)\|u(t)\|_{L^2(\mathbb{R}^n)}^2 - (2\pi)^{-n} g^2(t) \int_{\{\xi\in\mathbb{R}^n:\ |\xi|< g(t)\}} |\hat{u}(\xi, t)|^2 d\xi.
\end{aligned}
$$

记 $y(t) := \|u(t)\|_{L^2(\mathbb{R}^n)}^2$. 由 (3.2.22), (3.2.23) 及上式可知, 对于几乎所有 s, 所有的 $t \geqslant s$, 成立

$$
\begin{aligned}
& y(t) + \int_s^t g^2(r) y(r) dr \\
\leqslant\ & y(t) + 2\int_s^t \|\nabla u(r)\|_{L^2(\mathbb{R}^n)}^2 dr \\
& + \int_s^t g^2(r) \int_{\{\xi\in\mathbb{R}^n:\ |\xi|< g(r)\}} |\hat{u}(\xi, r)|^2 d\xi dr \\
\leqslant\ & y(s) + \int_s^t g^2(r) \int_{\{\xi\in\mathbb{R}^n:\ |\xi|< g(r)\}} |\hat{u}(\xi, r)|^2 d\xi dr \\
& + \min\left\{\int_s^t C\|f(r)\|_{L^2(\mathbb{R}^n)} dr, \int_s^t \|f(r)\|_{L^2(\mathbb{R}^n)}^2 g^{-2}(r) dr\right\}.
\end{aligned}
\tag{3.2.33}
$$

若用 (3.2.23) 式, 上面花括号中第一项会出现. 若用 (3.2.22) 式, 则第二项会出现. 事实上,

$$
2\int_s^t |\langle f, u\rangle| dr \leqslant \int_s^t \|f(r)\|_{L^2(\mathbb{R}^n)}^2 g^{-2}(r) dr + \int_s^t \|u(r)\|_{L^2(\mathbb{R}^n)}^2 g^2(r) dr,
$$

上面最后一项可被吸收在左边.

为了估计右边的项, 令 $\phi_0 \in C_{0,\sigma}^\infty(\mathbb{R}^n)$. 固定 $t > 0$, $t^* > t$, 对于 $0 \leqslant s \leqslant t$, 记

$$\phi(x,s):=[G_{t^*-s}*\phi_0](x)=F_\xi^{-1}[\hat{\phi}_0e^{-|\xi|^2(t^*-s)}](x).$$

则 $\phi(s)$ 满足: $\partial_s\phi(s)+\Delta\phi(s)=0$, 并且是初值为 ϕ_0 的齐次热传导方程组的解在 t^*-s 时刻的值. 从而, ϕ 是光滑的, 并满足 $\mathrm{div}\phi=0$. 另外, 利用 Young 不等式, 可知

$$\begin{aligned}|\phi(x,s)| &\leqslant \|G_{t^*-s}\|_{L^2(\mathbb{R}^n)}\|\phi_0\|_{L^2(\mathbb{R}^n)}\\ &=(t^*-s)^{-\frac{n}{4}}\|G_1\|_{L^2(\mathbb{R}^n)}\|\phi_0\|_{L^2(\mathbb{R}^n)}\\ &\leqslant (t^*-t)^{-\frac{n}{4}}\|G_1\|_{L^2(\mathbb{R}^n)}\|\phi_0\|_{L^2(\mathbb{R}^n)},\end{aligned}$$

即 ϕ 关于时空变量是有界的. (3.2.21) 式对于上面的 ϕ 仍然成立. 从而

$$-\langle u(s),\partial_s\phi(s)\rangle+\langle\nabla u(s),\nabla\phi(s)\rangle=0.$$

(3.2.21) 式变为

$$\langle u(t),\phi(t)\rangle+\int_0^t\langle(u(s)\cdot\nabla)u(s),\phi(s)\rangle ds=\int_0^t\langle f(s),\phi(s)\rangle ds+\langle a,\phi(0)\rangle.$$

再根据 Fourier 变换性质, 上式可写为

$$\begin{aligned}&\left\langle \hat{u}(t)e^{-|\xi|^2(t^*-t)}+\int_0^t\widehat{(u\cdot\nabla)u}(s)e^{-|\xi|^2(t^*-s)}ds,\widehat{\phi_0}\right\rangle\\ =&\left\langle \widehat{a}e^{-|\xi|^2t^*}+\int_0^t\hat{f}(s)e^{-|\xi|^2(t^*-s)}ds,\widehat{\phi_0}\right\rangle\\ =&\langle\widehat{u_0}(t)e^{-|\xi|^2(t^*-t)},\widehat{\phi_0}\rangle.\end{aligned}$$

这里用到

$$\widehat{u_0}(\xi,t)=e^{-|\xi|^2t}\widehat{a}(\xi)+\int_0^te^{-|\xi|^2(t-s)}\hat{f}(\xi,s)ds.$$

因 ϕ_0 是任意的, 存在一个梯度向量场 $\nabla P\in L^2(\mathbb{R}^n)$, $P\in L^2_{\mathrm{loc}}(\mathbb{R}^n)$, 使得

$$\hat{u}(t)e^{-|\xi|^2(t^*-t)}=\widehat{u_0}(t)e^{-|\xi|^2(t^*-t)}-\int_0^t\widehat{(u\cdot\nabla)u}(s)e^{-|\xi|^2(t^*-s)}ds+\widehat{\nabla P}.$$

由于 $\mathrm{div}u=0$, 可知 $\hat{u}(\xi,t)\cdot\xi=0$. 在上述等式两边乘以 ξ, 由于左边为零. 从而成立

$$\xi\cdot\widehat{\nabla P}=-\xi\cdot\widehat{u_0}(t)e^{-|\xi|^2(t^*-t)}+\int_0^t\xi\cdot\widehat{(u\cdot\nabla)u}(s)e^{-|\xi|^2(t^*-s)}ds.$$

又 $\widehat{\nabla P}=i\xi\hat{P}$, 从而

$$\xi(\xi\cdot\widehat{\nabla P})|\xi|^{-2}=i\xi(\xi\cdot\xi\hat{P})|\xi|^{-2}=i\xi\hat{P}=\widehat{\nabla P}.$$

进而成立

$$\begin{aligned}\widehat{\nabla P} &= |\xi|^{-2}\xi(\xi\cdot\widehat{\nabla P})\\ &= -|\xi|^{-2}\xi\xi\cdot\widehat{u_0}(t)e^{-|\xi|^2(t^*-t)}+|\xi|^{-2}\xi\int_0^t \xi\cdot\widehat{(u\cdot\nabla)u}(s)e^{-|\xi|^2(t^*-s)}ds.\end{aligned}$$

说明

$$\begin{aligned}\hat{u}(t)e^{-|\xi|^2(t^*-t)} &= [\widehat{u_0}(t)-|\xi|^{-2}\xi\xi\cdot\widehat{u_0}(t)]e^{-|\xi|^2(t^*-t)}\\ &\quad+\int_0^t[|\xi|^{-2}\xi\xi\cdot\widehat{(u\cdot\nabla)u}(s)-\widehat{(u\cdot\nabla)u}(s)]e^{-|\xi|^2(t^*-s)}ds.\end{aligned}$$

于是, 对于 $1\leqslant k\leqslant n$, 有

$$\begin{aligned}\widehat{u^k}(t)e^{-|\xi|^2(t^*-t)} &= \sum_{j=1}^n(\delta_{kj}-\xi_k\xi_j|\xi|^{-2})\widehat{u_0^j}(t)e^{-|\xi|^2(t^*-t)}\\ &\quad-\sum_{j=1}^n\int_0^t(\delta_{kj}-\xi_k\xi_j|\xi|^{-2})\widehat{(u\cdot\nabla)u^j}(s)e^{-|\xi|^2(t^*-s)}ds.\end{aligned}$$

由 $\mathrm{div}u=0$, 可得

$$\widehat{(u\cdot\nabla)u^j}=\sum_k\widehat{u^k\partial_k u^j}=\sum_{k=1}^n\partial_k\widehat{(u^ku^j)}=\sum_{k=1}^n i\xi_k\widehat{u^ku^j}.$$

从而, 对于 $1\leqslant k\leqslant n$, 成立

$$\begin{aligned}|\widehat{u^k}(\xi,t)|e^{-|\xi|^2(t^*-t)} &\leqslant \sum_{j=1}^n\left|\widehat{u_0^j}(\xi,t)\right|e^{-|\xi|^2(t^*-t)}\\ &\quad+\sum_{j=1}^n\int_0^t|\widehat{(u\cdot\nabla)u^j}(\xi,s)|e^{-|\xi|^2(t^*-s)}ds\\ &\leqslant C|\widehat{u_0}(\xi,t)|+C\sum_{j=1}^n\int_0^t|\xi||\widehat{(uu^j)}(\xi,s)|ds\\ &\leqslant C|\widehat{u_0}(\xi,t)|+C|\xi|\int_0^t\|u(s)\|_{L^2(\mathbb{R}^n)}^2ds.\end{aligned}$$

于是

$$\begin{aligned}&\int_{|\xi|<g(t)}|\hat{u}(\xi,t)|^2e^{-2|\xi|^2(t^*-t)}d\xi\\ &\leqslant c\|u_0(t)\|_{L^2(\mathbb{R}^n)}^2+c\int_{|\xi|<g(t)}|\xi|^2d\xi\left(\int_0^t\|u(s)\|_{L^2(\mathbb{R}^n)}^2ds\right)^2\end{aligned}$$

$$\leqslant c\|u_0(t)\|_{L^2(\mathbb{R}^n)}^2 + cg^{n+2}(t)\left(\int_0^t \|u(s)\|_{L^2(\mathbb{R}^n)}^2 ds\right)^2.$$

令 $t^* \to t$, 由 Lebesgue 控制收敛定理, 可得

$$\int_{|\xi|\leqslant g(t)} |\hat{u}(\xi,t)|^2 d\xi \leqslant c\|u_0(t)\|_{L^2(\mathbb{R}^n)}^2 + cg^{n+2}(t)\left(\int_0^t \|u(s)\|_{L^2(\mathbb{R}^n)}^2 ds\right)^2.$$

将上式代入 (3.2.33) 式, 可知对于几乎所有的 s, 所有的 $t \geqslant s$, 有

$$\begin{aligned}
&y(t) + \int_s^t g^2(r)y(r)dr \\
\leqslant\ & y(s) + c\int_s^t g^2(r)\left[\|u_0(r)\|_{L^2(\mathbb{R}^n)}^2 + g^{n+2}(r)\left(\int_0^r \|u(s)\|_{L^2(\mathbb{R}^n)}^2 ds\right)^2\right]dr \\
&+ \min\left\{\int_s^t C\|f(r)\|_{L^2(\mathbb{R}^n)}dr, \int_s^t \|f(r)\|_{L^2(\mathbb{R}^n)}^2 g^{-2}(r)dr\right\} \\
\leqslant\ & y(s) + c_n\int_s^t \beta(r)dr, \qquad (3.2.34)
\end{aligned}$$

其中

$$R(s) = \|u_0(s)\|_{L^2(\mathbb{R}^n)}^2 + \min\left\{\|f(s)\|_{L^2(\mathbb{R}^n)}g^{-2}(s),\ \|f(s)\|_{L^2(\mathbb{R}^n)}^2 g^{-4}(s)\right\},$$

$$y(t) = \|u(t)\|_{L^2(\mathbb{R}^n)}^2, \quad \beta(s) = g^2(s)\left\{R(s) + g^{n+2}(s)\left(\int_0^s \|u(r)\|_{L^2(\mathbb{R}^n)}^2 dr\right)^2\right\}.$$

记 $e(t) = \exp\left\{\int_0^t g^2(r)dr\right\}$. 对于 $t \leqslant t_0, t-h \geqslant 0$, 有

$$\begin{aligned}
e(t) - e(t-h) &= \exp\left\{\left(\int_0^{t-h} + \int_{t-h}^t\right) g^2(r)dr\right\} - \exp\left\{\int_0^{t-h} g^2(r)dr\right\} \\
&= \exp\left\{\int_0^{t-h} g^2(r)dr\right\}\left[\exp\left\{\int_{t-h}^t g^2(r)dr\right\} - 1\right] \\
&= e(t-h)\left[\int_{t-h}^t g^2(r)dr + \sum_{k=2}^\infty \frac{1}{k!}\left(\int_{t-h}^t g^2(r)dr\right)^k\right] \\
&= e(t-h)\int_{t-h}^t g^2(r)dr + e(t-h)\sum_{k=2}^\infty \frac{1}{k!}\left(\int_{t-h}^t g^2(r)dr\right)^k.
\end{aligned}$$

注意到

$$
\begin{aligned}
& e(t-h)\left(\int_{t-h}^{t} g^2(r)dr\right)^2 \sum_{k=2}^{\infty} \frac{1}{k!}\left(\int_{t-h}^{t} g^2(r)dr\right)^{k-2} \\
\leqslant\ & e(t_0)\left(\int_{t-h}^{t} g^2(r)dr\right)^2 \sum_{k=2}^{\infty} \frac{1}{(k-2)!}\left(\int_{0}^{t_0} g^2(r)dr\right)^{k-2} \\
\leqslant\ & [e(t_0)]^2\left(\int_{t-h}^{t} g^2(r)dr\right)^2 \\
\leqslant\ & [e(t_0)]^2[\max_{0\leqslant r\leqslant t_0} g^4(r)]h^2 := h\varepsilon_{t_0}(h).
\end{aligned}
$$

因此

$$
e(t)-e(t-h)\leqslant e(t-h)\int_{t-h}^{t} g^2(r)dr + h\varepsilon_{t_0}(h),
$$

其中, $\lim\limits_{h\to 0}\varepsilon_{t_0}(h)=0$. 利用 (3.2.34) 式, 对于所有的 $0<h\leqslant t\leqslant t_0$, 成立

$$
\begin{aligned}
& y(t)e(t)-y(t-h)e(t-h) \\
=\ & y(t)(e(t)-e(t-h))+e(t-h)(y(t)-y(t-h)) \\
\leqslant\ & y(t)e(t-h)\int_{t-h}^{t} g^2(r)dr + h\varepsilon_{t_0}(h)y(t) \\
& + e(t-h)(y(t)-y(t-h)) \\
\leqslant\ & y(t)e(t-h)\int_{t-h}^{t} g^2(r)dr + h\varepsilon_{t_0}(h)y(t) \\
& + e(t-h)\left(c_n\int_{t-h}^{t}\beta(r)dr - \int_{t-h}^{t} g^2(r)y(r)dr\right) \\
=\ & e(t-h)\int_{t-h}^{t}(y(t)-y(r))g^2(r)dr + h\varepsilon_{t_0}(h)y(t) \\
& + c_n e(t-h)\int_{t-h}^{t}\beta(r)dr \\
\leqslant\ & c_n e(t-h)\int_{t-h}^{t} g^2(r)\int_{r}^{t}\beta(\tau)d\tau dr + h\varepsilon_{t_0}(h)y(t) \\
& + c_n\int_{t-h}^{t} e(r)\beta(r)dr \\
\leqslant\ & c_n e(t_0)\int_{t-h}^{t} g^2(r)dr\int_{t-h}^{t}\beta(\tau)d\tau + h\varepsilon_{t_0}(h)y(t) \\
& + c_n\int_{t-h}^{t} e(r)\beta(r)dr \\
\leqslant\ & c_n e(t_0)h[\max_{0\leqslant r\leqslant t_0} g^2(r)]\int_{t-h}^{t}\beta(r)dr + h\varepsilon_{t_0}(h)y(t)
\end{aligned}
$$

$$+ c_n \int_{t-h}^{t} e(r)\beta(r)dr. \tag{3.2.35}$$

令 $N+1=\dfrac{t_0}{h}$, 由于最终 h 趋于零, 所以这里的 N 实际上非常大. 定义 $s_{j+1}=s_j+h$, $0\leqslant j\leqslant N$, $s_0=0$, 可知 $s_{N+1}=(N+1)h=t_0$. 利用 (3.2.34), (3.2.35) 式, 可得

$$\begin{aligned}
y(t_0)e(t_0)-y(0) &= y(t_0)e(t_0)-y(0)e(0)\\
&=\sum_{j=0}^{N}[y(s_{j+1})e(s_{j+1})-y(s_j)e(s_j)]\\
&=\sum_{j=0}^{N}[y(s_{j+1})e(s_{j+1})-y(s_{j+1}-h)e(s_{j+1}-h)]\\
&\leqslant c_n e(t_0)h[\max_{0\leqslant r\leqslant t_0} g^2(r)]\sum_{j=0}^{N}\int_{s_j}^{s_{j+1}}\beta(r)dr+h\varepsilon_{t_0}(h)\sum_{j=0}^{N}y(s_{j+1})\\
&\quad +c_n\sum_{j=0}^{N}\int_{s_j}^{s_{j+1}}e(r)\beta(r)dr\\
&\leqslant c_n e(t_0)h[\max_{0\leqslant r\leqslant t_0} g^2(r)]\int_0^{t_0}\beta(r)dr+c_n\int_0^{t_0}e(r)\beta(r)dr\\
&\quad +(N+1)h\varepsilon_{t_0}(h)\left(y(0)+c_n\int_0^{t_0}\beta(r)dr\right)\\
&\leqslant c_n e(t_0)h[\max_{0\leqslant r\leqslant t_0} g^2(r)]\int_0^{t_0}\beta(r)dr+c_n\int_0^{t_0}e(r)\beta(r)dr\\
&\quad +t_0\varepsilon_{t_0}(h)\left(y(0)+c_n\int_0^{t_0}\beta(r)dr\right).
\end{aligned}$$

在上述估计式中令 $h\to 0$, 可得

$$y(t_0)e(t_0)\leqslant y(0)+c_n\int_0^{t_0}e(r)\beta(r)dr,$$

即 (3.2.32) 式成立. 这样, 我们就得到了希望的结论. □

定理 3.2.4 的证明　将适当选取 g, 首先, 取 $g^2(t)=(t+e)^{-1}[\log(t+e)]^{-1}$. 则

$$\begin{aligned}
\exp\left(\int_0^t g^2(s)ds\right) &= \exp\left(\int_0^t [\log(s+e)]^{-1}d\log(s+e)\right)\\
&=\exp\left(\log\log(t+e)\right)=\log(t+e),
\end{aligned}$$

$$\frac{d}{ds}\exp\left(\int_0^t g^2(s)ds\right)=(t+e)^{-1}.$$

由于 $\|f(s)\|_{L^2(\mathbb{R}^n)} \in L^1(\mathbb{R}^+)$, 利用能量不等式 (3.2.32), 对任意的 $s \geqslant 0$, 成立

$$\|u(s)\|_{L^2(\mathbb{R}^n)}^2 \leqslant \|a\|_{L^2(\mathbb{R}^n)}^2 + C\int_0^\infty \|f(s)\|_{L^2(\mathbb{R}^n)} ds,$$

注意到

$$\begin{aligned}R(s) &\leqslant \|u_0(s)\|_{L^2(\mathbb{R}^n)}^2 + \|f(s)\|_{L^2(\mathbb{R}^n)} g^{-2}(s)\\ &= \|u_0(s)\|_{L^2(\mathbb{R}^n)}^2 + \|f(s)\|_{L^2(\mathbb{R}^n)}(s+e)\log(s+e).\end{aligned}$$

从而, 对任意的 $s \geqslant 0$, 可得

$$\begin{aligned}&R(s) + g^{n+2}(s)\left(\int_0^s \|u(r)\|_{L^2(\mathbb{R}^n)}^2 dr\right)^2\\ &\leqslant \|u_0(s)\|_{L^2(\mathbb{R}^n)}^2 + \|f(s)\|_{L^2(\mathbb{R}^n)}(s+e)\log(s+e)\\ &\quad + C[(s+e)\log(s+e)]^{-\frac{n+2}{2}} s^2 \left(\|a\|_{L^2(\mathbb{R}^n)}^2 + \int_0^\infty \|f(s)\|_{L^2(\mathbb{R}^n)} ds\right)^2\\ &\leqslant \|u_0(s)\|_{L^2(\mathbb{R}^n)}^2 + \|f(s)\|_{L^2(\mathbb{R}^n)}(s+e)\log(s+e) + C[\log(s+e)]^{-\frac{n+2}{2}}.\end{aligned}$$

因为 $\lim\limits_{s\to\infty} \|u_0(s)\|_{L^2(\mathbb{R}^n)} = 0$ (见注中的 (1)), 结合 (3.2.32) 式, 可得

$$\begin{aligned}&\|u(t)\|_{L^2(\mathbb{R}^n)}^2\\ &\leqslant C[\log(t+e)]^{-1} + C[\log(t+e)]^{-1}\int_0^t \|f(s)\|_{L^2(\mathbb{R}^n)}\log(s+e)ds\\ &\quad + C[\log(t+e)]^{-1}\int_0^t (s+e)^{-1}(\|u_0(s)\|_{L^2(\mathbb{R}^n)}^2 + [\log(s+e)]^{-\frac{n+2}{2}})ds\\ &\longrightarrow 0.\end{aligned}$$

这里要求 $\int_0^t \|f(s)\|_{L^2(\mathbb{R}^n)}\log(s+e)ds < \infty$. 这样, 我们就得到结论 (1).

现在证明结论 (2), 假设 $(a,f) \in D_{\alpha_0}^{(n)}$, $\alpha_0 \geqslant 0$. 当 $\alpha_0 = 0$ 时, 利用能量不等式 (3.2.23) 可知, 结论 (2) 显然成立. 因此, 在下面关于结论 (2) 的证明过程中, 总假设 $\alpha_0 > 0$. 进一步假设

$$\|u(s)\|_{L^2(\mathbb{R}^n)}^2 \leqslant C(1+s)^{-\beta}, \tag{3.2.36}$$

其中, 当 $n \geqslant 3$ 时, $\beta \geqslant 0$; 当 $n = 2$ 时, $\beta > 0$, 其严格的证明见引理 3.2.5. 需要指出的是, 对于 $n \geqslant 2, \beta = 0$ 情形, (3.2.36) 式可由能量不等式 (3.2.23) 得到.

现在选取 $g^2(t) = \alpha(t+1)^{-1}$, 其中 $\alpha > 0$. 从而

$$\exp\left(\int_0^t g^2(s)ds\right) = (t+1)^\alpha, \quad \frac{d}{dt}\exp\left(\int_0^t g^2(s)ds\right) = \alpha(t+1)^{\alpha-1}.$$

此外

$$
\begin{aligned}
&R(t)+g^{n+2}(t)\left(\int_0^t\|u(r)\|_{L^2(\mathbb{R}^n)}^2dr\right)^2\\
\leqslant&\|u_0(t)\|_{L^2(\mathbb{R}^n)}^2+C\|f(t)\|_{L^2(\mathbb{R}^n)}^2g^{-4}(t)+C[\alpha(t+1)^{-1}]^{\frac{n+2}{2}}\left(\int_0^t(r+1)^{-\beta}dr\right)^2\\
\leqslant& L(t):=\begin{cases}C[(t+1)^{\ \alpha_0}+(t+1)^{-\frac{n}{2}+1-2\beta}], & \beta<1,\\ C[(t+1)^{-\alpha_0}+(t+1)^{-\frac{n}{2}-1}\log^2(t+1)], & \beta=1,\\ C[(t+1)^{-\alpha_0}+(t+1)^{-\frac{n}{2}-1}], & \beta>1.\end{cases}
\end{aligned}
$$

由 (3.2.32) 式, 当 $\alpha>0$ 充分大时, 结合上式, 可得

$$
\begin{aligned}
\|u(t)\|_{L^2(\mathbb{R}^n)}^2(t+1)^\alpha&\leqslant\|a\|_{L^2(\mathbb{R}^n)}^2+C\int_0^t(s+1)^{\alpha-1}L(s)ds\\
&\leqslant\begin{cases}C[1+(t+1)^{\alpha-\alpha_0}+(t+1)^{\alpha-\frac{n}{2}+1-2\beta}], & \beta<1,\\ C[1+(t+1)^{\alpha-\alpha_0}+(t+1)^{\alpha-\frac{n}{2}-1}\log^2(t+1)], & \beta=1,\\ C[1+(t+1)^{\alpha-\alpha_0}+(t+1)^{\alpha-\frac{n}{2}-1}], & \beta>1.\end{cases}
\end{aligned}
$$

于是

$$
\|u(t)\|_{L^2(\mathbb{R}^n)}^2\leqslant\begin{cases}C[(t+1)^{-\alpha_0}+(t+1)^{-\frac{n}{2}+1-2\beta}], & \beta<1,\\ C[(t+1)^{-\alpha_0}+(t+1)^{-\frac{n}{2}-1}\log^2(t+1)], & \beta=1,\\ C[(t+1)^{-\alpha_0}+(t+1)^{-\frac{n}{2}-1}], & \beta>1.\end{cases}\tag{3.2.37}
$$

记 $\bar{\alpha}_0=\min\left\{\alpha_0,\dfrac{n}{2}+1\right\}$.

情形 1 $\beta>1$. 由 (3.2.37) 式, 可得

$$
\|u(t)\|_{L^2(\mathbb{R}^n)}^2\leqslant C[(t+1)^{-\alpha_0}+(t+1)^{-\frac{n}{2}-1}]\leqslant C(t+1)^{-\bar{\alpha}_0}.\tag{3.2.38}
$$

情形 2 $\beta=1$. 由 (3.2.37) 式, 可得

$$
\begin{aligned}
&R(t)+g^{n+2}(t)\left(\int_0^t\|u(r)\|_{L^2(\mathbb{R}^n)}^2dr\right)^2\\
\leqslant&\|u_0(t)\|_{L^2(\mathbb{R}^n)}^2+\|f(t)\|_{L^2(\mathbb{R}^n)}^2g^{-4}(t)\\
&+C[\alpha(t+1)^{-1}]^{\frac{n+2}{2}}\left(\int_0^t[(r+1)^{-\alpha_0}+(r+1)^{-\frac{n}{2}-1}\log^2(r+1)]dr\right)^2\\
\leqslant& C((t+1)^{-\alpha_0}+(t+1)^{-\frac{n+2}{2}})+C(t+1)^{-\frac{n+2}{2}}\left(\int_0^t(r+1)^{-\alpha_0}dr\right)^2
\end{aligned}
$$

$$\leqslant L_1(t) := \begin{cases} C[(t+1)^{-\alpha_0} + (t+1)^{-\frac{n}{2}+1-2\alpha_0}], & \alpha_0 < 1, \\ C[(t+1)^{-\alpha_0} + (t+1)^{-\frac{n}{2}-1}\log^2(t+1)], & \alpha_0 = 1, \\ C[(t+1)^{-\alpha_0} + (t+1)^{-\frac{n}{2}-1}], & \alpha_0 > 1. \end{cases} \tag{3.2.39}$$

由 (3.2.32), (3.2.39) 式, 当 $\alpha > 0$ 很大时, 可得

$$\begin{aligned} &\|u(t)\|^2_{L^2(\mathbb{R}^n)}(t+1)^\alpha \\ &\leqslant \|a\|^2_{L^2(\mathbb{R}^n)} + C\int_0^t (s+1)^{\alpha-1}L_1(s)ds \\ &\leqslant \begin{cases} C[1+(t+1)^{\alpha-\alpha_0} + (t+1)^{\alpha-\frac{n}{2}+1-2\alpha_0}], & \alpha_0 < 1, \\ C[1+(t+1)^{\alpha-\alpha_0} + (t+1)^{\alpha-\frac{n}{2}-1}\log^2(t+1)], & \alpha_0 = 1, \\ C[1+(t+1)^{\alpha-\alpha_0} + (t+1)^{\alpha-\frac{n}{2}-1}], & \alpha_0 > 1. \end{cases} \end{aligned}$$

于是

$$\begin{aligned} &\|u(t)\|^2_{L^2(\mathbb{R}^n)} \\ &\leqslant \begin{cases} C[(t+1)^{-\alpha_0} + (t+1)^{-\frac{n}{2}+1-2\alpha_0}], & \alpha_0 < 1, \\ C[(t+1)^{-\alpha_0} + (t+1)^{-\frac{n}{2}-1}\log^2(t+1)], & \alpha_0 = 1, \\ C[(t+1)^{-\alpha_0} + (t+1)^{-\frac{n}{2}-1}], & \alpha_0 > 1 \end{cases} \\ &\leqslant \begin{cases} C(t+1)^{-\alpha_0}, & \alpha_0 < 1, \\ C(t+1)^{-1}, & \alpha_0 = 1, \\ C(t+1)^{-\bar{\alpha}_0}, & \alpha_0 > 1 \end{cases} \\ &\leqslant C(t+1)^{-\bar{\alpha}_0}. \end{aligned} \tag{3.2.40}$$

情形 3 $\beta < 1$. 令 $\beta_1 = \min\left\{\alpha_0, 2\beta + \frac{n}{2} - 1\right\}$. 由 (3.2.37) 式, 我们知道

$$\|u(t)\|^2_{L^2(\mathbb{R}^n)} \leqslant C(t+1)^{-\beta_1}. \tag{3.2.41}$$

由于当 $n \geqslant 3$ 时, $\beta \geqslant 0$; 当 $n = 2$ 时, $\beta > 0$, 可知 $2\beta + \frac{n}{2} - 1 > \beta$. 因此, 如果 $\beta_1 \leqslant \beta$, 可得 $\alpha_0 \leqslant \beta$, 进而 $\beta_1 = \alpha_0$. 结合 (3.2.41) 式, 知

$$\|u(t)\|^2_{L^2(\mathbb{R}^n)} \leqslant C(t+1)^{-\alpha_0} \leqslant C(t+1)^{-\bar{\alpha}_0}.$$

此即为所要证得结论. 故在 (3.2.41) 式中假定 $\beta_1 > \beta$.

需要指出的是, 对于 $n = 2$ 情形, 若从 $\beta = 0$ 开始, 则 $\beta_1 = 0$, 这样会引起困难.

将 (3.2.41) 式替代 (3.2.36) 式, 我们从一个新的指标 β_1 开始. 如果 $\beta_1 \geqslant 1$, 利用情形 1 和情形 2 的结论, 可知

$$\|u(t)\|^2_{L^2(\mathbb{R}^n)} \leqslant C(t+1)^{-\bar{\alpha}_0}.$$

所以, 在 (3.2.41) 式中不妨假定 $\beta_1 < 1$. 重复 (3.2.41) 式的证明过程, 可得

$$\|u(t)\|_{L^2(\mathbb{R}^n)}^2 \leqslant C(1+t)^{-\beta_2},$$

其中, $\beta_2 = \min\left\{\alpha_0, 2\beta_1 + \frac{n}{2} - 1\right\}$, 要求 $\beta_2 > \beta_1$. 同样的原因, 我们假定 $\beta_2 < 1$. 再从新的指标 β_2 开始, 重复 (3.2.41) 式的证明过程, 可得

$$\|u(t)\|_{L^2(\mathbb{R}^n)}^2 \leqslant C(1+t)^{-\beta_3},$$

其中, $\beta_3 = \min\left\{\alpha_0, 2\beta_2 + \frac{n}{2} - 1\right\} > \beta_2$.

这样重复下去, 可得

$$\|u(t)\|_{L^2(\mathbb{R}^n)}^2 \leqslant C(1+t)^{-\beta_{k+1}},$$

其中, $\beta_{k+1} = \min\left\{\alpha_0, 2\beta_k + \frac{n}{2} - 1\right\} > \beta_k$, $\beta_k < 1$, $k = 1, 2, \cdots$.

注意到, 在假定 $\alpha_0 > 2\beta_k + \frac{n}{2} - 1$ 下, 成立 $\beta_{k+1} = 2\beta_k + \frac{n}{2} - 1$, 进一步可解出

$$\beta_{k+1} = (2^{k+1} - 1)\left(\frac{n}{2} - 1\right) + 2^{k+1}\beta_1, \quad \beta_1 = \min\left\{\alpha_0, 2\beta + \frac{n}{2} - 1\right\},$$

注意到, 对于 $n \geqslant 2$, $\lim\limits_{k\to\infty} \beta_{k+1} = +\infty$. 因此, 一定存在整数 k, 使得 $\alpha_0 > 2\beta_k + \frac{n}{2} - 1$ 不成立. 或者说, 存在整数 k, 使得 $\alpha_0 \leqslant 2\beta_k + \frac{n}{2} - 1$ 成立, 即 $\beta_{k+1} = \alpha_0$. 说明, 经过有限次迭代后, 成立

$$\|u(t)\|_{L^2(\mathbb{R}^n)}^2 \leqslant C(1+t)^{-\alpha_0} \leqslant C(1+t)^{-\bar{\alpha}_0}. \tag{3.2.42}$$

由 (3.2.38), (3.2.40), (3.2.42) 式, 可知结论 (2) 成立.

下面证明结论 (3). 令 $D(t) = u(t) - u_0(t)$, 则 $D(t)$ 在弱的意义下满足

$$\partial_t D - \Delta D + (u\cdot\nabla)u + \nabla p = 0.$$

注意到 (形式上)

$$\begin{aligned}\int_s^t \int_{\mathbb{R}^n} (u\cdot\nabla)u \cdot D dx dr &= \int_s^t \int_{\mathbb{R}^n} (u\cdot\nabla)u \cdot (u - u_0) dx dr \\ &= -\int_s^t \int_{\mathbb{R}^n} (u\cdot\nabla)u \cdot u_0 dx dr \\ &= -\int_s^t \int_{\mathbb{R}^n} (u\cdot\nabla)(D + u_0) \cdot u_0 dx dr\end{aligned}$$

$$= -\int_s^t \int_{\mathbb{R}^n} (u \cdot \nabla) D \cdot u_0 dx dr.$$

这里用到 $\int_{\mathbb{R}^n} (u \cdot \nabla) u_0 \cdot u_0 dx = 0$. 从而

$$\begin{aligned}
&\left| \int_s^t \int_{\mathbb{R}^n} (u \cdot \nabla) u \cdot D dx dr \right| \\
&\leqslant \frac{1}{2} \int_s^t \|\nabla D(r)\|_{L^2(\mathbb{R}^n)}^2 dr + \frac{1}{2} \int_s^t \int_{\mathbb{R}^n} |u(x,r)|^2 |u_0(x,r)|^2 dx dr.
\end{aligned}$$

进一步可以得到 D 满足的能量不等式, 即对于几乎所有的 s 及所有的 $t \geqslant s$, 有

$$\begin{aligned}
&\|D(t)\|_{L^2(\mathbb{R}^n)}^2 + \int_s^t \|\nabla D(r)\|_{L^2(\mathbb{R}^n)}^2 dr \\
&\leqslant \|D(s)\|_{L^2(\mathbb{R}^n)}^2 + \int_s^t \|u(r)\|_{L^2(\mathbb{R}^n)}^2 \|u_0(r)\|_{L^\infty(\mathbb{R}^n)}^2 dr.
\end{aligned}$$

与前面一样, 由 D 满足的方程, 可证

$$\int_{|\xi| \leqslant g(t)} |\hat{D}(t)(\xi)|^2 d\xi \leqslant c g^{n+2}(t) \left(\int_0^t \|u(s)\|_{L^2(\mathbb{R}^n)}^2 \right)^2.$$

这样, 可以建立 (3.2.32) 式的修正形式, 即对所有的 $t > 0$, 有

$$\begin{aligned}
&\|D(t)\|_{L^2(\mathbb{R}^n)}^2 \exp\left(\int_0^t g^2(s) ds \right) \\
&\leqslant c_n \int_0^t \frac{d}{ds} \left(\exp\left(\int_0^s g^2(r) dr \right) \right) \\
&\quad \times \left\{ g^{-2}(s) \|u(s)\|_{L^2(\mathbb{R}^n)}^2 \|u_0(s)\|_{L^\infty(\mathbb{R}^n)}^2 \right. \\
&\quad \left. + g^{n+2}(s) \left(\int_0^s \|u(r)\|_{L^2(\mathbb{R}^n)}^2 dr \right)^2 \right\} ds. \qquad (3.2.43)
\end{aligned}$$

取 $g^2(t) = \alpha(t+1)^{-1}$, 其中 $\alpha > 0$ 充分大.

$$\exp\left(\int_0^t g^2(s) ds \right) = \exp\left(\alpha \int_0^t (s+1)^{-1} ds \right) = (t+1)^\alpha,$$

$$\frac{d}{ds} \left(\exp\left(\int_0^s g^2(r) dr \right) \right) = \frac{d}{ds} (s+1)^\alpha = \alpha (s+1)^{\alpha-1}.$$

利用本节注中的 (4) 有

$$\|u_0(s)\|_{L^\infty(\mathbb{R}^n)} \leqslant C(1+s)^{-\frac{\alpha_0}{2} - \frac{n}{4}}, \quad s > 0,$$

以及已证结论 (2) 有

$$\|u(s)\|_{L^2(\mathbb{R}^n)}^2 \leqslant C(1+s)^{-\bar{\alpha}_0}, \quad s>0, \quad \bar{\alpha}_0=\min\left\{\alpha_0, \frac{n}{2}+1\right\}.$$

利用 (3.2.43) 式, 对于 $t>t_0=0$, 有

$$\begin{aligned}
\|D(t)\|_{L^2(\mathbb{R}^n)}^2(t+1)^\alpha \leqslant & C\int_0^t (s+1)^{\alpha-1}\left\{(s+1)^{1-\bar{\alpha}_0-\alpha_0-\frac{n}{2}}\right. \\
& \left. +(s+1)^{-\frac{n}{2}-1}\left(\int_0^s (1+r)^{-\bar{\alpha}_0}dr\right)^2\right\}ds \\
\leqslant & C\left\{\int_0^t (s+1)^{\alpha-\bar{\alpha}_0-\alpha_0-\frac{n}{2}}ds\right. \\
& \left. +\int_0^t (s+1)^{\alpha-\frac{n}{2}-2}\left(\int_0^s (1+r)^{-\bar{\alpha}_0}dr\right)^2 ds\right\} \\
\leqslant & C\left\{(t+1)^{\alpha+1-\bar{\alpha}_0-\alpha_0-\frac{n}{2}}\right. \\
& \left. +\int_0^t (s+1)^{\alpha-\frac{n}{2}-2}\left(\int_0^s (1+r)^{-\bar{\alpha}_0}dr\right)^2 ds\right\}.
\end{aligned} \tag{3.2.44}$$

注意到 $\bar{\alpha}_0=\min\left\{\alpha_0, \frac{n}{2}+1\right\}$. 可得

$$\begin{aligned}
\int_0^s (1+r)^{-\bar{\alpha}_0}dr &= \begin{cases} \dfrac{C}{1-\bar{\alpha}_0}(1+s)^{1-\bar{\alpha}_0}, & 0\leqslant \bar{\alpha}_0<1, \\ C\log(1+s), & \bar{\alpha}_0=1, \\ \dfrac{C}{\bar{\alpha}_0-1}[1-(1+s)^{1-\bar{\alpha}_0}], & \bar{\alpha}_0>1 \end{cases} \\
&= \begin{cases} \dfrac{C}{1-\alpha}(1+s)^{1-\alpha_0}, & 0\leqslant \alpha_0<1, \\ C\log(1+s), & \alpha_0=1, \\ \dfrac{C}{\bar{\alpha}_0-1}[1-(1+s)^{1-\bar{\alpha}_0}], & \alpha_0>1 \end{cases} \\
&\leqslant \begin{cases} \dfrac{C}{1-\alpha}(1+s)^{1-\alpha_0}, & 0\leqslant \alpha_0<1, \\ C\log(1+s), & \alpha_0=1, \\ \dfrac{C}{\bar{\alpha}_0-1}, & \alpha_0>1, \end{cases}
\end{aligned}$$

从而

$$\left(\int_0^s (1+r)^{-\bar{\alpha}_0}dr\right)^2 \leqslant \begin{cases} C(1+s)^{2(1-\alpha_0)}, & 0 \leqslant \alpha_0 < 1, \\ C[\log(1+s)]^2, & \alpha_0 = 1, \\ C, & \alpha_0 > 1. \end{cases}$$

注意到 $\alpha > 0$ 充分大, 从而进一步可得

$$\begin{aligned} &\int_0^t (s+1)^{\alpha-\frac{n}{2}-2}\left(\int_0^s (1+r)^{-\bar{\alpha}_0}dr\right)^2 ds \\ \leqslant &\begin{cases} C(1+t)^{\alpha-\frac{n}{2}-1+2(1-\alpha_0)}, & 0 \leqslant \alpha_0 < 1, \\ C(1+t)^{\alpha-\frac{n}{2}-1}[\log(1+t)]^2, & \alpha_0 = 1, \\ C(1+t)^{\alpha-\frac{n}{2}-1}, & \alpha_0 > 1. \end{cases} \end{aligned} \tag{3.2.45}$$

将 (3.2.45) 代入 (3.2.44) 中, 可知

$$\begin{aligned} \|D(t)\|^2_{L^2(\mathbb{R}^n)} \leqslant &C(t+1)^{-\alpha}\Bigg((t+1)^{\alpha+1-\bar{\alpha}_0-\alpha_0-\frac{n}{2}} \\ &+ \int_0^t (s+1)^{\alpha-\frac{n}{2}-2}\left(\int_0^s (1+r)^{-\bar{\alpha}_0}dr\right)^2 ds\Bigg) \\ \leqslant &\begin{cases} C[(t+1)^{1-2\alpha_0-\frac{n}{2}} + (1+t)^{-\frac{n}{2}-1+2(1-\alpha_0)}], & 0 \leqslant \alpha_0 < 1, \\ C[(t+1)^{-1-\frac{n}{2}} + (1+t)^{-\frac{n}{2}-1}[\log(1+t)]^2], & \alpha_0 = 1, \\ C[(t+1)^{1-\bar{\alpha}_0-\alpha_0-\frac{n}{2}} + (1+t)^{-\frac{n}{2}-1}], & \alpha_0 > 1 \end{cases} \\ \leqslant &\begin{cases} C(1+t)^{-\frac{n}{2}-1+2(1-\alpha_0)}, & 0 \leqslant \alpha_0 < 1, \\ C(1+t)^{-\frac{n}{2}-1}[\log(1+t)]^2, & \alpha_0 = 1, \\ C(1+t)^{-\frac{n}{2}-1}, & \alpha_0 > 1. \end{cases} \end{aligned}$$

这样, 当 $\alpha_0 > 0$ 时, 便得到结论 (3).

如果 $\alpha_0 = 0$, 在 (3.2.43) 式中取 $g^2(t) = \alpha(t+1)^{-1}$, 其中 $\alpha > 0$ 比较大. 成立

$$\begin{aligned} \|D(t)\|^2_{L^2(\mathbb{R}^n)} \leqslant &C(t+1)^{-\alpha}\Bigg(1 + \int_0^t (s+1)^{\alpha-\frac{n}{2}}\|u(s)\|^2_{L^2(\mathbb{R}^n)}ds \\ &+ \int_0^t (s+1)^{\alpha-\frac{n}{2}-2}\left(\int_0^s \|u(r)\|^2_{L^2(\mathbb{R}^n)}dr\right)^2 ds\Bigg) \\ \leqslant &C(t+1)^{-\alpha}\Bigg(1 + (t+1)^{\alpha-\frac{n}{2}}\int_0^t \|u(s)\|^2_{L^2(\mathbb{R}^n)}ds \end{aligned}$$

$$
\begin{aligned}
&\quad + \int_0^t (s+1)^{\alpha-\frac{n}{2}-2} ds \left(\int_0^t \|u(r)\|_{L^2(\mathbb{R}^n)}^2 dr \right)^2 \Bigg) \\
&\leqslant C(t+1)^{-\frac{n}{2}+1} \Bigg((t+1)^{-\alpha+\frac{n}{2}-1} + (t+1)^{-1} \int_0^t \|u(s)\|_{L^2(\mathbb{R}^n)}^2 ds \\
&\quad + \left((t+1)^{-1} \int_0^t \|u(r)\|_{L^2(\mathbb{R}^n)}^2 dr \right)^2 \Bigg) \\
&=: \epsilon(t)(t+1)^{-\frac{n}{2}+1}.
\end{aligned}
$$

由结论 (1): $\lim\limits_{s\to\infty} \|u(s)\|_{L^2(\mathbb{R}^n)} = 0$, 可得

$$
\lim_{t\to\infty} \left[(t+1)^{-1} \int_0^t \|u(s)\|_{L^2(\mathbb{R}^n)}^2 ds \right] = 0.
$$

说明 $\lim\limits_{t\to\infty} \epsilon(t) = 0$. □

下面处理 $n=2$ 情形, 要求 $\alpha_0 > 0$. 即证明: 存在常数 $\beta > 0$, 使得 $\|u(t)\|_{L^2(\mathbb{R}^2)}^2 \leqslant C(1+t)^{-\beta}$, $\forall t > 0$. 为此, 需要首先建立一些积分不等式.

引理 3.2.5　设 $m \in \mathbb{N}, \beta > 0$. 则

(i) $\displaystyle\int_0^t (s+e)^{-1}[\log(s+e)]^{-m} ds \leqslant \frac{1}{m-1}$,　$m \geqslant 2$;

(ii) $\displaystyle\int_0^t (s+e)^{-1-\beta}[\log(s+e)]^{m} ds \leqslant 2^{m+1}\beta^{-m-1}m^m e^{-m}$;

(iii) 存在 $\gamma_m > 0$, 使得对于任意的 $t > 0$, 成立

$$
\int_0^t [\log(s+e)]^{-m} ds \leqslant \gamma_m (t+e)[\log(t+e)]^{-m};
$$

(iv) (Gronwall 不等式) 如果 y, α, β 是区间 $[1,\infty)$ 上的非负连续函数, $\beta \in L^1([1,\infty),\mathbb{R})$,

$$
y(t) \leqslant \alpha(t) + \int_1^t \beta(s) y(s) ds, \quad t \in [1,\infty).
$$

则

$$
y(t) \leqslant \alpha(t) + \exp(\|\beta\|_{L^1(1,\infty)}) \int_0^t \alpha(s)\beta(s) ds, \quad t \in [1,\infty).
$$

证明　(i) 设整数 $m \geqslant 2$. 由分部积分, 成立

$$
\begin{aligned}
\int_0^t (s+e)^{-1}[\log(s+e)]^{-m} ds &= \int_0^t [\log(s+e)]^{-m} d\log(s+e) \\
&= \frac{1}{m-1}\left(1 - [\log(t+e)]^{1-m}\right)
\end{aligned}
$$

$$\leqslant \frac{1}{m-1}.$$

(ii) 对任意的 $t>0$, 成立

$$\begin{aligned}
&\int_0^t (s+e)^{-1-\beta}[\log(s+e)]^m ds \\
&\leqslant \sup_{s>0}\{(s+e)^{-\frac{\beta}{2}}[\log(s+e)]^m\}\int_0^t (s+e)^{-1-\frac{\beta}{2}} ds \\
&= 2\beta^{-1}e^{-\frac{\beta}{2}}\sup_{s>0}\{(s+e)^{-\frac{\beta}{2}}[\log(s+e)]^m\}.
\end{aligned} \tag{3.2.46}$$

令

$$f(s)=(s+e)^{-\frac{\beta}{2}}[\log(s+e)]^m, \quad f(s_0)=\sup_{s>0} f(s).$$

则

$$f'(s_0)=(s_0+e)^{-1-\frac{\beta}{2}}[\log(s_0+e)]^{m-1}\left(m-\frac{\beta}{2}\log(s_0+e)\right)=0.$$

简单计算表明

$$\log(s_0+e)=\frac{2m}{\beta}, \quad s_0+e=e^{\frac{2m}{\beta}}.$$

从而

$$f(s_0)=(s_0+e)^{-\frac{\beta}{2}}[\log(s_0+e)]^m=e^{-m}\left(\frac{2m}{\beta}\right)^m. \tag{3.2.47}$$

将 (3.2.47) 式代入 (3.2.46) 式, 即得

$$\int_0^t (s+e)^{-1-\beta}[\log(s+e)]^m ds \leqslant 2\beta^{-1}e^{-\frac{\beta}{2}}f(s_0)\leqslant 2^{m+1}\beta^{-m-1}m^m e^{-m}.$$

(iii) 因为

$$\begin{aligned}
\int_0^t \log(s+e)^{-m} ds &= \int_1^{\log(t+e)} \tau^{-m}e^{\tau} d\tau \\
&\leqslant \int_{\frac{1}{2}}^{\frac{1}{2}\log(t+e)} \tau^{-m}e^{\tau} d\tau + \int_{\frac{1}{2}\log(t+e)}^{\log(t+e)} \tau^{-m}e^{\tau} d\tau \\
&= J_{1m}(t)+J_{2m}(t).
\end{aligned} \tag{3.2.48}$$

注意到, 函数 $\tau^{-m}e^{\tau}$ 在 $(0,m)$ 上是递减的, 在 (m,∞) 上是递增的. 此外, 函数 $[\log(t+e)]^{-m}(t+e)$ 在 $[0,\infty)$ 上有下界, 即存在 $c_m>0$, 成立

$$[\log(t+e)]^{-m}(t+e)\geqslant c_m, \quad \forall t\in[0,\infty). \tag{3.2.49}$$

如果 $m < \frac{1}{2}\log(t+e)$, 即 $t > e^{2m} - e$, 此时成立

$$\int_m^{\frac{1}{2}\log(t+e)} \tau^{-m} e^{\tau} d\tau \leqslant \left[\frac{1}{2}\log(t+e)\right]^{-m} \sqrt{t+e}\left[\frac{1}{2}\log(t+e) - m\right]$$
$$\leqslant 2^m \max_{t\geqslant 0}\{(t+e)^{-\frac{1}{2}}\log(t+e)\}[\log(t+e)]^{-m}(t+e).$$

利用 (3.2.49), 还有

$$\int_{\frac{1}{2}}^m \tau^{-m} e^{\tau} d\tau \leqslant \left(m - \frac{1}{2}\right) 2^m e^{\frac{1}{2}} \leqslant m 2^m e^{\frac{1}{2}}$$
$$\leqslant \frac{m 2^m e^{\frac{1}{2}}}{c_m}[\log(t+e)]^{-m}(t+e), \quad \forall t \in [0, \infty). \tag{3.2.50}$$

从而成立

$$J_{1m}(t) \leqslant \left(\int_{\frac{1}{2}}^m + \int_m^{\frac{1}{2}\log(t+e)}\right) \tau^{-m} e^{\tau} d\tau$$
$$\leqslant \left(\frac{m 2^m e^{\frac{1}{2}}}{c_m} + 2^m \max_{t\geqslant 0}\{(t+e)^{-\frac{1}{2}}\log(t+e)\}\right)[\log(t+e)]^{-m}(t+e). \tag{3.2.51}$$

如果 $m \geqslant \frac{1}{2}\log(t+e)$, 等价于 $t \leqslant e^{2m} - e$. 利用 (3.2.50), 可得

$$J_{1m}(t) = \int_{\frac{1}{2}}^{\frac{1}{2}\log(t+e)} \tau^{-m} e^{\tau} d\tau$$
$$\leqslant \int_{\frac{1}{2}}^m \tau^{-m} e^{\tau} d\tau$$
$$\leqslant \frac{m 2^m e^{\frac{1}{2}}}{c_m}[\log(t+e)]^{-m}(t+e). \tag{3.2.52}$$

结合 (3.2.51), (3.2.52), 对任意的 $t > 0$, 可得

$$J_{1m}(t) \leqslant \gamma_{1m}[\log(t+e)]^{-m}(t+e), \tag{3.2.53}$$

这里

$$\gamma_{1m} = \frac{2m 2^m e^{\frac{1}{2}}}{c_m} + 2^m \max_{t\geqslant 0}\{(t+e)^{-\frac{1}{2}}\log(t+e)\}.$$

下面估计 $J_{2m}(t)$. 对任意的 $t > 0$, 成立

$$J_{2m}(t) \leqslant \left[\frac{1}{2}\log(t+e)\right]^{-m} \int_{\frac{1}{2}\log(t+e)}^{\log(t+e)} e^{\tau} d\tau$$

$$
\begin{aligned}
&= 2^m[\log(t+e)]^{-m}(t+e-\sqrt{t+e}) \\
&\leqslant 2^m[\log(t+e)]^{-m}(t+e).
\end{aligned} \tag{3.2.54}
$$

由 (3.2.53), (3.2.54), 对任意的 $t>0$, 可知

$$
\int_0^t \log(s+e)^{-m}ds \leqslant J_{1m}(t)+J_{2m}(t) \leqslant \gamma_m[\log(t+e)]^{-m}(t+e),
$$

其中, $\gamma_m = \gamma_{1m} + 2^m$.

(iv) 设 y, α, β 在区间 $[1,\infty)$ 上是非负连续函数, $\beta \in L^1([1,\infty),\mathbb{R})$. 令 $\psi(t) = \int_1^t \beta(s)y(s)ds$, 则 $\psi(1)=0$,

$$
y(t) \leqslant \alpha(t)+\psi(t), \tag{3.2.55}
$$

以及

$$
\psi'(t) = \beta(t)y(t) \leqslant \alpha(t)\beta(t)+\beta(t)\psi(t).
$$

从而

$$
\frac{d}{dt}\left(\psi(t)e^{-\int_1^t \beta(s)ds}\right) \leqslant \alpha(t)\beta(t)e^{-\int_1^t \beta(s)ds} \leqslant \alpha(t)\beta(t).
$$

上式两边关于 t 积分, 可得

$$
\psi(t) \leqslant e^{\int_1^t \beta(s)ds}\int_1^t \alpha(s)\beta(s)ds \leqslant e^{\|\beta\|_{L^1(1,\infty)}}\int_1^t \alpha(s)\beta(s)ds.
$$

结合 (3.2.55) 式, 可知

$$
y(t) \leqslant \alpha(t) + e^{\|\beta\|_{L^1(1,\infty)}}\int_1^t \alpha(s)\beta(s)ds.
$$

□

下面验证 $n=2$ 时的 (3.2.36) 式. 令

$$
g^2(t) = k(t+e)^{-1}[\log(t+e)]^{-1}, \quad k \in \mathbb{N}.
$$

则

$$
\exp\left(\int_0^t g^2(s)ds\right) = [\log(t+e)]^k,
$$

$$
\frac{d}{dt}\exp\left(\int_0^t g^2(s)ds\right) = k(t+e)^{-1}[\log(t+e)]^{k-1}.
$$

由于假设 $(a,f) \in D_{\alpha_0}^{(2)}$, $\alpha_0>0$. 可知, 存在 $\gamma>0$, 使得

$$
\begin{aligned}
R(s) &\leqslant \|u_0(s)\|_{L^2(\mathbb{R}^2)}^2 + \|f(s)\|_{L^2(\mathbb{R}^2)}^2 g^{-4}(s) \\
&\leqslant C(1+s)^{-\alpha_0} + C(1+s)^{-\alpha_0}[\log(s+e)]^2
\end{aligned}
$$

$$\leqslant K(1+s)^{-\gamma}.$$

利用 (3.2.32) 式可得

$$\begin{aligned}&[\log(t+e)]^k\|u(t)\|_{L^2(\mathbb{R}^2)}^2\\ \leqslant&\|a\|_{L^2(\mathbb{R}^2)}^2+C\int_0^t[\log(s+e)]^{k-1}(s+e)^{-1}\\ &\times\left\{(1+s)^{-\gamma}+[\log(s+e)]^{-2}(s+e)^{-2}\left(\int_0^s\|u(r)\|_{L^2(\mathbb{R}^2)}^2dr\right)^2\right\}ds.\end{aligned}\tag{3.2.56}$$

我们知道, $\|u(r)\|_{L^2(\mathbb{R}^2)}^2\leqslant C_0$. 由引理 3.2.5 中的 (i)—(iii) 以及 (3.2.56) 式, 当 $k=1$ 时, 可知

$$\begin{aligned}&\log(t+e)\|u(t)\|_{L^2(\mathbb{R}^2)}^2\\ \leqslant&\|a\|_{L^2(\mathbb{R}^2)}^2+C\int_0^t(s+e)^{-1}\left((1+s)^{-\gamma}+[\log(s+e)]^{-2}\right)ds\leqslant C_1,\end{aligned}\tag{3.2.57}$$

以及当 $k=2$ 时,

$$\begin{aligned}&[\log(t+e)]^2\|u(t)\|_{L^2(\mathbb{R}^2)}^2\\ \leqslant&\|a\|_{L^2(\mathbb{R}^2)}^2+C\int_0^t(s+e)^{-1-\gamma}\log(s+e)ds\\ &+C\int_0^t(s+e)^{-3}[\log(s+e)]^{-1}\left(C_1\int_0^s[\log(r+1)]^{-1}dr\right)^2ds\\ \leqslant&\|a\|_{L^2(\mathbb{R}^2)}^2+C\int_0^t(s+e)^{-1-\gamma}\log(s+e)ds\\ &+C\int_0^t(s+e)^{-1}[\log(s+e)]^{-3}ds\leqslant C_2.\end{aligned}\tag{3.2.58}$$

由引理 3.2.5 中的 (iii), 以及 (3.2.58) 式, 可知

$$\int_0^s\|u(r)\|_{L^2(\mathbb{R}^2)}^2dr\leqslant C\int_0^t[\log(s+e)]^{-2}ds\leqslant C_3(t+e)[\log(t+e)]^{-2}.\tag{3.2.59}$$

因 $(a,f)\in D_{\alpha_0}^{(2)}$, 有

$$\|u_0(t)\|_{L^2(\mathbb{R}^2)}^2+\|f(t)\|_{L^2(\mathbb{R}^2)}^2(1+t)^2\leqslant C(1+t)^{-\alpha_0}\leqslant C(1+t)^{-\beta},\ \ 0<\beta<\min\{1,\alpha_0\}.$$

选取 $\alpha\in(\beta,1)$, $g^2(t)=\alpha(t+e)^{-1}$, 成立

$$\exp\left(\int_0^t g^2(s)ds\right)=(t+e)^{\alpha},\quad \frac{d}{dt}\exp\left(\int_0^t g^2(s)ds\right)=\alpha(t+e)^{\alpha-1};$$

$$R(s) \leqslant \|u_0(s)\|_{L^2(\mathbb{R}^2)}^2 + \|f(s)\|_{L^2(\mathbb{R}^2)}^2 g^{-4}(s) \leqslant C(1+s)^{-\alpha_0} \leqslant C(1+s)^{-\beta}.$$

由基本不等式 (3.2.32), (3.2.59), 可知

$$\begin{aligned}
&\|u(t)\|_{L^2(\mathbb{R}^2)}^2 (t+1)^\alpha \leqslant \|u(t)\|_{L^2(\mathbb{R}^2)}^2 (t+e)^\alpha \\
\leqslant\ & \|a\|_{L^2(\mathbb{R}^2)}^2 + c_\alpha \int_0^t (s+e)^{\alpha-1} \Bigg\{ (1+s)^{-\beta} \\
& + (e+s)^{-2} \left(\int_0^s \|u(r)\|_{L^2(\mathbb{R}^2)}^2 dr \right)^2 \Bigg\} ds \\
\leqslant\ & C(t+1)^{\alpha-\beta} \\
& + C \int_0^t (s+e)^{\alpha-2} [\log(s+e)]^{-2} \left(\int_0^s \|u(r)\|_{L^2(\mathbb{R}^2)}^2 dr \right) ds.
\end{aligned} \tag{3.2.60}$$

定义

$$y(t) := \int_{t-1}^t \|u(r)\|_{L^2(\mathbb{R}^2)}^2 (r+1)^\alpha dr, \quad t \geqslant 1.$$

易知, $y(t)$ 与 $Y(t) := \max\{y(x) | 1 \leqslant x \leqslant t\}$ 都是连续函数.

下面估计

$$I(s) := \int_0^s \|u(r)\|_{L^2(\mathbb{R}^2)}^2 dr, \quad s \geqslant 1.$$

因为

$$\begin{aligned}
I(s) &= \int_0^{s-[s]} \|u(r)\|_{L^2(\mathbb{R}^2)}^2 dr + \int_{s-[s]}^s \|u(r)\|_{L^2(\mathbb{R}^2)}^2 dr \\
&\leqslant \int_0^1 \|u(r)\|_{L^2(\mathbb{R}^2)}^2 dr + \int_{s-[s]}^s \|u(r)\|_{L^2(\mathbb{R}^2)}^2 dr \\
&\leqslant C + \sum_{j=0}^{[s]-1} \int_{s-j-1}^{s-j} \|u(r)\|_{L^2(\mathbb{R}^2)}^2 (r+1)^\alpha (r+1)^{-\alpha} dr \\
&\leqslant C + \sum_{j=0}^{[s]-1} (s-j)^{-\alpha} \int_{s-j-1}^{s-j} \|u(r)\|_{L^2(\mathbb{R}^2)}^2 (r+1)^\alpha dr \\
&\leqslant C + \sum_{j=0}^{[s]-1} (s-j)^{-\alpha} y(s-j) \\
&\leqslant C + \sum_{j=0}^{[s]-1} (s-j)^{-\alpha} \max_{1 \leqslant \tau \leqslant s} y(\tau) \\
&\leqslant C + Y(s) \sum_{j=0}^{[s]-1} (s-j)^{-\alpha}
\end{aligned}$$

$$\leqslant C + Y(s)\int_0^{[s]-1}(s-\tau)^{-\alpha}d\tau$$

$$\leqslant C + Y(s)\frac{(s+1)^{1-\alpha}}{1-\alpha}, \quad s \geqslant 1.$$

将上式代入 (3.2.60) 式, 成立

$$\|u(t)\|_{L^2(\mathbb{R}^2)}^2(t+1)^{\alpha} \leqslant \|u(t)\|_{L^2(\mathbb{R}^2)}^2(t+e)^{\alpha}$$

$$\leqslant C(t+1)^{\alpha-\beta} + C\int_0^t (s+1)^{\alpha-\beta-1}(s+e)^{\beta-1}[\log(s+e)]^{-2}ds$$

$$+ C\int_1^t (s+e)^{-1}[\log(s+e)]^{-2}Y(s)ds$$

$$\leqslant C(t+1)^{\alpha-\beta} + C\int_1^t (s+e)^{-1}[\log(s+e)]^{-2}Y(s)ds, \quad t \geqslant 1. \tag{3.2.61}$$

记 $\chi(t) = \begin{cases} 1, & t \geqslant 1, \\ 0, & t < 1. \end{cases}$ 关于 (3.2.61) 式在区间 $[t-1,t](t \geqslant 1)$ 上积分, 得

$$y(t) = \int_{t-1}^t (1-\chi(r))\|u(r)\|_{L^2(\mathbb{R}^2)}^2(r+1)^{\alpha}dr$$

$$+ \int_{t-1}^t \chi(r)\|u(r)\|_{L^2(\mathbb{R}^2)}^2(r+1)^{\alpha}dr$$

$$\leqslant \int_0^1 \|u(r)\|_{L^2(\mathbb{R}^2)}^2(r+1)^{\alpha}dr + C\int_{t-1}^t \chi(r)(r+1)^{\alpha-\beta}dr$$

$$+ C\int_{t-1}^t \chi(r)\int_1^r (s+e)^{-1}[\log(s+e)]^{-2}Y(s)dsdr$$

$$\leqslant C(t+1)^{\alpha-\beta} + C\int_1^t (s+e)^{-1}[\log(s+e)]^{-2}Y(s)ds, \quad t \geqslant 1.$$

从而

$$Y(t) \leqslant C_1(t+1)^{\alpha-\beta} + C_2\int_1^t (s+e)^{-1}[\log(s+e)]^{-2}Y(s)ds, \quad t \geqslant 1.$$

记

$$C_0 = \exp\left(C_2\int_1^{\infty}(s+e)^{-1}[\log(s+e)]^{-2}ds\right) = \exp\left(C_2[\log(1+e)]^{-1}\right).$$

由引理 3.2.5 中的 (i), (iv) 中的 Gronwall 不等式, 可得

$$Y(t) \leqslant C_1(t+1)^{\alpha-\beta} + C_0\int_0^t C_1C_2(s+1)^{\alpha-\beta}(s+e)^{-1}[\log(s+e)]^{-2}ds$$

$$\leqslant C_1(t+1)^{\alpha-\beta} + C_0C_1C_2(t+1)^{\alpha-\beta}\int_0^t (s+e)^{-1}[\log(s+e)]^{-2}ds$$
$$\leqslant C_3(t+e)^{\alpha-\beta}, \quad t \geqslant 1.$$

将上述关于 $Y(t)$ 的估计代入 (3.2.61) 式, 结合引理 3.2.5 中的 (i), 可得

$$\begin{aligned}
&\|u(t)\|_{L^2(\mathbb{R}^2)}^2(t+e)^{\alpha} \\
\leqslant\ & C(t+1)^{\alpha-\beta} + CC_3\int_1^t (s+e)^{-1}[\log(s+e)]^{-2}(s+e)^{\alpha-\beta}ds \\
\leqslant\ & C(t+e)^{\alpha-\beta} + CC_3(t+e)^{\alpha-\beta}\int_0^t (s+e)^{-1}[\log(s+e)]^{-2}ds \\
\leqslant\ & C_4(t+e)^{\alpha-\beta}, \quad t \geqslant 1.
\end{aligned}$$

说明

$$\|u(t)\|_{L^2(\mathbb{R}^2)}^2 \leqslant C_4(t+e)^{-\beta} \leqslant C_4(t+1)^{-\beta}, \quad t \geqslant 1.$$

由于在定理 3.2.4 的 (1) 中已证: $\|u(t)\|_{L^2(\mathbb{R}^2)}^2 \leqslant C$, $t>0$. 结合上式, 可知

$$\|u(t)\|_{L^2(\mathbb{R}^2)}^2 \leqslant C_4(t+1)^{-\beta}, \quad t > 0.$$

这样就得到所要的结论. □

3.2.3 谱分析方法

在 $\mathbb{R}^n$ 上考虑 Navier-Stokes 方程的初值问题

$$\begin{cases}
\dfrac{\partial u}{\partial t} + u\cdot\nabla u - \Delta u + \nabla p = 0 \ \text{在}\ \mathbb{R}^n\times(0,\infty)\ \text{上}, \\
\nabla\cdot u = 0 \ \text{在}\ \mathbb{R}^n\times(0,\infty)\ \text{上}, \\
u(x,0) = a(x) \ \text{在}\ \mathbb{R}^n\times(0,\infty)\ \text{上},
\end{cases} \tag{3.2.62}$$

其中 $n\geqslant 2$, $u=(u^1,u^2,\cdots,u^n)$, p 分别表示未知速度与压强函数, $a=(a^1,a^2,\cdots,a^n)$ 是给定的初始速度场.

本节主要结果如下.

定理 3.2.6 设 $a\in L^2_\sigma(\mathbb{R}^n)$, $n\geqslant 2$. 则问题 (3.2.62) 存在一个弱解 u, 满足下面性质:

(i) 当 $t\longrightarrow\infty$ 时, $\|u(t)\|_{L^2(\mathbb{R}^n)}\longrightarrow 0$.

(ii) 如果 $a\in L^2_\sigma(\mathbb{R}^n)\cap L^r(\mathbb{R}^n)$, $1\leqslant r<2$, 则

$$\|u(t)\|_{L^2(\mathbb{R}^n)} \leqslant C(1+t)^{-\frac{n}{2}\left(\frac{1}{r}-\frac{1}{2}\right)}, \quad \forall t\geqslant 0,$$

其中, C 仅仅依赖于 n, r 与 a.

定理 3.2.6 中得到的结果是最佳的. 事实上, 还有如下结果.

定理 3.2.7　如果 u 是定理 3.2.6 中得到的弱解, u_0 是具有相同初值 $a \in L^2_\sigma(\mathbb{R}^n)$ 的线性热方程的解. 则

(iii) 当 $t \longrightarrow \infty$ 时, $\|u(t)-u_0(t)\|_{L^2(\mathbb{R}^n)} = o(t^{1/2-n/4})$.

(iv) 如果 $a \in L^2_\sigma(\mathbb{R}^n) \cap L^r(\mathbb{R}^n)$, $1 \leqslant r < 2$, 则当 $t \longrightarrow \infty$ 时, 成立

$$\|u(t)-u_0(t)\|_{L^2(\mathbb{R}^n)} = o(t^{-\frac{n}{2}(\frac{1}{r}-\frac{1}{2})}).$$

定理 3.2.6 的证明　在 Caffarelli-Kohn-Nirenberg 的文献 [4] 中引入的问题 (3.2.62) 的逼近解 u_N $(N=1,2,\cdots)$ 满足

$$\frac{du_N}{dt} + P(w_N \cdot \nabla)u_N + Au_N = 0, \quad t>0, \quad u_N(0) = a \in L^2_\sigma(\mathbb{R}^n),$$

其中, w_N 是 u_N 的某种延迟磨光 (见本节后面的附录 A); P 是 $L^r(\mathbb{R}^n)$ 到 $L^r_\sigma(\mathbb{R}^n)$ 的有界投影算子 $(1<r<\infty)$; A 是 $L^2_\sigma(\mathbb{R}^n)$ 中定义域为 $D(A)=H^2(\mathbb{R}^n)$ 的 n 维拉普拉斯算子 $-\Delta$. 这是因为 P 与 A 在 $D(A)$ 中可交换, 以及 L^2_σ 在 A 的作用下是不变的. 为证定理 3.2.6 和定理 3.2.7, 需要 u_N 与 w_N 一些性质. 这些性质的证明参见附录 A.

(a) 对于 $T>0$, u_N 存在且唯一, 还属于 $L^\infty(0,T;H^1(\mathbb{R}^n)) \cap L^2(0,T;H^2(\mathbb{R}^n))$.

(b) w_N 及其导数在区域: $\mathbb{R}^n \times [0,T]$ 上连续有界, 且满足: $\|w_N\|_{L^2(\mathbb{R}^n\times[0,T])} \leqslant \|u_N\|_{L^2(\mathbb{R}^n\times[0,T])}$ (这是由磨光函数的性质得到的). 此外, 还有 $\nabla \cdot w_N = 0$, 以及对于 $t \geqslant 0$, 成立

$$\int_0^t \|w_N(s)\|^2_{L^2(\mathbb{R}^n)} ds \leqslant \int_0^t \|u_N(s)\|^2_{L^2(\mathbb{R}^n)} ds.$$

(c) $u_N \in C^1((0,\infty);L^2_\sigma(\mathbb{R}^n)) \cap C([0,\infty);L^2_\sigma(\mathbb{R}^n))$, 且满足

$$(d/dt)\|u_N(t)\|^2_{L^2(\mathbb{R}^n)} = 2(u_N(t),u_N'(t)), \quad \text{其中}, u_N' = du_N/dt.$$

(d) 存在 u_N 的子序列, 其在 $L^2_{\text{loc}}(\mathbb{R}^n \times [0,\infty))$ 中收敛于问题 (3.2.62) 的弱解 u, $u \in L^\infty(0,T;L^2_\sigma(\mathbb{R}^n)) \cap L^2(0,T;H^1(\mathbb{R}^n))$.

我们知道, 对于 $n=2$, 问题 (3.2.62) 存在唯一的强解 u, 满足性质 (a) 与 (c). 根据性质 (c) 与 $(P(u\cdot\nabla)u,u)=0$, 可知 u 满足下面能量不等式:

$$\|u(t)\|^2_{L^2(\mathbb{R}^n)} + 2\int_0^t \|\nabla u(s)\|^2_{L^2(\mathbb{R}^n)} ds = \|a\|^2_{L^2(\mathbb{R}^n)}, \quad t \geqslant 0. \tag{3.2.63}$$

在给出定理 3.2.6 的证明之前, 观察到下面事实: 如果 $n \geqslant 3$, u_N 满足下面形式的估计:

$$\|u_N(t)\|_{L^2(\mathbb{R}^n)} \leqslant f(t), \quad t>0,$$

其中, f 是不依赖于 N 的连续函数. 由性质 (d) 易知, 对于 u_N 的子列极限得到的弱解 u, 同样的估计除去一个零测度集外仍然成立. 因弱解从 $[0,\infty)$ 到 L^2 在弱拓扑下是连续的, $\|u(t)\|_{L^2(\mathbb{R}^n)}$ 是下半连续的. 于是, 对于 $t>0$, u 满足上面估计.

基于上述这一事实, 考虑

$$\frac{du}{dt}+P(w\cdot\nabla)u+Au=0,\quad t>0,\quad u(0)=a\in L^2_\sigma. \tag{3.2.64}$$

这里, 若 $n\geqslant 3$, 固定 N, 取 $u=u_N, w=w_N$; 若 $n=2$, 记 $w=u$, u 是问题 (3.2.62) 的强解. 我们将得到关于函数 u 的估计. $n\geqslant 3$ 的情形, 这些估计与 N 无关, 令 $N\to\infty$, 便得到想要的估计. 记

$$A=\int_0^\infty \lambda dE(\lambda)$$

为 A 的谱分解. 由附录 B, 可知

$$\|E(\lambda)v\|^2_{L^2(\mathbb{R}^n)}=(2\pi)^{-n}\int_{|\xi|^2\leqslant\lambda}|F[v](\xi)|^2d\xi,\quad \forall v\in L^2(\mathbb{R}^n).$$

这里, Fourier 变换定义如下

$$F[v](\xi)=\int\exp(-ix\cdot\xi)v(x)dx.$$

为证定理 3.2.6, 利用 Fourier 变换理论先证如下引理.

引理 3.2.8 对于 $\lambda>0$, 以及 $u,w\in H^1(\mathbb{R}^n)$, $\nabla\cdot w=0$. 成立

$$\|E(\lambda)P(w\cdot\nabla)u\|_{L^2(\mathbb{R}^n)}\leqslant C\|w\|_{L^2(\mathbb{R}^n)}\|u\|_{L^2(\mathbb{R}^n)}\lambda^{(n+2)/4}, \tag{3.2.65}$$

其中, C 仅依赖于 n.

证明 利用 Helmholtz 分解: $L^2(\mathbb{R}^n)=L^2_\sigma(\mathbb{R}^n)\oplus G(\mathbb{R}^n)$, 其中 $G(\mathbb{R}^n)=\{\nabla p\in L^2(\mathbb{R}^n); p\in L^2_{\rm loc}(\mathbb{R}^n)\}$. $P:\ L^2_\sigma(\mathbb{R}^n)\longrightarrow L^2_\sigma(\mathbb{R}^n)$ 是有界的正交投影. 故对任意的 $u,v\in L^2(\mathbb{R}^n)$, 成立

$$(Pu,v)=(Pu,Pv)=(u,Pv),$$

说明 $P=P^*$. 进一步, 记 $u=Pu+\nabla p$, 成立

$$\begin{aligned}(E(\lambda)Pu,v)&=(E(\lambda)Pu,Pv)\\&=(E(\lambda)u,Pv)-(E(\lambda)\nabla p,Pv)\\&=(E(\lambda)u,Pv)=(PE(\lambda)u,v).\end{aligned}$$

表明 $E(\lambda)P=PE(\lambda)$. 从而

$$\|E(\lambda)P(w\cdot\nabla)u\|^2_{L^2(\mathbb{R}^n)}=\|PE(\lambda)(w\cdot\nabla)u\|^2_{L^2(\mathbb{R}^n)}$$

$$
\begin{aligned}
&\leqslant \|E(\lambda)(w\cdot\nabla)u\|_{L^2(\mathbb{R}^n)}^2\\
&=\int_{|\xi|^2\leqslant\lambda}|F[(w\cdot\nabla)u](\xi)|^2d\xi.
\end{aligned}
$$

由 $\nabla\cdot w=0$ 知, $w\cdot\nabla u=\sum_{j=1}^n\partial_j(w^ju)$. 从而

$$
|F[(w\cdot\nabla)u](\xi)|=|\xi_jF[w^ju](\xi)|\leqslant C|\xi|\||w|\cdot|u|\|_{L^1(\mathbb{R}^n)}\leqslant C|\xi|\|w\|_{L^2(\mathbb{R}^n)}\|u\|_{L^2(\mathbb{R}^n)}.
$$

于是

$$
\begin{aligned}
\int_{|\xi|^2\leqslant\lambda}|F[(w\cdot\nabla)u](\xi)|^2d\xi&\leqslant C\|w\|_{L^2(\mathbb{R}^n)}^2\|u\|_{L^2(\mathbb{R}^n)}^2\int_{|\xi|^2\leqslant\lambda}|\xi|^2d\xi\\
&\leqslant C\|w\|_{L^2(\mathbb{R}^n)}^2\|u\|_{L^2(\mathbb{R}^n)}^2\lambda^{(n+2)/2}.
\end{aligned}
$$
□

定理 3.2.6 的证明　(i) 在问题 (3.2.62) 中方程的两边同乘以 u, 结合性质 (c) 与

$$
(P(w\cdot\nabla)u,u)=0,
$$

可得

$$
\frac{d}{dt}\|u(t)\|_{L^2(\mathbb{R}^n)}^2+2\|A^{1/2}u(t)\|_{L^2(\mathbb{R}^n)}^2=0.
$$

对于任意固定的 $\rho>0$, 上面等号左端第二项可估计如下

$$
\begin{aligned}
\|A^{1/2}u(t)\|_{L^2(\mathbb{R}^n)}^2&=\int_0^\infty\lambda d\|E(\lambda)u(t)\|_{L^2(\mathbb{R}^n)}^2\\
&\geqslant\int_\rho^\infty\lambda d\|E(\lambda)u(t)\|_{L^2(\mathbb{R}^n)}^2\\
&\geqslant\rho\int_\rho^\infty d\|E(\lambda)u(t)\|_{L^2(\mathbb{R}^n)}^2\\
&=\rho(\|u(t)\|_{L^2(\mathbb{R}^n)}^2-\|E(\rho)u(t)\|_{L^2(\mathbb{R}^n)}^2).
\end{aligned}
$$

从而

$$
\frac{d}{dt}\|u\|_{L^2(\mathbb{R}^n)}^2+\rho\|u\|^2\leqslant\rho\|E(\rho)u\|_{L^2(\mathbb{R}^n)}^2. \tag{3.2.66}
$$

为估计上面右端项, 考虑 (3.2.64) 的积分形式:

$$
u(t)=e^{-tA}a+\int_0^te^{-(t-s)A}F(w,u)(s)ds,
$$

其中, $\{e^{-tA}\}_{t\geqslant0}$ 为由 $-A$ 生成的半群, $F(w,u)=-P(w\cdot\nabla)u$.

将 $E(\rho)$ 作用在上述等式的两边, 成立

$$
E(\rho)u(t)=E(\rho)e^{-tA}a+\int_0^tE(\rho)e^{-(t-s)A}F(w,u)(s)ds.
$$

注意到

$$
\begin{aligned}
&\int_0^t E(\rho)e^{-(t-s)A}F(w,u)(s)ds\\
=&\int_0^t e^{-(t-s)A}E(\rho)F(w,u)(s)ds\\
=&\int_0^t \left[\int_0^\infty e^{-(t-s)\lambda}dE(\lambda)E(\rho)F(w,u)(s)\right]ds\\
=&\int_0^t \left[\int_0^\rho e^{-(t-s)\lambda}dE(\lambda)F(w,u)(s)\right]ds\\
=&\int_0^t \left[\int_0^\rho d\{e^{-(t-s)\lambda}E(\lambda)F(w,u)(s)\}\right]ds\\
&+\int_0^t (t-s)\left[\int_0^\rho e^{-(t-s)\lambda}E(\lambda)F(w,u)(s)d\lambda\right]ds\\
=&\int_0^t e^{-(t-s)\rho}E(\rho)F(w,u)(s)ds\\
&+\int_0^t (t-s)\left[\int_0^\rho e^{-(t-s)\lambda}E(\lambda)F(w,u)(s)d\lambda\right]ds.
\end{aligned}
$$

因此可得

$$
\begin{aligned}
E(\rho)u(t)=E(\rho)e^{-tA}a&+\int_0^t e^{-\rho(t-s)}E(\rho)F(w,u)(s)ds\\
&+\int_0^t (t-s)\left(\int_0^\rho e^{-\lambda(t-s)}E(\lambda)F(w,u)(s)d\lambda\right)ds.
\end{aligned}
$$

利用 (3.2.65), 上式最后两项的 L^2 范数可估计如下

$$
\begin{aligned}
&\leqslant C\rho^{(n+2)/4}\left\{\int_0^t e^{-\rho(t-s)}\|w(s)\|_{L^2(\mathbb{R}^n)}\|u(s)\|_{L^2(\mathbb{R}^n)}(s)ds\right.\\
&\quad\left.+\int_0^t (t-s)\left(\int_0^\rho e^{-\lambda(t-s)}\|w(s)\|_{L^2(\mathbb{R}^n)}\|u(s)\|_{L^2(\mathbb{R}^n)}(s)d\lambda\right)\right\}\\
&\leqslant C\rho^{(n+2)/4}\int_0^t \|w(s)\|_{L^2(\mathbb{R}^n)}\|u(s)\|_{L^2(\mathbb{R}^n)}ds\\
&\leqslant C\rho^{(n+2)/4}\left(\int_0^t \|w(s)\|^2_{L^2(\mathbb{R}^n)}ds\right)^{1/2}\left(\int_0^t \|u(s)\|^2_{L^2(\mathbb{R}^n)}ds\right)^{1/2}\\
&\leqslant C\rho^{(n+2)/4}\int_0^t \|u(s)\|^2_{L^2(\mathbb{R}^n)}ds.
\end{aligned}
$$

这里, 在 $n\geqslant 3$ 情形下, 已经用到了性质 (b). 于是

$$
\|E(\rho)u(t)\|_{L^2(\mathbb{R}^n)}\leqslant \|e^{-tA}a\|_{L^2(\mathbb{R}^n)}+C\rho^{(n+2)/4}\int_0^t \|u(s)\|^2_{L^2(\mathbb{R}^n)}ds. \tag{3.2.67}
$$

由 (3.2.63) 知, $\|u(s)\|_{L^2(\mathbb{R}^n)} \leqslant \|a\|_{L^2(\mathbb{R}^n)}$. 从 (3.2.66) 与 (3.2.67), 可得

$$\frac{d}{dt}\|u(t)\|_{L^2(\mathbb{R}^n)}^2 + \rho\|u(t)\|_{L^2(\mathbb{R}^n)}^2 \leqslant C\rho[\|e^{-tA}a\|_{L^2(\mathbb{R}^n)}^2 + t^2\rho^{(n+2)/2}], \quad \rho > 0.$$

令 $\rho = \alpha t^{-1}$, $\alpha > 0$ 为待定常数. 在上述不等式两边乘以 t^α, 可得

$$\frac{d}{dt}(t^\alpha\|u(t)\|_{L^2(\mathbb{R}^n)}^2) \leqslant Ct^{\alpha-1}[\alpha\|e^{-tA}a\|_{L^2(\mathbb{R}^n)}^2 + \alpha^{(n+4)/2}t^{1-n/2}],$$

其中, C 与 α 无关.

选取 α, 使得 $\alpha - n/2 > -1$. 注意到, 当 $n = 2$ 时, α 可以取任意大于 0 的常数. 在上式两端关于 t 进行积分, 可得

$$\|u(t)\|_{L^2(\mathbb{R}^n)}^2 \leqslant C\Bigg(\alpha t^{-\alpha}\int_0^t s^{\alpha-1}\|e^{-sA}a\|_{L^2(\mathbb{R}^n)}^2 ds + (\alpha+1-n/2)^{-1}\alpha^{(n+4)/2}t^{1-n/2}\Bigg). \tag{3.2.68}$$

如果 $n\geqslant 3$, u 便是任一 u_N. 因为 $1-n/2\leqslant -1/2$, 以及当 $t\to\infty$ 时, $\|e^{-tA}a\|_{L^2(\mathbb{R}^n)}\to 0$. 从而, 当 $t\to\infty$ 时, 关于 N 一致地成立: $\|u(t)\|_{L^2(\mathbb{R}^n)}\to 0$. 这样就证明了 $n\geqslant 3$ 情形下的结论 (i).

下面考虑 $n = 2$ 的情形. 此时, u 是问题 (3.2.62) 的强解. 对于任意 $\alpha > 0$, (3.2.68) 变为

$$\|u(t)\|_{L^2(\mathbb{R}^2)}^2 \leqslant C\left(\alpha t^{-\alpha}\int_0^t s^{\alpha-1}\|e^{-sA}a\|_{L^2(\mathbb{R}^2)}^2 ds + \alpha^2\right).$$

从而, 对于任意 $\alpha > 0$, $\lim\limits_{t\to\infty}\|u(t)\|_{L^2(\mathbb{R}^2)}^2 \leqslant C\alpha^2$, 其中 C 与 α 无关. 由此便得 $n = 2$ 情形的结论 (i), 即 $\lim\limits_{t\to\infty}\|u(t)\|_{L^2(\mathbb{R}^2)} = 0$.

结论 (ii) 的证明 利用卷积形式的 Young 不等式, 可得下面熟知的 (L^r, L^q) 估计: 设 $1\leqslant r\leqslant q\leqslant\infty$, 成立

$$\|e^{-tA}a\|_{L^q(\mathbb{R}^n)} = \|G_t * a\|_{L^q(\mathbb{R}^n)} \leqslant Ct^{-(n/r-n/q)/2}\|a\|_{L^r(\mathbb{R}^n)}, \tag{3.2.69}$$

其中 $G_t(x) = (4\pi t)^{-\frac{n}{2}}e^{-\frac{|x|^2}{4t}}$ 是热方程的基本解.

先考虑 $n\geqslant 3$ 的情况. 记 $a\in L^2_\sigma(\mathbb{R}^n)\cap L^r(\mathbb{R}^n)$, $1\leqslant r < 2$. 在 (3.2.68) 中取 $\alpha = n$, 再结合 (3.2.69), 可得

$$\|u(t)\|_{L^2(\mathbb{R}^n)}^2 \leqslant C(t^{-(n/r-n/2)}\|a\|_{L^r(\mathbb{R}^n)}^2 + t^{1-n/2}). \tag{3.2.70}$$

如果 $n(1/r-1/2) \leqslant n/2-1$, 便可得到结论. 如果 $n(1/r-1/2) > n/2-1 \geqslant 1/2$. 由 (3.2.70), 可得 $\|u(t)\|_{L^2(\mathbb{R}^n)}^2 \leqslant Ct^{-1/2}$. 于是, 从 (3.2.67), 可知

$$\|E(\rho)u(t)\|_{L^2(\mathbb{R}^n)} \leqslant \|e^{-tA}a\|_{L^2(\mathbb{R}^n)} + C\rho^{(n+2)/4}t^{1/2}.$$

由 (3.2.66), 可得

$$\frac{d}{dt}\|u(t)\|_{L^2(\mathbb{R}^n)}^2 + \rho\|u(t)\|_{L^2(\mathbb{R}^n)}^2 \leqslant C[\rho t^{-(n/r-n/2)}\|a\|_{L^r(\mathbb{R}^n)}^2 + \rho^{(n+4)/2}t].$$

令 $\rho = nt^{-1}$, 两边乘以 t^n, 可得

$$\frac{d}{dt}(t^n\|u(t)\|_{L^2(\mathbb{R}^n)}^2) \leqslant C[t^{n-1-(n/r-n/2)} + t^{-1+n/2}].$$

于是

$$\|u(t)\|_{L^2(\mathbb{R}^n)}^2 \leqslant C[t^{-(n/r-n/2)} + t^{-n/2}].$$

由 $1 \leqslant r < 2$ 可得, $n(1/r-1/2) \leqslant n/2$, 由此可得结论.

下面考虑 $n=2$ 的情形. 此时, (3.2.70) 不能给出 $\|u(t)\|_{L^2(\mathbb{R}^2)}$ 的衰减估计, 上面的论证方法失效. 于是, 我们采用其他方法来估计 (3.2.67) 的右边. 考虑如下方程

$$u(t) = e^{-tA}a + \int_0^t e^{-(t-s)A}Fu(s)ds, \tag{3.2.71}$$

其中, $Fu = F(u,u) = -P(u\cdot\nabla)u$ (注意, $w=u$, u 是问题 (3.2.62) 在 $n=2$ 时的强解).

先假定 $a \in L_\sigma^2(\mathbb{R}^2)\cap L^r(\mathbb{R}^2)$, $1<r<2$. 注意到, 算子 $P:\ L^r(\mathbb{R}^2) \to L_\sigma^r(\mathbb{R}^2)$ 的有界性, 以及 $Pe^{-tA} = e^{-tA}P$. 由 (3.2.71), 可得

$$\begin{aligned}
\|u(t)\|_{L^r(\mathbb{R}^2)} &\leqslant \|a\|_{L^r(\mathbb{R}^2)} + C\int_0^t (t-s)^{-1+\frac{1}{r}}\|(u(s)\cdot\nabla)u(s)\|_{L^1(\mathbb{R}^2)}ds\\
&\leqslant \|a\|_{L^r(\mathbb{R}^2)} + C\int_0^t (t-s)^{-1+\frac{1}{r}}\|u(s)\|_{L^2(\mathbb{R}^2)}\|\nabla u(s)\|_{L^2(\mathbb{R}^2)}ds\\
&\leqslant \|a\|_{L^r(\mathbb{R}^2)} + C\|a\|_{L^2(\mathbb{R}^2)}\left(\int_0^t (t-s)^{-2+\frac{2}{r}}ds\right)^{\frac{1}{2}}\left(\int_0^t \|\nabla u(s)\|_{L^2(\mathbb{R}^2)}^2 ds\right)^{\frac{1}{2}}\\
&\leqslant \|a\|_{L^r(\mathbb{R}^2)} + C\|a\|_{L^2(\mathbb{R}^2)}^2 t^{\frac{1}{r}-\frac{1}{2}}.
\end{aligned}$$

从而, $u(t) \in L_\sigma^2(\mathbb{R}^2)\cap L^r(\mathbb{R}^2)$, $t \geqslant 0$. 因而, 由结论 (i) 可知, 不妨假定 $a \in L_\sigma^2(\mathbb{R}^2)\cap L^r(\mathbb{R}^2)$, 且 $\|a\|_{L^2(\mathbb{R}^2)}$ 可以任意小. 由 (3.2.69), (3.2.70), 得到

$$\|u(t)\|_{L^2(\mathbb{R}^2)} \leqslant \|e^{-tA}a\|_{L^2(\mathbb{R}^2)} + C\int_0^t \|e^{-(t-s)A}P(u(s)\cdot\nabla)u(s)\|_{L^1(\mathbb{R}^2)}ds$$

$$
\begin{aligned}
&= \|e^{-tA}a\|_{L^2(\mathbb{R}^2)} + C\int_0^t \|Pe^{-(t-s)A}(u(s)\cdot\nabla)u(s)\|_{L^1(\mathbb{R}^2)}ds \\
&\leqslant \|e^{-tA}a\|_{L^2(\mathbb{R}^2)} + C\int_0^t \|e^{-(t-s)A}(u(s)\cdot\nabla)u(s)\|_{L^1(\mathbb{R}^2)}ds \\
&\leqslant \|e^{-tA}a\|_{L^2(\mathbb{R}^2)} + C\int_0^t (t-s)^{-(1-\frac{1}{2})}\|(u(s)\cdot\nabla)u(s)\|_{L^1(\mathbb{R}^2)}ds \\
&\leqslant t^{-(\frac{1}{r}-\frac{1}{2})}\|a\|_{L^r(\mathbb{R}^2)} + C\int_0^t (t-s)^{-\frac{1}{2}}\|u(s)\|_{L^2(\mathbb{R}^2)}\|\nabla u(s)\|_{L^2(\mathbb{R}^2)}ds.
\end{aligned}
$$

由于 $1 < r < 2$, 故可以选取 q, 使得 $2 < q < (1/r - 1/2)^{-1}$. 因 $1 + 1/q = 1/2 + (q+2)/2q$, 对上述估计应用一维的 Hardy-Littlewood-Sobolev 不等式, 可得

$$
\begin{aligned}
&\left(\int_0^t \|u(s)\|_{L^2(\mathbb{R}^2)}^q ds\right)^{1/q} \\
&\leqslant C\|a\|_{L^r(\mathbb{R}^2)}t^{1/q-1/r+1/2} \\
&\quad + C\left(\int_0^t (\|u(s)\|_{L^2(\mathbb{R}^2)}\|\nabla u(s)\|_{L^2(\mathbb{R}^2)})^{2q/(q+2)}ds\right)^{(q+2)/2q} \\
&\leqslant C\|a\|_{L^r(\mathbb{R}^2)}t^{1/q-1/r+1/2} \\
&\quad + C\left(\int_0^t \|u(s)\|_{L^2(\mathbb{R}^2)}^q ds\right)^{1/q}\left(\int_0^t \|\nabla u(s)\|_{L^2(\mathbb{R}^2)}^2 ds\right)^{1/2} \\
&\leqslant C\|a\|_{L^r(\mathbb{R}^2)}t^{1/q-1/r+1/2} + C\|a\|_{L^2(\mathbb{R}^2)}\left(\int_0^t \|u(s)\|_{L^2(\mathbb{R}^2)}^q ds\right)^{1/q}.
\end{aligned}
$$

如果 $C\|a\|_{L^2(\mathbb{R}^2)} \leqslant 1/2$, 则上面估计可给出

$$
\left(\int_0^t \|u(s)\|_{L^2(\mathbb{R}^2)}^q ds\right)^{1/q} \leqslant 2C\|a\|_{L^r(\mathbb{R}^2)}t^{1/q-1/r+1/2}.
$$

由 (3.2.67) 以及上述估计, 可得

$$
\begin{aligned}
\|E(\rho)u(t)\|_{L^2(\mathbb{R}^2)} &\leqslant Ct^{-(1/r-1/2)}\|a\|_{L^r(\mathbb{R}^2)} + C\rho t^{1-2/q}\left(\int_0^t \|u(s)\|_{L^2(\mathbb{R}^2)}^q ds\right)^{2/q} \\
&\leqslant Ct^{-(1/r-1/2)}\|a\|_{L^r(\mathbb{R}^2)} + C\rho\|a\|_{L^2(\mathbb{R}^2)}^2 t^{2/q+1-2/r}.
\end{aligned}
$$

将上式代入 (3.2.66), 可知

$$
\begin{aligned}
\frac{d}{dt}\|u(t)\|_{L^2(\mathbb{R}^2)}^2 + \rho\|u(t)\|_{L^2(\mathbb{R}^2)}^2 &\leqslant C\rho\|E(\rho)u(t)\|_{L^2(\mathbb{R}^2)} \\
&\leqslant C\rho(t^{-2(1/r-1/2)} + \rho^2 t^{4(1/q+1/2-1/r)}).
\end{aligned}
$$

取 $\rho = \alpha t^{-1}$, 结合上式, 可得

$$
\frac{d}{dt}\left(t^{\alpha}\|u(t)\|_{L^2(\mathbb{R}^2)}^2\right) \leqslant Ct^{\alpha-1}(t^{1-2/r} + t^{4(1/q-1/r)}).
$$

进而, $\alpha > 0$ 充分大时, 可得

$$\|u(t)\|_{L^2(\mathbb{R}^2)}^2 \leqslant C(t^{-2(1/r-1/2)} + t^{-4(1/2-1/q)-4(1/r-1/2)}).$$

由于 $q > 2$, 以及 $\|u(t)\|_{L^2(\mathbb{R}^2)} \leqslant \|a\|_{L^2(\mathbb{R}^2)}$, $\forall t \geqslant 0$. 因此

$$\|u(t)\|_{L^2(\mathbb{R}^2)}^2 \leqslant C(1+t)^{-2(1/r-1/2)}.$$

这样, 对于 $1 < r < 2$, $n = 2$, 就得到了结论 (ii). 下面假设 $r = 1, n = 2$, 则 $a \in L^2_\sigma(\mathbb{R}^2) \cap L^1(\mathbb{R}^2) \subset L^2_\sigma(\mathbb{R}^2) \cap L^{4/3}(\mathbb{R}^2)$. 从而在上式中取 $r = \dfrac{4}{3}$, 可得 $\|u(t)\|_{L^2(\mathbb{R}^2)}^2 \leqslant Ct^{-1/2}$. 利用 (3.2.67), 可得

$$\|E(\rho)u(t)\|_{L^2(\mathbb{R}^2)} \leqslant C(t^{-1/2} + \rho t^{1/2}).$$

将上式代入 (3.2.66), 可得

$$\frac{d}{dt}\|u(t)\|_{L^2(\mathbb{R}^2)}^2 + \rho\|u(t)\|_{L^2(\mathbb{R}^2)}^2 \leqslant C\rho\|E(\rho)u(t)\|_{L^2(\mathbb{R}^2)} \leqslant C\rho(t^{-1} + \rho^2 t).$$

选取 $\rho = \alpha t^{-1}$, $\alpha > 1$, 结合上式, 有

$$\frac{d}{dt}\left(t^\alpha \|u(t)\|_{L^2(\mathbb{R}^2)}^2\right) \leqslant Ct^{\alpha-2}.$$

从而成立

$$\|u(t)\|_{L^2(\mathbb{R}^2)}^2 \leqslant Ct^{-1}.$$

□

定理 3.2.7 的证明 讨论函数 $v(t) = u(t) - u_0(t)$ 的 L^2 渐近行为, 其中, u 是问题 (3.2.62) 的解, $u_0 = e^{-tA}a$ 是与 u 具有相同初值 a 的热方程的解. 从而, v 满足

$$\frac{dv}{dt} + Av = -P(w\cdot\nabla)u, \quad v(0) = 0.$$

因此

$$\frac{d}{dt}\|v(t)\|_{L^2(\mathbb{R}^n)}^2 + 2\|A^{1/2}v(t)\|_{L^2(\mathbb{R}^n)}^2 = 2B(w,u,v)(t),$$

其中, $B(w,u,v) = -(P(w\cdot\nabla)u, v) = -(w\cdot\nabla u, v)$. 直接计算易得

$$B(w,u,v) = -B(w,v,u) = -B(w,v,v) - B(w,v,u_0) = -B(w,v,u_0).$$

由 (3.2.69) 知, $\|u_0(t)\|_{L^\infty(\mathbb{R}^n)} \leqslant Ct^{-n/2r}\|a\|_{L^r(\mathbb{R}^n)}$, $a \in L^r_\sigma(\mathbb{R}^n)$, 从而可得

$$\begin{aligned} 2|B(w,v,u_0)| &\leqslant 2\|w\|_{L^2(\mathbb{R}^n)}\|\nabla v\|_{L^2(\mathbb{R}^n)}\|u_0\|_{L^\infty(\mathbb{R}^n)} \\ &= 2\|w\|_{L^2(\mathbb{R}^n)}\|A^{1/2}v\|_{L^2(\mathbb{R}^n)}\|u_0\|_{L^\infty(\mathbb{R}^n)} \end{aligned}$$

$$\leqslant C2t^{-n/2r}\|a\|_{L^r(\mathbb{R}^n)}\|w\|_{L^2(\mathbb{R}^n)}\|A^{1/2}v\|_{L^2(\mathbb{R}^n)}$$
$$\leqslant C\|a\|_{L^r(\mathbb{R}^n)}^2\|w\|_{L^2(\mathbb{R}^n)}^2 t^{-n/r}+\|A^{1/2}v\|_{L^2(\mathbb{R}^n)}^2.$$

于是

$$\frac{d}{dt}\|v(t)\|_{L^2(\mathbb{R}^n)}^2+\|A^{1/2}v(t)\|_{L^2(\mathbb{R}^n)}^2\leqslant C\|a\|_{L^r(\mathbb{R}^n)}^2\|w(t)\|_{L^2(\mathbb{R}^n)}^2 t^{-n/r}. \tag{3.2.72}$$

对任意的 $\rho>0$, 成立

$$\begin{aligned}\|A^{1/2}v(t)\|_{L^2(\mathbb{R}^n)}^2&=\int_0^\infty \lambda d\|E(\lambda)v(t)\|_{L^2(\mathbb{R}^n)}^2\\&\geqslant\int_\rho^\infty \lambda d\|E(\lambda)v(t)\|_{L^2(\mathbb{R}^n)}^2\\&\geqslant\rho\int_\rho^\infty d\|E(\lambda)v(t)\|_{L^2(\mathbb{R}^n)}^2\\&=\rho(\|v(t)\|_{L^2(\mathbb{R}^n)}^2-\|E(\rho)v(t)\|_{L^2(\mathbb{R}^n)}^2).\end{aligned}$$

由 (3.2.72), 可得

$$\begin{aligned}&\frac{d}{dt}\|v(t)\|_{L^2(\mathbb{R}^n)}^2+\rho\|v(t)\|_{L^2(\mathbb{R}^n)}^2\\&\leqslant\rho\|E(\rho)v(t)\|_{L^2(\mathbb{R}^n)}^2+\|a\|_{L^r(\mathbb{R}^n)}^2\|w(t)\|_{L^2(\mathbb{R}^n)}^2 t^{-n/r},\quad \rho>0.\end{aligned} \tag{3.2.73}$$

注意到下述积分方程成立:

$$v(t)=\int_0^t e^{-(t-s)A}F(w,u)(s)ds,\quad E(\rho)v(t)=\int_0^t E(\rho)e^{-(t-s)A}F(w,u)(s)ds,$$

以及前面已证:

$$\begin{aligned}\int_0^t E(\rho)e^{-(t-s)A}F(w,u)(s)ds&=\int_0^t e^{-(t-s)\rho}E(\rho)F(w,u)(s)ds\\&\quad+\int_0^t(t-s)\left[\int_0^\rho e^{-(t-s)\lambda}E(\lambda)F(w,u)(s)d\lambda\right]ds.\end{aligned}$$

利用 $n\geqslant 3$ 时, $w=w_N$ 的性质 (b), 结合 (3.2.65), 可得

$$\begin{aligned}\|E(\rho)v(t)\|_{L^2(\mathbb{R}^n)}&\leqslant\int_0^t e^{-(t-s)\rho}\|E(\rho)F(w,u)(s)\|_{L^2(\mathbb{R}^n)}ds\\&\quad+\int_0^t(t-s)\int_0^\rho e^{-(t-s)\lambda}\|E(\lambda)F(w,u)(s)\|_{L^2(\mathbb{R}^n)}d\lambda ds\\&\leqslant C\rho^{\frac{n+2}{4}}\int_0^t e^{-(t-s)\rho}\|w(s)\|_{L^2(\mathbb{R}^n)}\|u(s)\|_{L^2(\mathbb{R}^n)}ds\end{aligned}$$

$$
\begin{aligned}
&+ C\int_0^t \int_0^\rho (t-s)e^{-(t-s)\lambda}\lambda^{\frac{n+2}{4}}\|w(s)\|_{L^2(\mathbb{R}^n)}\|u(s)\|_{L^2(\mathbb{R}^n)}dsd\lambda \\
\leqslant{}& C\rho^{\frac{n+2}{4}}\int_0^t \|w(s)\|_{L^2(\mathbb{R}^n)}\|u(s)\|_{L^2(\mathbb{R}^n)}ds \\
&+ C\rho^{\frac{n+2}{4}}\int_0^t \left[\int_0^\rho (t-s)e^{-(t-s)\lambda}d\lambda\right]\|w(s)\|_{L^2(\mathbb{R}^n)}\|u(s)\|_{L^2(\mathbb{R}^n)}ds \\
\leqslant{}& C\rho^{\frac{n+2}{4}}\int_0^t \|w(s)\|_{L^2(\mathbb{R}^n)}\|u(s)\|_{L^2(\mathbb{R}^n)}ds \\
\leqslant{}& C\rho^{\frac{n+2}{4}}\int_0^t \|u(s)\|^2_{L^2(\mathbb{R}^n)}ds.
\end{aligned}
$$

将上述估计代入 (3.2.73) 中, 可得

$$
\begin{aligned}
&\frac{d}{dt}\|v(t)\|^2_{L^2(\mathbb{R}^n)} + \rho\|v(t)\|^2_{L^2(\mathbb{R}^n)} \\
\leqslant{}& C\rho^{(n+4)/2}\left(\int_0^t \|u(s)\|^2_{L^2(\mathbb{R}^n)}ds\right)^2 + \|a\|^2_{L^r(\mathbb{R}^n)}\|u(t)\|^2_{L^2(\mathbb{R}^n)}t^{-n/r}. \quad (3.2.74)
\end{aligned}
$$

结论 (iii) 的证明 假设 $n \geqslant 2$, $a \in L^2_\sigma(\mathbb{R}^n)$. 在 (3.2.74) 中, 令 $r=2$, $\rho = \alpha t^{-1}$, $\alpha > n/2+2$, 在两边乘以 t^α, 可得

$$
\frac{d}{dt}(t^\alpha\|v(t)\|^2_{L^2(\mathbb{R}^n)}) \leqslant Ct^{\alpha-n/2-2}\left(\int_0^t \|u(s)\|^2_{L^2(\mathbb{R}^n)}ds\right)^2 + \|a\|^2_{L^r(\mathbb{R}^n)}\|u(t)\|^2_{L^2(\mathbb{R}^n)}t^{\alpha-n/2}.
$$

两边关于 t 积分, 可得

$$
\begin{aligned}
\|v(t)\|^2_{L^2(\mathbb{R}^n)} \leqslant Ct^{-\alpha}\Bigg[&\int_0^t \tau^{\alpha-n/2-2}d\tau\left(\int_0^t \|u(s)\|^2_{L^2(\mathbb{R}^n)}ds\right)^2 \\
&+ C\int_0^t s^{\alpha-n/2}\|u(s)\|^2_{L^2(\mathbb{R}^n)}ds\Bigg].
\end{aligned}
$$

利用 α 的选取, 可知

$$
\begin{aligned}
\|v(t)\|^2_{L^2(\mathbb{R}^n)} \leqslant Ct^{1-n/2}\Bigg[&\left(t^{-1}\int_0^t \|u(s)\|^2_{L^2(\mathbb{R}^n)}ds\right)^2 \\
&+ t^{-1}\int_0^t \|u(s)\|^2_{L^2(\mathbb{R}^n)}ds\Bigg]. \quad (3.2.75)
\end{aligned}
$$

在 (i) 中已证: 当 $t \longrightarrow \infty$ 时, $\|u(t)\|_{L^2(\mathbb{R}^n)} \longrightarrow 0$ (若 $n \geqslant 3$, 关于 N 是一致收敛), 从而当 $t \longrightarrow \infty$ 时, (3.2.75) 式中右边的积分趋于 0. 说明结论 (iii) 成立.

(II) 结论 (iv) 的证明 我们只需证明下面结论.

命题 3.2.9 假设 $a \in L^2_\sigma(\mathbb{R}^n) \cap L^r(\mathbb{R}^n)$, $1 \leqslant r < 2$. 则当 $t \longrightarrow \infty$ 时, 成立

$$\|v(t)\|^2_{L^2(\mathbb{R}^n)} = \begin{cases} O(t^{1+n/2-2n/r}), & n/r - n/2 < 1, \\ O(t^{-1-n/2}(\log t)^2), & n/r - n/2 = 1, \\ O(t^{-1-n/2}), & n/r - n/2 > 1. \end{cases}$$

注 利用上述结论, 简单计算表明: 当 $t \longrightarrow \infty$ 时, 成立

$$\|v(t)\|^2_{L^2(\mathbb{R}^n)} = o(t^{-\frac{n}{2}(\frac{1}{r}-\frac{1}{2})}).$$

证明 我们先假定 $n/r - n/2 < 1$. 由定理 3.2.6, 可得

$$\|u(s)\|^2_{L^2(\mathbb{R}^n)} \leqslant C(1+s)^{-(n/r-n/2)}, \quad s \geqslant 0.$$

于是, 从 (3.2.74) 可知

$$\frac{d}{dt}\|v(t)\|^2_{L^2(\mathbb{R}^n)} + \rho\|v(t)\|^2_{L^2(\mathbb{R}^n)} \leqslant C\rho^{(n+4)/2}t^{2-2(n/r-n/2)} + \|a\|^2_{L^2(\mathbb{R}^n)}\|u(t)\|^2_{L^2(\mathbb{R}^n)}t^{-n/r}.$$

令 $\rho = \alpha t^{-1}$, 上面不等式两边同乘以 t^α, 可得

$$\frac{d}{dt}(t^\alpha\|v(t)\|^2_{L^2(\mathbb{R}^n)}) \leqslant C[t^{\alpha+n/2-2n/r} + \|u(t)\|^2_{L^2(\mathbb{R}^n)}t^{\alpha-n/r}].$$

选取 $\alpha > 2n/r - n/2$, $\alpha > n/r$, 两边再关于 t 积分, 得

$$\|v(t)\|^2_{L^2(\mathbb{R}^n)} \leqslant C\left(t^{1+n/2-2n/r} + t^{-n/r}\int_0^t \|u(s)\|^2_{L^2(\mathbb{R}^n)}ds\right). \tag{3.2.76}$$

注意到

$$\int_0^t \|u(s)\|^2_{L^2(\mathbb{R}^n)}ds \leqslant C\int_0^t (1+s)^{-(n/r-n/2)}ds \leqslant Ct^{1-(n/r-n/2)}.$$

将上式代入 (3.2.76), 得

$$\|v(t)\|^2_{L^2(\mathbb{R}^n)} \leqslant Ct^{1+n/2-2n/r}.$$

这样, 对于 $n/r - n/2 < 1$, 就得到命题 3.2.9 中的估计.

下面考虑 $n/r - n/2 = 1$ 的情形. 由定理 3.2.6 的结论 (ii), 可知存在常数 C, 使得

$$\|u(s)\|^2_{L^2(\mathbb{R}^n)} \leqslant C(s+1)^{-1}, \quad s \geqslant 0.$$

由 (3.2.74), 可得

$$\begin{aligned} &\frac{d}{dt}\|v(t)\|^2_{L^2(\mathbb{R}^n)} + \rho\|v(t)\|^2_{L^2(\mathbb{R}^n)} \\ \leqslant\ & C\rho^{(n+4)/2}[\log(1+t)]^2 + \|a\|^2_{L^r(\mathbb{R}^n)}\|u(t)\|^2_{L^2(\mathbb{R}^n)}t^{-n/r}. \end{aligned}$$

从而有

$$\frac{d}{dt}(t^{\alpha}\|v(t)\|^2_{L^2(\mathbb{R}^n)}) \leqslant C[t^{\alpha-2-n/2}(\log(t+1))^2 + \|u(t)\|^2_{L^2(\mathbb{R}^n)}t^{\alpha-n/r}].$$

再选取 $\alpha > 2+n/2$, $\alpha > n/r$, 当 t 充分大时, 有

$$\begin{aligned}\|v(t)\|^2_{L^2(\mathbb{R}^n)} &\leqslant C\left[t^{-1-n/2}(\log(t+1))^2 + t^{-n/r}\int_0^t \|u(s)\|^2_{L^2(\mathbb{R}^n)}ds\right]\\ &\leqslant Ct^{-1-n/2}(\log(t+1))^2.\end{aligned}$$

此时可得结论.

最后, 考虑 $n/r - n/2 > 1$ 的情形. 记 $\beta = \dfrac{n}{r} - \dfrac{n}{2} - 1$, 则 $\beta > 0$. 从定理 3.2.6, 可知

$$\|u(s)\|^2_{L^2(\mathbb{R}^n)} \leqslant C(s+1)^{-1-\beta}, \quad s \geqslant 0.$$

从而

$$\int_0^{\infty} \|u(t)\|^2_{L^2(\mathbb{R}^n)}dt \leqslant C.$$

因此, 由 (3.2.74), 可得

$$\frac{d}{dt}\|v(t)\|^2_{L^2(\mathbb{R}^n)} + \rho\|v(t)\|^2_{L^2(\mathbb{R}^n)} \leqslant C\rho^{(n+4)/2}[1 + \|a\|^2_{L^r(\mathbb{R}^n)}\|u(t)\|^2_{L^2(\mathbb{R}^n)}t^{-n/r}].$$

进而成立

$$\frac{d}{dt}(t^{\alpha}\|v(t)\|^2_{L^2(\mathbb{R}^n)}) \leqslant C[t^{\alpha-n/2-2} + \|u(t)\|^2_{L^2(\mathbb{R}^n)}t^{\alpha-n/r}].$$

取充分大的 α, 因为 $1+n/2 < n/r$, 故成立

$$\begin{aligned}\|v(t)\|^2_{L^2(\mathbb{R}^n)} &\leqslant Ct^{-\alpha}\left(\int_0^t s^{\alpha-n/2-2}ds + t^{\alpha-n/r}\varepsilon_0^t\|u(s)\|^2_{L^2(\mathbb{R}^n)}ds\right)\\ &\leqslant C(t^{-1-\frac{n}{2}} + t^{-\frac{n}{r}})\\ &\leqslant Ct^{-1-n/2}, \quad \forall t > 1.\end{aligned} \tag{3.2.77}$$

结合能量不等式, 可得

$$\|v(t)\|_{L^2(\mathbb{R}^n)} \leqslant \|u(t)\|_{L^2(\mathbb{R}^n)} + \|u_0(t)\|_{L^2(\mathbb{R}^n)} \leqslant 2\|a\|_{L^2(\mathbb{R}^n)}, \quad \forall t \geqslant 0.$$

从而由 (3.2.77), 可知

$$\|v(t)\|^2_{L^2(\mathbb{R}^n)} \leqslant C(1+t)^{-1-n/2}, \quad \forall t \geqslant 0.$$

此即我们想要的结果. 这样就完成命题 3.2.9 的证明. □

附　录　A

在本节中, 我们证明: 文献 [4] 中给出的问题 (3.2.62) 的逼近解序列 u_N 中存在一个子列收敛到问题 (3.2.62) 的弱解. 文献 [4] 中仅仅给出了 $n=3$ 时的证明. 这里, 给出 $n\geqslant 3$ 时的证明梗概. 对于某个 p_N, 文献 [4] 中定义的问题 (3.2.62) 的逼近解 u_N 满足

$$\begin{aligned}&\frac{\partial u_N}{\partial t}+w_N\cdot\nabla u_N-\Delta u_N+\nabla p_N=0\ \ \text{在}\ \mathbb{R}^n\times(0,\infty)\ \text{上},\\&\nabla\cdot u_N=0\ \ \text{在}\ \mathbb{R}^n\times(0,\infty)\ \text{上},\\&u_N(x,0)=a(x)\ \ \text{在}\ \mathbb{R}^n\times(0,\infty)\ \text{上}.\end{aligned}\tag{A1}$$

其中, $a\in L^2_\sigma(\mathbb{R}^n)$, w_N 是如下定义的关于 u_N 的延迟磨光:

$$w_N(x,t)=\delta^{-n-1}\int_0^\infty\int_{\mathbb{R}^n}\psi(y/\delta,s/\delta)\tilde{u}_N(x-y,t-s)dyds,\quad \delta=N^{-1},$$

其中, ψ 是一个非负光滑函数, 满足

$$\int_0^\infty\int_{\mathbb{R}^n}\psi(x,t)dxdt=1,\quad \mathrm{supp}\ \psi\subset\{(x,t):|x|^2<t,1<t<2\}.$$

$\tilde{u}_N$ 是 u_N 的零延拓, u_N 对于 $t\geqslant 0$ 有定义. 由于 $\mathrm{supp}\psi$ 的假设, 求解问题 (A1) 等价于在区间 $[(k-1)\delta,k\delta]$ $(k=1,2,\cdots)$ 上求解线性方程. 利用 Faedo-Galerkin 方法易得, 对于任意 $a\in L^2_\sigma(\mathbb{R}^n)$, 以及任何 $T>0$, 问题 (A1) 存在唯一的解 $u_N\in L^\infty(0,T;L^2_\sigma(\mathbb{R}^n))\cap L^2(0,T;H^1(\mathbb{R}^n))$. w_N 在条形区域 $\mathbb{R}^n\times[0,T]$ 上的有界性与光滑性由其定义可得. 此外, 压力 p_N 在相差一个 t 的函数意义下由下面方程决定

$$-\Delta p_N=\nabla\cdot[(w_N\cdot\nabla)u_N]=\sum_{j,k=1}^n\partial x_j\partial x_k(w_N^ju_N^k).$$

从而

$$\begin{aligned}p_N&=\sum_{j,k=1}^n R_jR_k(w_N^ju_N^k),\\\partial_\ell p_N&=\sum_{j,k=1}^n\partial_\ell R_jR_k[(w_N\cdot\nabla)u_N^k]\\&=\sum_{j,k=1}^n R_\ell R_k\partial_j(w_N^ju_N^k)\\&=\sum_{j,k=1}^n R_\ell R_k[(w_N\cdot\nabla)u_N^k],\quad \ell=1,2,\cdots,n,\end{aligned}\tag{A2}$$

其中, R_j $(j=1,\cdots,n)$ 是 Riesz 变换. 由 Riesz 变换在 L^r, $1<r<\infty$ 中的有界性, 可得

$$\|\nabla p_N\|_{L^2(\mathbb{R}^n)} \leqslant C_N\|\nabla u_N\|_{L^2(\mathbb{R}^n)}.$$

可以将问题 (A1) 写成下面发展方程的形式

$$\frac{du_N}{dt}+P(w_N\cdot\nabla)u_n+Au_N=0,\quad t>0,\quad u_N(0)=a\in L^2_\sigma(\mathbb{R}^n).$$

利用 w_N 的光滑性以及 $\{e^{-tA}\}_{t\geqslant 0}$ 在 L^2_σ 上定义了一个解析半群可知

$$u_N\in C([0,\infty);L^2_\sigma(\mathbb{R}^n))\cap C^1((0,\infty);L^2_\sigma(\mathbb{R}^n)),\quad Au_N\in C((0,\infty);L^2_\sigma(\mathbb{R}^n)).$$

于是, 可以得到性质 (c). 下面证明性质 (d). 由性质 (c) 可得能量恒等式:

$$\|u_N(t)\|^2_{L^2(\mathbb{R}^n)}+2\int_0^t\|\nabla u_N(s)\|^2_{L^2(\mathbb{R}^n)}ds=\|a\|^2_{L^2(\mathbb{R}^n)},\quad t>0.$$

从而, 对任意 $T>0$, u_N 在 $L^\infty(0,T;L^2_\sigma(\mathbb{R}^n))\cap L^2(0,T;H^1(\mathbb{R}^n))$ 中有界, 再由嵌入定理知

$$u_N \text{ 在 } L^{2+4/n}(\mathbb{R}^n\times(0,T)) \text{ 中有界.} \tag{A3}$$

由 w_N 的定义可知, w_N 在上述空间中也是有界的. 确切地说, 对于 $t>0$, 有

$$\|w_N(t)\|_{L^2(\mathbb{R}^n)}\leqslant\sup_{0<s<t}\|u_N(s)\|_{L^2(\mathbb{R}^n)}\leqslant\|a\|_{L^2(\mathbb{R}^n)};$$

$$\int_0^t\|\nabla w_N(s)\|^2_{L^2(\mathbb{R}^n)}ds\leqslant\int_0^t\|\nabla u_N(s)\|^2_{L^2(\mathbb{R}^n)}ds\leqslant\|a\|^2_{L^2(\mathbb{R}^n)};$$

$$\int_0^t\|w_N(s)\|^2_{L^2(\mathbb{R}^n)}ds\leqslant\int_0^t\|u_N(s)\|^2_{L^2(\mathbb{R}^n)}ds.$$

由此可得性质 (b). 利用这些估计, 再结合 (A2), 可得

$$\text{对于任意 } T>0, p_N \text{ 在 } L^{1+2/n}(\mathbb{R}^n\times(0,T)) \text{ 中有界.} \tag{A4}$$

另一方面, 对于任意 $m\geqslant n/2$, $T>0$, $\Delta u_N-w_N\cdot\nabla u_N$ 在 $L^2(0,T;H^{-m})$ 中有界 (可参见文献 [41] 中第三章, 引理 4.2). 因此, 从 (A4) 可知

$$\text{对于任意 } m\geqslant n/2, T>0,\ \partial_t u_N \text{ 在 } L^{1+2/n}(0,T;H^{-m}) \text{ 中有界.} \tag{A5}$$

由 (A3), (A5) 以及紧性定理可得, u_N 在 $L^2_{\rm loc}(\mathbb{R}^n\times[0,\infty))$ 中是准紧的. 由于 w_N 是关于 u_N 在时空点上的磨光函数, 故 w_N 在 $L^2_{\rm loc}(\mathbb{R}^n\times[0,\infty))$ 中也是准紧的, 从而 u_N 的每个聚点都是问题 (3.2.62) 的弱解. □

附 录 B

定义 B.1 设 $-\infty < \lambda < +\infty$, 称 Hilbert 空间 X 上的一族投影 $E(\lambda)$ 为 (实) 单位分解, 如果它满足

$$E(\lambda)E(\mu) = E(\min(\lambda, \mu)), \quad E(-\infty) = 0, \quad E(+\infty) = I, \tag{B1}$$

其中

$$E(-\infty)x = \lim_{\lambda \downarrow -\infty} E(\lambda)x, \quad E(+\infty)x = \lim_{\lambda \uparrow +\infty} E(\lambda)x,$$

$$E(\lambda + 0) = E(\lambda), \quad \text{其中} \quad E(\lambda + 0)x = \lim_{\mu \downarrow \lambda} E(\mu)x.$$

命题 B.1 对任意的 $x, y \in X$, $(E(\lambda)x, y)$ 是关于 λ 的有界变差函数.

证明 令 $\lambda_1 < \lambda_2 < \cdots < \lambda_n$. 根据 (B1), $E(\alpha, \beta] = E(\beta) - E(\alpha)$ 是一个投影. 根据 Schwartz 不等式, 有

$$\begin{aligned}
\sum_j |(E(\lambda_{j-1}, \lambda_j]x, y)| &= \sum_j |(E(\lambda_{j-1}, \lambda_j]x, E(\lambda_{j-1}, \lambda_j]y)| \\
&\leqslant \sum_j \|E(\lambda_{j-1}, \lambda_j]x\| \|E(\lambda_{j-1}, \lambda_j]y\| \\
&\leqslant \left(\sum_j \|E(\lambda_{j-1}, \lambda_j]x\|^2 \right)^{\frac{1}{2}} \left(\sum_j \|E(\lambda_{j-1}, \lambda_j]y\|^2 \right)^{\frac{1}{2}} \\
&= (\|E(\lambda_1, \lambda_n]x\|^2)^{\frac{1}{2}} (\|E(\lambda_1, \lambda_n]y\|^2)^{\frac{1}{2}} \\
&\leqslant \|x\| \|y\|.
\end{aligned}$$

因为, 由 (B1), 可得正交性

$$E(\lambda_{j-1}, \lambda_j]E(\lambda_{i-1}, \lambda_i] = 0, \quad i \neq j.$$

进一步有, 对于 $m > n$, 有

$$\|x\|^2 \geqslant \|E(\lambda_n, \lambda_m]x\|^2 = \sum_{i=n}^{m-1} \|E(\lambda_i, \lambda_{i+1}]x\|^2. \qquad \square$$

命题 B.2 令 $f(\lambda)$ 是 $(-\infty, +\infty)$ 上的复值连续函数, 且 $x \in X$. 则对于 $-\infty < \alpha < \beta < +\infty$, 可以定义

$$\int_\alpha^\beta f(\lambda) dE(\lambda)x$$

为 Riemann 和 $\sum_j f(\lambda_j')E(\lambda_j,\lambda_{j+1}]x$ 在 $\max\limits_j|\lambda_{j+1}-\lambda_j|$ 趋于零时的强极限, 其中 $\alpha=\lambda_1<\lambda_2<\cdots<\lambda_n=\beta$, $\lambda_j'\in(\lambda_j,\lambda_{j+1}]$.

证明 $f(\lambda)$ 在紧区间 $[\alpha,\beta]$ 上是一致连续的. 设当 $|\lambda-\lambda'|\leqslant\delta$ 时, $|f(\lambda)-f(\lambda')|\leqslant\varepsilon$. 考虑 $[\alpha,\beta]$ 的两个划分:

$$\alpha=\lambda_1<\cdots<\lambda_n=\beta,\quad \max_j|\lambda_{j+1}-\lambda_j|\leqslant\delta,$$

$$\alpha=\mu_1<\cdots<\mu_m=\beta,\quad \max_j|\mu_{j+1}-\mu_j|\leqslant\delta,$$

并令

$$\alpha=\nu_1<\cdots<\nu_p=\beta,\quad p\leqslant m+n$$

为两个划分的叠加. 那么, 如果 $\mu_k'\in(\mu_k,\mu_{k+1}]$, 有

$$\sum_j f(\lambda_j')E(\lambda_j,\lambda_{j+1}]x-\sum_k f(\mu_k')E(\mu_k,\mu_{k+1}]x=\sum_s\varepsilon_sE(\nu_s,\nu_{s+1}]x,$$

其中 $|\varepsilon_s|\leqslant 2\varepsilon$.

再根据命题 B.1 的结论, 有

$$\begin{aligned}&\Big\|\sum_j f(\lambda_j')E(\lambda_j,\lambda_{j+1}]x-\sum_k f(\mu_k')E(\mu_k,\mu_{k+1}]x\Big\|^2\\ \leqslant{}&\varepsilon^2\Big\|\sum_s E(\nu_s,\nu_{s+1}]x\Big\|^2=\varepsilon^2\|E(\alpha,\beta]x\|^2\leqslant\varepsilon^2\|x\|^2.\end{aligned}$$

□

推论 B.3 *可以定义* $\int_{-\infty}^{+\infty}f(\lambda)dE(\lambda)x$ *为* $\lim\limits_{\alpha\downarrow-\infty,\ \beta\uparrow+\infty}\int_\alpha^\beta f(\lambda)dE(\lambda)x$, *如果上述极限存在.*

定理 B.4 *对于给定的* $x\in X$, *下述三个条件互相等价:*

$$\int_{-\infty}^{+\infty}f(\lambda)dE(\lambda)x\quad \text{存在}, \tag{B2}$$

$$\int_{-\infty}^{+\infty}|f(\lambda)|^2d\|E(\lambda)x\|^2<\infty, \tag{B3}$$

$$F(y)=\int_{-\infty}^{+\infty}f(\lambda)d(E(\lambda)y,x)\ \text{定义了一个有界线性泛函}. \tag{B4}$$

证明 我们验证 (B2)⇒(B4)⇒(B3)⇒(B2) 成立.

(B2)⇒(B4) y 和 $\int_{-\infty}^{+\infty}f(\lambda)dE(\lambda)x$ 的近似 Riemann 和的数量积是 y 的有界线性泛函. 所以, 根据 $(y,E(\lambda)x)=(E(\lambda)y,x)$ 和共鸣定理, 我们得到 (B4).

(B4)⇒(B3)　将算子 $E(\alpha,\beta]$ 作用在 $y=\int_\alpha^\beta \overline{f(\lambda)}dE(\lambda)x$ 的近似 Riemann 和上. 可以看出, 根据 (B1), 有 $y=E(\alpha,\beta]y$. 于是, 再根据 (B1) 有

$$\begin{aligned}\overline{F(y)} &= \int_{-\infty}^{+\infty} \overline{f(\lambda)}d(E(\lambda)x,y)\\ &= \lim_{\alpha'\downarrow-\infty,\beta'\uparrow+\infty} \int_{\alpha'}^{\beta'} \overline{f(\lambda)}d(E(\lambda)x,y)\\ &= \lim_{\alpha'\downarrow-\infty,\beta'\uparrow+\infty} \int_{\alpha'}^{\beta'} \overline{f(\lambda)}d(E(\lambda)x,E(\alpha,\beta]y)\\ &= \lim_{\alpha'\downarrow-\infty,\beta'\uparrow+\infty} \int_{\alpha'}^{\beta'} \overline{f(\lambda)}d(E(\alpha,\beta]E(\lambda)x,y)\\ &= \int_\alpha^\beta \overline{f(\lambda)}d(E(\lambda)x,y)=\|y\|^2.\end{aligned}$$

所以 $\|y\|^2\leqslant\|F\|\|y\|$, 即 $\|y\|\leqslant\|F\|$. 另一方面, 用 Riemann 和逼近 $y=\int_\alpha^\beta \overline{f(\lambda)}dE(\lambda)x$, 根据 (B1), 得到

$$\|y\|^2=\left\|\int_\alpha^\beta \overline{f(\lambda)}dE(\lambda)x\right\|^2=\int_\alpha^\beta |f(\lambda)|^2d\|E(\lambda)x\|^2,$$

所以 $\int_\alpha^\beta |f(\lambda)|^2d\|E(\lambda)x\|^2\leqslant\|F\|^2$. 令 $\alpha\downarrow-\infty,\beta\uparrow+\infty$, 可以看出 (B3) 成立.

(B3)⇒(B2)　对于 $\alpha'<\alpha<\beta<\beta'$, 成立

$$\begin{aligned}&\left\|\int_{\alpha'}^{\beta'} f(\lambda)dE(\lambda)x-\int_\alpha^\beta f(\lambda)dE(\lambda)x\right\|^2\\ =&\int_{\alpha'}^{\alpha}|f(\lambda)|^2d\|E(\lambda)x\|^2+\int_\beta^{\beta'}|f(\lambda)|^2d\|E(\lambda)x\|^2,\end{aligned}$$

所以 (B3) 蕴含 (B2). □

定理 B.5　令 $f(\lambda)$ 为实值连续函数. 那么可以通过下式定义一个自伴算子 H,

$$(Hx,y)=\int_{-\infty}^{+\infty} f(\lambda)d(E(\lambda)x,y), \tag{B5}$$

其中 $x\in D(H)=D=\left\{x;\int_{-\infty}^{+\infty}|f(\lambda)|^2d\|E(\lambda)x\|^2<\infty\right\}$, 并且任意的 $y\in X$, 有 $HE(\lambda)\supseteq E(\lambda)H$, 亦即, $HE(\lambda)$ 是 $E(\lambda)H$ 的扩张.

证明 对于任意的 $y \in X$ 和任意的 $\varepsilon > 0$, 存在 α 和 β, $-\infty < \alpha < \beta < +\infty$, 满足 $\|y - E(\alpha,\beta]y\| < \varepsilon$. 进一步, 有

$$\int_{-\infty}^{+\infty} |f(\lambda)|^2 d\|E(\lambda)E(\alpha,\beta]y\|^2 = \int_{\alpha}^{\beta} |f(\lambda)|^2 d\|E(\lambda)y\|^2.$$

所以 $E(\alpha,\beta]y \in D$. 根据

$$f(\lambda) = \overline{f(\lambda)}, \quad (E(\lambda)x, y) = \overline{(E(\lambda)y, x)},$$

可得 H 对称. 如果 $y \in D(H^*)$ 并且 $H^*y = y^*$, 则根据 $E(\alpha,\beta]z \in D$ 和 (B1),

$$(z, E(\alpha,\beta]y^*) = (E(\alpha,\beta]z, H^*y) = (HE(\alpha,\beta]z, y) = \int_{\alpha}^{\beta} f(\lambda)d(E(\lambda)z, y).$$

于是, 根据共鸣定理,

$$\lim_{\alpha\downarrow-\infty,\beta\uparrow+\infty}(z, E(\alpha,\beta]y^*) = \int_{-\infty}^{+\infty} f(\lambda)d(E(\lambda)z, y) = F(z)$$

是一个有界线性泛函. 根据定理 B.4,

$$\int_{-\infty}^{+\infty} |f(\lambda)|^2 d\|E(\lambda)y\|^2 < \infty,$$

亦即 $y \in D$. 所以 $D = D(H) \supseteq D(H^*)$. 由于 H 是对称的, 有 $H \subseteq H^*$, 所以 H 一定是自伴的, 即 $H = H^*$.

最后, 令 $x \in D(H)$. 则将 $E(\mu)$ 作用在 $Hx = \displaystyle\int_{-\infty}^{+\infty} f(\lambda)dE(\lambda)x$ 的近似 Riemann 和上, 根据 (B1) 可以得到

$$E(\mu)Hx = \int_{-\infty}^{+\infty} f(\lambda)d(E(\mu)E(\lambda)x) = \int_{-\infty}^{+\infty} f(\lambda)d(E(\lambda)E(\mu)x) = HE(\mu)x. \quad \square$$

推论 B.6 考虑特殊情形 $f(\lambda) = \lambda$, 有

$$(Hx, y) = \int_{-\infty}^{+\infty} \lambda d(E(\lambda)x, y), \quad x \in D(H), \quad y \in X. \tag{B6}$$

可以形式上写作

$$H = \int_{-\infty}^{+\infty} \lambda dE(\lambda),$$

称其为**谱分解**, 或者是自伴算子 H 的**谱表示**.

推论 B.7　对于 (B5) 中给出的 $H=\int_{-\infty}^{+\infty} f(\lambda)dE(\lambda)$, 有

$$\|Hx\|^2=\int_{-\infty}^{+\infty} |f(\lambda)|^2 d\|E(\lambda)x\|^2,\ \ \forall x\in D(H). \tag{B7}$$

特别地, 如果 H 是有界自伴算子, 那么

$$(H^n x,y)=\int_{-\infty}^{+\infty} f(\lambda)^n d(E(\lambda)x,y),\quad \forall x,y\in X\quad (n=0,1,2,\cdots). \tag{B8}$$

证明　因为 $E(\lambda)Hx=HE(\lambda)x$, $\forall x\in D(H)$, 根据 (B1), 有

$$\begin{aligned}(Hx,Hx)&=\int_{-\infty}^{+\infty} f(\lambda)d(E(\lambda)x,Hx)\\&=\int_{-\infty}^{+\infty} f(\lambda)d(HE(\lambda)x,x)\\&=\int_{-\infty}^{+\infty} f(\lambda)d_\lambda\left\{\int_{-\infty}^{+\infty} f(\mu)d_\mu(E(\mu)E(\lambda)x,x)\right\}\\&=\int_{-\infty}^{+\infty} f(\lambda)d_\lambda\left\{\int_{-\infty}^{\lambda} f(\mu)d_\mu(E(\mu)x,x)\right\}\\&=\int_{-\infty}^{+\infty} f(\lambda)^2 d\|E(\lambda)x\|^2.\end{aligned}$$

推论的剩余部分可以类似证明. □

例 1　容易看出乘法算子

$$Hx(t)=tx(t),\quad x\in L^2(-\infty,+\infty),$$

准许谱分解 $H=\int_{-\infty}^{+\infty}\lambda dE(\lambda)$, 其中

$$E(\lambda)x(t)=\begin{cases} x(t), & t\leqslant\lambda,\\ 0, & t>\lambda.\end{cases}$$

这是因为

$$\int_{-\infty}^{+\infty}\lambda^2 d\|E(\lambda)x\|^2=\int_{-\infty}^{+\infty}\lambda^2 d_\lambda\int_{-\infty}^{\lambda}|x(t)|^2dt=\int_{-\infty}^{+\infty}t^2|x(t)|^2dt=\|Hx\|^2,$$

$$\int_{-\infty}^{+\infty}\lambda d(E(\lambda)x,y)=\int_{-\infty}^{+\infty}\lambda d_\lambda\int_{-\infty}^{\lambda}x(t)\overline{y(t)}dt=\int_{-\infty}^{+\infty}tx(t)\overline{y(t)}dt=(Hx,y).$$

例 2 自伴算子 $-\Delta$ 在 $H^2(\mathbb{R}^n)$ 中的谱分解表达式为

$$-\Delta = \int_{\mathbb{R}^n} \lambda dE(\lambda).$$

则 $E(\lambda)$ 的表达式如下:

$$\widehat{E(\lambda)u}(\xi) = \begin{cases} \hat{u}(\xi), & |\xi| \leqslant \sqrt{\lambda}, \\ 0, & |\xi| > \sqrt{\lambda}. \end{cases} \tag{B9}$$

证明 对任意的 $\lambda > 0$, 成立

$$\begin{aligned} \|\widehat{E(\lambda)u}\|^2_{L^2(\mathbb{R}^n)} &= \int_{\mathbb{R}^n} |\widehat{E(\lambda)u}(\xi)|^2 d\xi \\ &= \int_{|\xi|\leqslant\sqrt{\lambda}} |\hat{u}(\xi)|^2 d\xi \\ &= \int_0^{\sqrt{\lambda}} \int_{|\omega|=r} |\hat{u}(r,\omega)|^2 dS_\omega dr. \end{aligned}$$

从而

$$\frac{d}{d\lambda}\|\widehat{E(\lambda)u}\|^2_{L^2(\mathbb{R}^n)} = \frac{1}{2}\lambda^{-\frac{1}{2}} \int_{|\omega|=\sqrt{\lambda}} |\hat{u}(\sqrt{\lambda},\omega)|^2 dS_\omega.$$

进一步可得

$$\begin{aligned} \int_0^\infty \lambda^2 d\|E(\lambda)u\|^2_{L^2(\mathbb{R}^n)} &= (2\pi)^{-n} \int_0^\infty \lambda^2 d\|\widehat{E(\lambda)u}\|^2_{L^2(\mathbb{R}^n)} \\ &= (2\pi)^{-n} \int_0^\infty \frac{1}{2}\lambda^{2-\frac{1}{2}} \int_{|\omega|=\sqrt{\lambda}} |\hat{u}(\sqrt{\lambda},\omega)|^2 dS_\omega d\lambda \\ &= (2\pi)^{-n} \int_0^\infty \mu^4 \int_{|\omega|=\mu} |\hat{u}(\mu,\omega)|^2 dS_\omega d\mu \\ &= (2\pi)^{-n} \int_0^\infty \int_{|\omega|=\mu} |\mu^2\hat{u}(\mu,\omega)|^2 dS_\omega d\mu \\ &= (2\pi)^{-n} \int_{\mathbb{R}^n} |\widehat{-\Delta u}(\xi)|^2 d\xi \\ &= \int_{\mathbb{R}^n} |-\Delta u(x)|^2 dx = \|-\Delta u\|^2_{L^2(\mathbb{R}^n)}, \end{aligned}$$

即

$$\int_0^\infty \lambda^2 d\|E(\lambda)u\|^2_{L^2(\mathbb{R}^n)} = \|-\Delta u\|^2_{L^2(\mathbb{R}^n)}, \quad \lambda > 0. \tag{B10}$$

设 $u, v \in D(-\Delta) = H^2(\mathbb{R}^n)$. 则对任意的 $\lambda > 0$, 成立

$$\int_0^\infty \lambda d(E(\lambda)u, v)_{L^2(\mathbb{R}^n)} = (2\pi)^{-n} \int_0^\infty \lambda d(\widehat{E(\lambda)u}, \hat{v})_{L^2(\mathbb{R}^n)}$$

$$= (2\pi)^{-n} \int_0^\infty \lambda d\left[\int_{|\xi|\leqslant\sqrt{\lambda}} \hat{u}(\xi)\bar{\hat{v}}(\xi)d\xi\right],$$

以及

$$\frac{d}{d\lambda}\int_{|\xi|\leqslant\sqrt{\lambda}} \hat{u}(\xi)\bar{\hat{v}}(\xi)d\xi = \frac{1}{2}\lambda^{-\frac{1}{2}}\int_{|\omega|=\sqrt{\lambda}} \hat{u}(\sqrt{\lambda},\omega)\bar{\hat{v}}(\sqrt{\lambda},\omega)dS_\omega.$$

从而

$$\begin{aligned}\int_0^\infty \lambda d(E(\lambda)u,v)_{L^2(\mathbb{R}^n)} &= (2\pi)^{-n}\int_0^\infty \frac{1}{2}\lambda^{1-\frac{1}{2}}\int_{|\omega|=\sqrt{\lambda}} \hat{u}(\sqrt{\lambda},\omega)\bar{\hat{v}}(\sqrt{\lambda},\omega)dS_\omega d\lambda\\ &= (2\pi)^{-n}\int_0^\infty \mu^2\int_{|\omega|=\mu} \hat{u}(\mu,\omega)\bar{\hat{v}}(\mu,\omega)dS_\omega d\mu\\ &= (2\pi)^{-n}\int_0^\infty\int_{|\omega|=\mu} [\mu^2\hat{u}(\mu,\omega)]\bar{\hat{v}}(\mu,\omega)dS_\omega d\mu\\ &= (2\pi)^{-n}\int_{\mathbb{R}^n} \widehat{-\Delta u}(\xi)\bar{\hat{v}}(\xi)d\xi\\ &= \int_{\mathbb{R}^n} (-\Delta u)(x)\bar{v}(x)dx = (-\Delta u, v)_{L^2(\mathbb{R}^n)}.\end{aligned}$$

即

$$\int_0^\infty \lambda d(E(\lambda)u,v)_{L^2(\mathbb{R}^n)} = (-\Delta u, v)_{L^2(\mathbb{R}^n)}, \quad \lambda > 0. \tag{B11}$$

根据 (B10), (B11) 以及自伴算子谱分解的唯一性, 可知投影算子 $E(\lambda)$ 表达式只能是 (B9) 形式. □

3.3　能量衰减的下界估计

本节专注于二、三维 Navier-Stokes 方程弱解的下界能量衰减估计, 这里对应的初始函数, 其假设条件也都是比较自然的. 下面首先研究热方程 Cauchy 问题解的上、下界 (最优) 衰减估计.

定理 3.3.1　设 $v_0 \in L^2(\mathbb{R}^n)$, v 是初值为 v_0 的热传导方程的解. 假设存在函数 l, h, 使得 v_0 的 Fourier 变换在 $|\xi| \leqslant \delta$, $\delta > 0$ 有如下表示:

$$\hat{v}_0(\xi) = \xi\cdot l(\xi) + h(\xi), \quad l = (l_1, l_2, \cdots, l_n),$$

其中, 函数 l, h 满足下面条件:

(i) 存在 $M_0 > 0$, 使得 $|h(\xi)| \leqslant M_0|\xi|^2$;

(ii) l 是一个 0 阶齐次函数;

(iii) $\alpha_1 = \displaystyle\int_{|\omega|=1} |\omega\cdot l(\omega)|^2 d\omega > 0.$

记 $M_1=\sup_{|y|=1}|l(y)|$, $M_2=\sup_{\delta/2\leqslant|y|\leqslant1}|\nabla l(y)|$, $K=\max\{M_0,M_1,M_2\}$. 则存在正常数 C_0,C_1, 使得

$$C_0(t+1)^{-(n/2+1)}\leqslant\|v(\cdot,t)\|^2_{L^2(\mathbb{R}^n)}\leqslant C_1(t+1)^{-(n/2+1)},$$

其中, C_0,C_1 均依赖于 n,M_0,M_1,δ 与 $\|v_0\|_{L^2(\mathbb{R}^n)}$. 此外, C_0 还依赖于 K,α_1.

证明 先考虑上界估计. 由 Plancharel 定理可知

$$\int_{\mathbb{R}^n}|v|^2dx=\int_{\mathbb{R}^n}|\hat{v}|^2d\xi=\int_{\mathbb{R}^n}|\hat{v}_0|^2e^{-2|\xi|^2t}d\xi.$$

记 $A=\{\xi:|\xi|\leqslant\delta\}$, 则有

$$\begin{aligned}\int_{\mathbb{R}^n}|v|^2dx&=\int_A|\hat{v}_0|^2e^{-2|\xi|^2t}d\xi+\int_{A^c}|\hat{v}_0|^2e^{-2|\xi|^2t}d\xi\\&\leqslant\int_A|\hat{v}_0|^2e^{-2|\xi|^2t}d\xi+e^{-\delta^2t}\|v_0\|^2_{L^2}.\end{aligned}\tag{3.3.1}$$

为了估计右边的积分, 利用 v_0 关于函数 l,h 的表达式, 可得

$$\begin{aligned}\int_A|\hat{v}_0|^2e^{-2|\xi|^2t}d\xi&=\int_A|\xi\cdot l(\xi)|^2e^{-2|\xi|^2t}d\xi+2Re\left(\int_A\xi\cdot l(\xi)\bar{h}(\xi)e^{-2|\xi|^2t}d\xi\right)\\&\quad+\int_A|h(\xi)|^2e^{-2|\xi|^2t}d\xi\\&\leqslant2\int_A|\xi\cdot l(\xi)|^2e^{-2|\xi|^2t}d\xi+2M_0^2\int_A|\xi|^4e^{-2|\xi|^2t}d\xi.\end{aligned}\tag{3.3.2}$$

因函数 $l(\xi)$ 是 0 次齐次函数, 结合 (3.3.1) 与 (3.3.2), 再作变量替换 $y=\sqrt{2t}\xi$ 可得

$$\begin{aligned}\int_{\mathbb{R}^n}|v|^2dx&\leqslant2(2t)^{-n/2-1}\int_{A(t)}|y\cdot l(y)|^2e^{-y^2}dy\\&\quad+M_0(2t)^{-n/2-2}\int_{A(t)}|y|^4e^{-y^2}dy,\end{aligned}\tag{3.3.3}$$

其中, $A(t)=\{y:|y|\leqslant\delta\sqrt{2t}\}$. 因 $M_1=\sup_{|y|=1}|l(y)|$, l 是 0 阶齐次函数,

$$|y\cdot l(y)|^2\leqslant|y|^2M_1^2.$$

从而, 由 (3.3.3) 可得

$$\int_{\mathbb{R}^n}|v|^2dx\leqslant Ct^{-n/2-1}\left(\int_0^{\delta\sqrt{2t}}s^{n+1}e^{-s^2}ds+t^{-1}\int_0^{\delta\sqrt{2t}}s^{n+3}e^{-s^2}ds\right)\leqslant Ct^{-n/2-1},$$

其中, C_1 依赖于 M_0,M_1,δ 与 n. 注意到

$$\int_{\mathbb{R}^n}|v|^2dx=\int_{\mathbb{R}^n}|\hat{v}_0|^2e^{-2|\xi|^2t}d\xi\leqslant\int_{\mathbb{R}^n}|\hat{v}_0|^2d\xi\leqslant\|v_0\|^2_{L^2},$$

于是

$$\int_{\mathbb{R}^n} |v|^2 dx \leqslant C_1(t+1)^{-(n/2+1)}, \quad C_1 = C_1(M_0, M_1, \delta, n, \|v_0\|_{L^2}).$$

注　上述证明过程表明, 对于 $\|v(\cdot,t)\|^2_{L^2(\mathbb{R}^n)}$ 的上界估计, 定理中的条件 (iii) 不是必需的.

下面考虑下界估计. 选取 $\delta_1 < \delta$, 使得 $4\omega_n M_0 M_1 \delta_1 \leqslant \alpha_1$, 这里的 α_1 来自于定理中的条件 (iii). 记 $A_1 = \{\xi : |\xi| \leqslant \delta_1\}$. 则

$$\begin{aligned}
\int_{\mathbb{R}^n} |v(x,t)|^2 dx &= \int_{\mathbb{R}^n} |\hat{v}_0|^2 e^{-2|\xi|^2 t} d\xi \\
&\geqslant \int_{A_1} |\hat{v}_0|^2 e^{-2|\xi|^2 t} d\xi \\
&\geqslant \int_{A_1} (|\xi \cdot l(\xi)|^2 - 2M_0 M_1 |\xi|^3) e^{-2|\xi|^2 t} d\xi \\
&= \int_0^{\delta_1} \int_{|\omega|=1} (r^2 |\omega \cdot l(\omega)|^2 - 2M_0 M_1 r^3) r^{n-1} e^{-2r^2 t} d\omega dr \\
&= \int_0^{\delta_1} (\alpha_1 - 2\omega_n M_0 M_1 r) r^{n+1} e^{-2r^2 t} dr \\
&\geqslant \frac{1}{2}\alpha_1 \int_0^{\delta_1} r^{n+1} e^{-2r^2 t} dr \\
&= \frac{1}{4}\alpha_1 t^{-(n/2+1)} \int_0^{\delta_1^2 t} s^{\frac{n}{2}} e^{-2s} ds \\
&\geqslant \frac{1}{4}\alpha_1 t^{-(n/2+1)} \int_0^{1} s^{\frac{n}{2}} e^{-2s} ds, \quad 其中\ t \geqslant \delta_1^{-2}.
\end{aligned}$$

对于 $t < \delta_1^{-2}$, 有

$$\begin{aligned}
\int_{\mathbb{R}^n} |v(x,t)|^2 dx &= \int_{\mathbb{R}^n} |\hat{v}_0|^2 e^{-2|\xi|^2 t} d\xi \geqslant \int_{\mathbb{R}^n} |\hat{v}_0|^2 e^{-2|\xi|^2 \delta_1^{-2}} d\xi \\
&\geqslant (1+t)^{-(n/2+1)} \int_{\mathbb{R}^n} |\hat{v}_0|^2 e^{-2|\xi|^2 \delta_1^{-2}} d\xi.
\end{aligned}$$

记

$$C_0 = \min\left\{ \frac{1}{4}\alpha_1 \int_0^1 s^{\frac{n}{2}} e^{-2s} ds, \int_{\mathbb{R}^n} |\hat{v}_0|^2 e^{-2|\xi|^2 \delta_1^{-2}} d\xi \right\},$$

综合上述讨论, 可得下界估计:

$$\int_{\mathbb{R}^n} |v(x,t)|^2 dx \geqslant C_0 (1+t)^{-(n/2+1)}, \quad \forall\, t > 0. \qquad \square$$

推论 3.3.2　设 v 是初值为 $v_0 \in L^2(\mathbb{R}^n)$ 的热传导方程的解, 其中, v_0 具有定理 3.3.1 中的 Fourier 表达式, 函数 l, h 满足 (i), (ii). 如果函数 l 还满足

(1) 存在 $\omega_0 \in \mathbb{S}^{n-1}$, 使得 $\omega_0 \cdot l(\omega_0) = \alpha \neq 0$;

(2) $\xi \cdot l(\xi) \in C(\mathbb{R}^n \setminus \{0\})$.

则定理 3.3.1 的结论仍成立.

证明 只需证明, 推论中条件 (1), (2) 能够保证定理 3.3.1 中的条件 (iii) 成立即可. 设存在 $\omega_0 \in \mathbb{S}^{n-1}$, 使得 $\omega_0 \cdot l(\omega_0) = \alpha \neq 0$, 并且 $\xi \cdot l(\xi) \in C(\mathbb{R}^n \setminus \{0\})$, 则存在一个以 ω_0 为心, 半径为 $r > 0$ 的开球 $B_r(\omega_0)$, 使得对于 $\omega \in B_r(\omega_0)$, $|\omega \cdot l(\omega)| \geqslant |\alpha|/2$. 于是

$$\int_{|\omega|=1} |\omega \cdot l(\omega)|^2 d\omega \geqslant \int_{S\cap B_r(\omega_0)} |\omega \cdot l(w)|^2 d\omega \geqslant |\alpha|^2 L/4 > 0,$$

其中, $L = \int_{S\cap B_r(\omega_0)} d\omega$, $S = \{\omega : |\omega| = 1\}$. □

在已经证明了热传导方程的解具有 L^2 衰减速率后, 还可以得到解的梯度在 L^∞ 范数意义下衰减的上界估计.

引理 3.3.3 设 $v(x,t)$ 是热传导方程的解, 并满足 $\|v(\cdot,t)\|^2_{L^2(\mathbb{R}^n)} \leqslant C(t+1)^{-n/2-1}$. 则

$$\|\nabla v(\cdot,t)\|_{L^\infty(\mathbb{R}^n)} \leqslant Ct^{-n/2-1}.$$

证明 已知热方程的解 $v(x,t)$ 可以写成 $v(t) = e^{t\Delta}v_0$. 进一步可写为: $v(t) = e^{\frac{t}{2}\Delta}(e^{\frac{t}{2}\Delta}v_0) = e^{\frac{t}{2}\Delta}v\left(\frac{t}{2}\right)$. 利用 Fourier 变换的性质, 可得

$$\begin{aligned}
\|\nabla v(\cdot,t)\|_{L^\infty(\mathbb{R}^n)} &\leqslant \|\widehat{\nabla v(\cdot,t)}\|_{L^1(\mathbb{R}^n)} \leqslant \int |\xi||\hat{v}(t/2)|e^{-2|\xi|^2t/2}d\xi \\
&\leqslant \|v(\cdot,t/2)\|_{L^2(\mathbb{R}^n)} \left(\int_{\mathbb{R}^n} |\xi|^2 e^{-2|\xi|^2 t} d\xi\right)^{1/2} \\
&= C\|v(\cdot,t/2)\|_{L^2(\mathbb{R}^n)} t^{-(n/2+1)/2} \leqslant Ct^{-(n/2+1)}.
\end{aligned}$$

□

下面, 将给出一类初值, 使得对于这类初值, Navier-Stokes 方程的解 $u = (u_1, u_2, \cdots, u_n)$ 具有如下的 Fourier 表达式:

$$\hat{u}_k(\xi,t_0) = \xi \cdot l_k(\xi,t_0) + h_k(\xi,t_0), \quad t_0 \geqslant 0.$$

这里, l_k, h_k 满足定理 3.3.1 中的条件. 从而, 以 $u(x,t_0)$ 为初值的热传导方程的解有 L^2 衰减下界.

我们找到的初值属于 L^1 与 H^1 的交集, 这是一个带权的空间. 这个空间是径向对称等同分布能量集合的补集. 在二维空间中, 非等分布能量条件是本质的. 具体地说, 我们将给出一个例子, 对于径向对称等同分布能量的初值, 对应的解具有指数衰减.

我们考虑的初值 Fourier 变换在原点等于零. 对于非零初值的 Fourier 变换, 读者可参考文献 [32]. 分两种情况来讨论.

(1) 原点的阶数是一阶;　　(2) 原点的阶数大于 1.

对于第一种情形, 初值具有等同分布能量, $t_0 = 0$. 对于第二种情形, 初值一定落在等同分布能量的外面.

定义下面带权的空间与相对对应的范数.

$$W_1 = \left\{u : \int_{\mathbb{R}^n} |x|^2 |u(x)| dx < \infty\right\};$$

$$W_2 = \left\{u : \int_{\mathbb{R}^n} |x||u(x)|^2 dx < \infty\right\};$$

$$\|u\|_{W_1} = \int_{\mathbb{R}^n} |x|^2 |u(x)| dx;$$

$$\|u\|_{W_2} = \left(\int_{\mathbb{R}^n} |x||u(x)|^2 dx\right)^{1/2}.$$

注意到, 如果 $u \in W_1 \cap W_2 \cap L^2(\mathbb{R}^n)$, 则

$$\begin{aligned}\int_{\mathbb{R}^n} |x||u(x)|dx &= \int_{|x|\leqslant 1} |x||u(x)|dx + \int_{|x|\geqslant 1} |x||u(x)|dx \\ &\leqslant \int_{|x|\leqslant 1} (|x|^2 + |u(x)|^2)dx + \int_{|x|\geqslant 1} |x|^2|u(x)|dx < \infty,\end{aligned}$$

即 $\int_{\mathbb{R}^n} |x||u|dx < \infty$. 进一步还有 $\hat{u} \in C^2(\mathbb{R}^n)$.

定理 3.3.4　设 $g \in W_1 \cap W_2 \cap L^2_\sigma(\mathbb{R}^n), n = 2, 3$. 如果原点是 $\hat{g}$ 的一阶零点, 则存在 $\delta > 0$, 使得对于 $|\xi| \leqslant \delta$, 有

$$\hat{g}(\xi) = \xi \cdot l(\xi) + h(\xi),$$

其中, l, h 满足定理 3.3.1 中的条件, $M_0 = \sup_{|x|\leqslant\delta} |\nabla^2 \hat{g}(\xi)|$, α_1 仅依赖于 $\nabla\hat{g}(0)$.

证明　因 $g \in W_1 \cap W_2$, 故

$$\left|\frac{\partial}{\partial \xi_i}\hat{g}(\xi)\right| \leqslant \int_{\mathbb{R}^n} |x||g(x)|dx \leqslant C,$$

$$\left|\frac{\partial^2}{\partial \xi_i \partial \xi_j}\hat{g}(\xi)\right| \leqslant \int_{\mathbb{R}^n} |x_i||x_j||g(x)|dx \leqslant \int_{\mathbb{R}^n} |x|^2|g(x)|dx \leqslant C.$$

由于假设原点是 $\hat{g}$ 的一阶零点, 故对任意常数 $\ell > 0$, 成立 $\hat{g}(0) = \ell\hat{g}(0)$. 说明 $\hat{g}(0) = 0$. 从而, 对于 $|\xi| \leqslant \delta, \delta > 0$, 有

$$\hat{g}(\xi) = \nabla\hat{g}(0) \cdot \xi + \xi^{\mathrm{T}} \nabla^2 \hat{g}(\bar{\xi})\xi.$$

记

$$l(\xi)=\nabla\hat{g}(0),\quad h(\xi)=\xi^{\mathrm{T}}\nabla\hat{g}(\xi)\xi,\quad M_0=\sup_{|x|\leqslant\delta}|\nabla^2\hat{g}(\xi)|.$$

由 $\nabla\hat{g}(0)\neq 0$, 故可选取 $\omega_0\in\mathbb{S}^{n-1}$, 使得 $\omega_0\cdot\nabla\hat{g}(0)\neq 0$. 便得结论. □

我们将使用如下记号.

$$\alpha_i^j(t_0,u)=\int_0^{t_0}\int_{\mathbb{R}^n}(|u_i(x,t)|^2-|u_j(x,t)|^2)dxdt,$$

$$\beta_i^j(t_0,u)=\int_{\mathbb{R}^n}(u_iu_j)(x,t)dxdt,$$

$$A_i^j(\mathbb{R}^n)=\left\{u:\int_{\mathbb{R}^n}|u_i|^2dx=\int_{\mathbb{R}^n}|u_j|^2dx\right\},$$

$$B_i^j=B_i^j(\mathbb{R}^n)=\left\{u:\int_{\mathbb{R}^n}u_iu_jdx=0\right\}.$$

先考虑二维情形. 为简单起见, 记 $M=A_1^2\cap B_1^2$.

定理 3.3.5 设 $g\in H^1(\mathbb{R}^2)\cap L_\sigma^2(\mathbb{R}^2)\cap W_2\cap M^c(\mathbb{R}^2)$, $u(x,t)$ 是初值为 g 的 Navier-Stokes 方程的解. 如果 $\hat{g}$ 的零点的阶数大于 1, 则存在 t_0, $\delta>0$, 使得对于 $|\xi|\leqslant\delta$, 有

$$\hat{u}_k(\xi,t_0)=\xi\cdot l_k(\xi,t_0)+h_k(\xi,t_0),$$

其中, $t_0=t_0(\|g\|_{H^1},\|g\|_{W_2})$, $l_k(\cdot,t_0)$, $h_k(\cdot,t_0)$ 满足:

(i) $|h_k(\xi)|\leqslant M_0|\xi|^2$;

(ii) l_k 是 0 阶齐次函数;

(iii) 存在 $\omega_0\in\mathbb{S}^{n-1}$, 使得至少对于一个分量 l_k, 有 $\omega_0\cdot l_k(\omega_0)=\alpha\neq 0$;

(iv) $\xi\cdot l_k(\xi)\in C(\mathbb{R}^n\setminus\{0\})$.

这里, M_0 仅依赖于 $\|g\|_{L^2}$, $\|g\|_{W_2}$ 与 δ, α 是 $\alpha_1^2(t_0,g)$ 的常数倍.

证明 对于 Navier-Stokes 方程作 Fourier 变换, 可得

$$\hat{u}_t+|\xi|^2\hat{u}=-\widehat{u\cdot\nabla u}-\widehat{\nabla p}=-\hat{H},\quad \hat{u}(\xi,0)=\hat{g}(\xi).$$

从而

$$\hat{u}_k(\xi,t)=\hat{g}_k(\xi)e^{-|\xi|^2t}-\int_0^t\hat{H}(\xi,s)e^{-|\xi|^2(t-s)}ds. \tag{3.3.4}$$

不失一般性, 取 $k=1$. 注意

$$\Delta p=-\sum_{i,j=1}^2\frac{\partial^2}{\partial x_i\partial x_j}(u_iu_j),$$

从而

$$-|\xi|^2\hat{p}=\widehat{\Delta p}=-\sum_{i,j=1}^{2}\xi_i\xi_j\widehat{u_iu_j},$$

进一步有

$$\hat{p}=-\sum_{i,j=1}^{2}\frac{\xi_i\xi_j}{|\xi|^2}\widehat{u_iu_j},$$

以及

$$\widehat{\partial_{x_1}p}=\sqrt{-1}\xi_1\sum_{i,j=1}^{2}\frac{\xi_i\xi_j}{|\xi|^2}\widehat{u_iu_j}.$$

记 $a_{ij}=\widehat{u_iu_j}$, 则

$$\begin{aligned}\hat{H}_1(\xi,s)&=\sqrt{-1}\left(\sum_{i=1}^{2}\xi_ia_{i1}-\xi_1/|\xi|^2\sum_{i,j=1}^{2}\xi_i\xi_ja_{i1}\right)\\&=\sqrt{-1}\left(\xi_1(1-\xi_1^2/|\xi|^2)a_{11}+\xi_2(1-2\xi_1^2/|\xi|^2)a_{12}-\frac{\xi_1\xi_2^2}{|\xi|^2}a_{22}\right).\end{aligned}\tag{3.3.5}$$

由 $1-\xi_1^2/|\xi|^2=\xi_2/|\xi|^2$, 可得

$$\hat{H}_1(\xi,s)=\sqrt{-1}\xi\cdot(\xi_2^2/|\xi|^2(a_{11}-a_{22}),(1-2\xi_1^2/|\xi|^2)a_{12}).\tag{3.3.6}$$

从命题 3.3.11 (见附录) 可知, 对于 $|\xi|\leqslant\delta$, 有

$$|\nabla_\xi a_{ij}(\xi,t)|\leqslant C(t),$$

其中, $C(t)$ 是一个与 ξ 无关的常数, 但是依赖于 $\|g\|_{L^2(\mathbb{R}^2)},\|g\|_{W_2}$, δ 与 t.

记 $a_{ij}^0=a_{ij}(0,t)$. 则 a_{ij} 有如下表达式:

$$a_{ij}=a_{ij}^0+\xi\cdot\nabla_\xi a_{ij}(\bar{\xi}).\tag{3.3.7}$$

从 (3.3.6) 式可知

$$\begin{aligned}\hat{H}_1(\xi,s)&=\sqrt{-1}\xi\cdot[((\xi_2^2/|\xi|^2)(a_{11}^0-a_{22}^0),(1-2\xi_1^2/|\xi|^2)a_{12}^0)+\tilde{h}_1(\xi,s)]\\&=\sqrt{-1}\xi\cdot(H_1^0(\xi,s)+\tilde{h}_1(\xi,s)),\end{aligned}\tag{3.3.8}$$

其中

$$H_1^0(\xi,s)=\left((\xi_2^2/|\xi|^2)(a_{11}^0-a_{22}^0),(1-2\xi_1^2/|\xi|^2)a_{12}^0\right);$$

$$\tilde{h}_1(\xi,s)=\left((\xi_2^2/|\xi|^2)(\xi\cdot\nabla_\xi a_{11}(\bar{\xi})-\xi\cdot\nabla_\xi a_{22}(\bar{\xi})),(1-2\xi_1^2/|\xi|^2)\xi\cdot\nabla_\xi a_{12}(\bar{\xi})\right),$$

满足

$$|\tilde{h}_1(\xi,s)| \leqslant C(s)|\xi|, \quad |\xi| \leqslant \delta.$$

从 (3.3.4) 与 (3.3.8), 可得

$$\begin{aligned}
\hat{u}_1(\xi,t) &= \hat{g}_1(\xi)e^{-|\xi|^2 t} - \int_0^t \hat{H}_1(\xi,s)e^{-|\xi|^2(t-s)}ds \\
&= -\sqrt{-1}\xi \cdot \int_0^t (H_1^0(\xi,s) + \tilde{h}_1(\xi,s))e^{-|\xi|^2(t-s)}ds + \hat{g}_1(\xi)e^{-|\xi|^2 t} \\
&= \xi \cdot \int_0^t (-\sqrt{-1})H_1^0(\xi,s)ds \\
&\quad - \sqrt{-1}\xi \cdot \int_0^t H_1^0(\xi,s)(e^{-|\xi|^2(t-s)} - 1)ds \\
&\quad - \sqrt{-1}\xi \cdot \int_0^t \tilde{h}_1(\xi,s)e^{-|\xi|^2(t-s)}ds \\
&= \xi \cdot \int_0^t (-\sqrt{-1})H_1^0(\xi,s)ds + h_1(\xi,s) + \hat{g}_1(\xi)e^{-|\xi|^2 t},
\end{aligned}$$

其中

$$\begin{aligned}
h_1(\xi,s) = &-\sqrt{-1}\xi \cdot \int_0^t H_1^0(\xi,s)(e^{-|\xi|^2(t-s)} - 1)ds \\
&- \sqrt{-1}\xi \cdot \int_0^t \tilde{h}_1(\xi,s)e^{-|\xi|^2(t-s)}ds + \hat{g}_1(\xi)e^{-|\xi|^2 t}.
\end{aligned}$$

因为

$$e^{-|\xi|^2(t-s)} - 1 = -|\xi|^2(t-s)\int_0^1 e^{-\tau|\xi|^2(t-s)}d\tau,$$

成立

$$|e^{-|\xi|^2(t-s)} - 1| \leqslant t|\xi|^2.$$

从而, 对于 $|\xi| \leqslant \delta$, 成立

$$\begin{aligned}
|h_1(\xi,s)| &\leqslant |\xi|\int_0^t |H_1^0(\xi,s)||e^{-|\xi|^2(t-s)} - 1|ds \\
&\quad + |\xi|\int_0^t |\tilde{h}_1(\xi,s)|e^{-|\xi|^2(t-s)}ds + |\hat{g}_1(\xi)|e^{-|\xi|^2 t} \\
&\leqslant \delta t|\xi|^2 \int_0^t \left(|\widehat{u_1u_1}(0,s)| + |\widehat{u_2u_2}(0,s)| + 3|\widehat{u_1u_2}(0,s)|\right)ds \\
&\quad + C(t)|\xi|^2 + C|\xi|^2 \sup_{|\xi|\leqslant\delta} |\nabla^2\hat{g}(\xi)| \\
&\leqslant C|\xi|^2 \int_0^t \int_{\mathbb{R}^2} |u(x,s)|^2 dxds + C(t)|\xi|^2 \leqslant M_0|\xi|^2,
\end{aligned}$$

其中 M_0 仅依赖于 $\|u_0\|_{L^2}, |g|_{L^2}, \delta$ 与 t. 这里用到能量不等式: $\int_0^t \int_{\mathbb{R}^2} |u(x,s)|^2 dxds \leqslant t\|u_0\|^2_{L^2(\mathbb{R}^2)}$, 以及关于 $\hat{g}$ 的假设条件: $\hat{g}(\xi) = O(|\xi|^2)$.

记

$$\begin{aligned} l_1(\xi,t) &= (l_1^1, l_1^2) \\ &= \left(-\sqrt{-1}\int_0^t (\xi_2^2/|\xi|^2)(a_{11}^0 - a_{22}^0)ds, -\sqrt{-1}\int_0^t (1-2\xi_1^2/|\xi|^2)a_{12}^0 ds\right). \end{aligned}$$

下面证明, 存在 $t_0 > 0$, $\omega_0 \in \mathbb{S}^2$, 使得 $\omega_0 \cdot l_1(\omega_0, t_0) \neq 0$.

如果 $g \notin A_1^2$, 选取 $\omega_0 = \left(\frac{1}{\sqrt{2}}, \frac{1}{\sqrt{2}}\right)$, 则

$$\begin{aligned} \omega_0 \cdot l_1(\omega_0, t_0) &= -\frac{\sqrt{-1}}{2\sqrt{2}}\int_0^{t_0} (a_{11}^0(s) - a_{22}^0(s))ds \\ &= -\frac{\sqrt{-1}}{2\sqrt{2}}\int_0^{t_0} (\widehat{u_1u_1}(0,s) - \widehat{u_2u_2}(0,s))ds \\ &= -\frac{\sqrt{-1}}{2\sqrt{2}}\int_0^{t_0}\int_{\mathbb{R}^2} (|u_1(x,s)|^2 - |u_2(x,s)|^2)dxds. \end{aligned} \tag{3.3.9}$$

如果 $g \notin B_1^2$, 选取 $\omega_0 = (0,1)$, 则

$$\begin{aligned} \omega_0 \cdot l_1(\omega_0, t_0) &= -\sqrt{-1}\int_0^{t_0} a_{12}^0(s)ds \\ &= -\sqrt{-1}\int_0^{t_0} \widehat{u_1u_2}(0,s)ds \\ &= -\sqrt{-1}\int_0^{t_0}\int_{\mathbb{R}^2} (u_1u_2)(x,s)dxds. \end{aligned} \tag{3.3.10}$$

因为 $g \in M^c$, 结合附录中的引理 3.3.12, 引理 3.3.13, 可知存在 $t_0 = t_0(\|g\|_{L^2(\mathbb{R}^2)}, \|g\|_{W_2}, \alpha)$, 使得 (3.3.9) 与 (3.3.10) 式的右端不为零. 从而,

$$\omega_0 \cdot l_1(\omega_0, t_0) \neq 0,$$

即条件 (iii) 成立. 对于 $l_1(\xi, t_0)$ 与 $h_1(\xi, t_0)$, 条件 (i), (ii), (iv) 显然成立. □

下面考虑三维情形. 相对于上面二维情形的讨论, 三维的情况处理起来比较复杂.

定理 3.3.6　*设 $g \in L^2_\sigma(\mathbb{R}^3) \cap W_2(\mathbb{R}^3)$, $u(x,t)$ 是初值为 g 的 Caffarelli-Kohn-Nirenberg 意义下的 Leray-Hopf 弱解. 如果原点是 $\hat{g}$ 的阶数大于 1 的零点, 并且存在 t_0, 使得*

$$\alpha_i^j(t_0, u) = \int_0^{t_0}\int_{\mathbb{R}^3} (|u_i(x,t)|^2 - |u_j(x,t)|^2)dxdt \neq 0, \quad i,j = 1,2,3,$$

或者

$$\beta_i^j(t_0,u)=\int_0^{t_0}\int_{\mathbb{R}^3}(u_iu_j)(x,t)dxdt\neq 0,\quad i\neq j,$$

则存在 $\delta>0$, 使得对于 $|\xi|\leqslant\delta$, 有

$$\hat{u}_k(\xi,t_0)=\xi\cdot l_k(\xi,t_0)+h_k(\xi,t_0),\quad k=1,2,3,$$

其中, $l_k(\xi,t_0)$ 与 $h_k(\xi,t_0)$ 满足定理 3.3.5 中相同的条件.

证明 以 g 为初值的弱解 u 对于任何具有紧支集的光滑向量 ϕ, 且 $\mathrm{div}\phi=0$, 满足

$$\begin{aligned}&\langle u(t),\phi(t)\rangle-\langle g,\phi(0)\rangle\\&=\int_0^t\left\{\big\langle u(s),\partial_s\phi(s)\big\rangle+\langle\nabla u(s),\nabla\phi(s)\rangle+\langle(u(s)\cdot\nabla)u(s),\phi(s)\rangle\right\}ds.\end{aligned}\tag{3.3.11}$$

根据 Wiegner[42] 的论证方法, 选取 ϕ 是以 $\phi_0\in C_0^\infty(\mathbb{R}^3)$ 的热传导方程的解, 其中, $\mathrm{div}\phi_0=0$. 我们知道, ϕ 是光滑的, 并且在 L^∞ 中有界. 此外, 由逼近理论可知, (3.3.11) 式对于 ϕ 成立. 固定 $t_0>0$, $t^*>t_0$. 对于 $0\leqslant s\leqslant 1$, 记

$$\phi(s)=F^{-1}(\widehat{\phi_0}\exp(-|\xi|^2(t^*-s))),$$

这里 F^{-1} 表示 Fourier 逆变换. $\phi(s)$ 是以 ϕ_0 为初值的齐次热传导系统的解在 t^*-s 处取值. 由 ϕ 的选取与 (3.3.11) 式可得

$$\hat{u}_k(\xi,t_0)=\sum_{j=1}^{k}(\delta_{jk}-\xi_k\xi_j)|\xi|^{-2}\left(\hat{g}_je^{-|\xi|^2t}-\int_0^{t_0}\widehat{(u\cdot\nabla)u_j}(s)e^{-\xi^2(t_0-s)}ds\right).\tag{3.3.12}$$

注 (3.3.12) 式也可以在缓增广义函数空间上对 Navier-Stokes 方程两边进行广义 Fourier 变换得到.

由假设可知

$$\hat{g}_j(\xi)=\hat{g}_j(0)+\nabla\widehat{g_j}(0)\cdot\xi+\xi^{\mathrm{T}}\nabla^2\widehat{g_j}(\bar{\xi})\xi=\xi^{\mathrm{T}}\nabla^2\widehat{g_j}(\bar{\xi})\xi.$$

只需考虑下面这一项

$$\begin{aligned}&\sum_{j=1}^{3}(\delta_{kj}-\xi_k\xi_j)|\xi|^{-2}\int_0^{t_0}\widehat{(u\cdot\nabla)u_j}(s)e^{-|\xi|^2(t_0-s)}ds\\&=\sum_{i,j=1}^{3}(\delta_{kj}-\xi_k\xi_j)|\xi|^{-2}\sqrt{-1}\int_0^{t_0}\widehat{(u_iu_j)}(s)e^{-|\xi|^2(t_0-s)}ds.\end{aligned}\tag{3.3.13}$$

记 $a_{ij}=a_{ij}(\xi,t)=\widehat{u_iu_j}(\xi,t)$, $a_{ij}^0=a_{ij}^0(t)=a_{ij}(0,t)$. 利用下面附录中最后面的注, 可知 $a_{ij}\in C^2(\mathbb{R}^n)$, 以及对于 $|\xi|\leqslant\delta$, 有 $|\nabla_\xi a_{ij}(\xi,t)|\leqslant C(t)$, 其中, $C(t)$ 是一个与 ξ 无关的常数, 依赖于 $\|g\|_{L^2(\mathbb{R}^2)}$, $\|g\|_{W_2}$, δ 与 t.

此外, a_{ij} 有如下表达式:

$$a_{ij}=a_{ij}^0+\xi\cdot\nabla_\xi a_{ij}(\bar{\xi}). \tag{3.3.14}$$

将 (3.3.14) 代入 (3.3.13) 中, 可得

$$\begin{aligned}&\sum_{j=1}^{3}(\delta_{kj}-\xi_k\xi_j)|\xi|^{-2}\int_0^{t_0}\widehat{(u\cdot\nabla)u_j}(s)e^{-|\xi|^2(t_0-s)}ds\\&=\sqrt{-1}\sum_{i,j=1}^{3}(\delta_{kj}-\xi_k\xi_j)|\xi|^{-2}\int_0^{t_0}\xi_i a_{ij}^0(s)ds+h(\xi),\end{aligned} \tag{3.3.15}$$

其中, $|h(\xi)|\leqslant K|\xi|^2$, K 仅依赖于初始函数 g 的 $\|g\|_{L^2}$,$\|g\|_{W_2}$ 范数与 t_0.

将 (3.3.15) 代入 (3.3.12) 中, 可知

$$\begin{aligned}\hat{u}_k(\xi,t_0)=&-\sqrt{-1}\sum_{i,j=1}^{3}(\delta_{kj}-\xi_k\xi_j)|\xi|^{-2}\int_0^{t_0}\xi_i a_{ij}^0(s)ds\\&+\sum_{j=1}^{3}(\delta_{jk}-\xi_k\xi_j)|\xi|^{-2}e^{-|\xi|^2t}\xi^T\nabla^2\widehat{g}_j(\bar{\xi})\xi-h(\xi).\end{aligned} \tag{3.3.16}$$

选取向量函数 $l_k=(l_k^1,l_k^2,l_k^3)$, 使得其分量有如下形式:

$$l_k^i=-\sqrt{-1}\sum_{i,j=1}^{3}(\delta_{kj}-(\xi_k\xi_j))|\xi|^{-2}\int_0^{t_0}a_{ij}^0(s)ds.$$

从 (3.3.16) 式, 可得

$$\hat{u}_k(\xi,t_0)=\xi\cdot l_k(\xi,t_0)+h_k(\xi,t_0),$$

其中, $|h_k(\xi,t_0)|\leqslant K_0|\xi|^2$, K_0 仅依赖于 $\sup_{|\xi|\leqslant\delta}|\nabla^2\widehat{g}(\xi)|$, t_0 以及 g 的 L^2,W_2 的范数. 于是, 定理 3.3.5 中的条件 (i), (ii) 与 (iv) 成立. 为了保证条件 (iii) 成立, 只需适当选取 ω_0 即可. 当 $\alpha_i^j\neq 0$ 时, 取 $\omega_0=(1/\sqrt{2})(e_i+e_j)$, 其中, e_i 是 $\mathbb{R}^3$ 中的第 i 个标准基底. 当 $\beta_i^j\neq 0$ 时, 选取

$$\omega_0=e_j,\quad j\neq k\quad \text{或者}\quad \omega_0=e_i,\quad i\neq k.$$ □

在研究 Navier-Stokes 方程的解在某种范数意义下的衰减率之前, 一般要参照热传导方程的解在相应范数意义下的衰减率. 我们已经知道, 在对初始函数施加某些

限制条件后, 对应热传导方程解的 L^2 范数衰减估计的上、下界都是 $(t+1)^{-(n/4+1/2)}$. 从而我们有理由猜测, 具有相同初值的 Navier-Stokes 方程的解, 在 L^2 范数意义下的上、下界衰减估计也应该是 $(t+1)^{-(n/4+1/2)}$.

形式上的推导可以得到 n $(n \geqslant 2)$ 维情形解的衰减估计. $n=2$ 时的证明是严格的, 而 $n=3$ 时的证明不太严格, 一般需要在 $L^2([0,T]\times\mathbb{R}^3)$ 中具有强收敛逼近解序列存在性的条件 (比如, 由 Caffarelli-Kohn-Nirenberg[4] 构造的逼近解), 然后取极限可以对于几乎所有的 t 得到下界估计. 我们希望改进 $n=3$ 时的结果, 并将证明可以用到 $n>3$ 时由 Kayikiya 与 Miyakawa[26] 构造的逼近解序列, 然后再取极限. 为完整起见, 我们给出上界估计的衰减率, 这个结果是 Wiegner[42] 得到的.

下界估计的证明主要分析具有相同初值的热传导方程与 Navier-Stokes 方程的解 Fourier 变换的不同. 论证的方法是反证法.

定理 3.3.7 设 $u_0 \in L^1 \cap W_2 \cap L^2_\sigma(\mathbb{R}^n)$, $n=2,3$, v 是初值为 u_0 的热传导方程的解. 如果

$$C_0(1+t)^{-(n/2+1)} \leqslant \|v(\cdot,t)\|^2_{L^2(\mathbb{R}^n)} \leqslant C_1(1+t)^{-(n/2+1)}. \tag{3.3.17}$$

如果 $u(\cdot,t)$ 是 $n=2$ 时初值为 u_0 的 Navier-Stokes 方程的解. 则存在正常数 M_0, M_1, 使得

$$M_0(1+t)^{-(n/2+1)} \leqslant \|u(\cdot,t)\|^2_{L^2(\mathbb{R}^n)} \leqslant M_1(1+t)^{-(n/2+1)}, \tag{3.3.18}$$

其中, M_0, M_1 依赖于 C_1, n 与 u_0 的 L^1, L^2 范数, M_0 还依赖于 C_0, u_0 的 W_2 范数.

对于 $n=3$, (3.3.18) 式中的上界估计对于所有的 t 成立, 下界估计对于几乎所有的 t 成立, 其中, $u(x,t)$ 是 Caffarelli-Kohn-Nirenberg 意义下的 Leray-Hopf 弱解 (其定义在下面的附录中给出).

证明 上界估计参见文献 [42]. 下面考虑下界估计. 我们首先给出 $n=2$ 时严格的证明, 这个证明对于 $n\geqslant 3$ 是形式的证明. 为使 $n=3$ 的证明严格, 将给出必要的修改.

记 $\beta>0$ 是一固定的数, 后面给出定义. 对于 $n=2$, 分下面两种情形.

情形 1 给定 t, 存在 $T>t$, 使得

$$\left|\int_0^T \int_{\mathbb{R}^n} (|u_1|^2 - |u_2|^2) dxds\right| < \beta\sqrt{C_0} \quad \text{和} \quad \left|\int_0^T \int_{\mathbb{R}^n} u_1 u_2 dxds\right| < \beta\sqrt{C_0}.$$

情形 2 存在 T_0, 使得对于 $t \geqslant T_0$, 有

$$\left|\int_0^t \int_{\mathbb{R}^n} (|u_1|^2 - |u_2|^2) dxds\right| \geqslant \beta\sqrt{C_0} \quad \text{或} \quad \left|\int_0^t \int_{\mathbb{R}^n} u_1 u_2 dxds\right| \geqslant \beta\sqrt{C_0}.$$

如果 $n>2$, 这两种情形稍微有点不同.

情形 1*　给定 t, 存在 $T > t$, 使得

$$\left|\int_0^T \int_{\mathbb{R}^n} (|u_i|^2 - |u_j|^2) dxds\right| < \beta\sqrt{C_0},\quad 1 \leqslant i, j \leqslant n$$

和

$$\left|\int_0^T \int_{\mathbb{R}^n} u_i u_j dxds\right| < \beta\sqrt{C_0},\quad 1 \leqslant i, j \leqslant n, i \neq j.$$

情形 2*　存在 T_0 使得至少对于一对 i, j, $t \geqslant T_0$, 有

$$\left|\int_0^t \int_{\mathbb{R}^n} (|u_i|^2 - |u_j|^2) dxds\right| \geqslant \beta\sqrt{C_0} \ \text{或}\ \left|\int_0^t \int_{\mathbb{R}^n} u_i u_j dxds\right| \geqslant \beta\sqrt{C_0},\quad i \neq j.$$

将首先给出情形 1 与情形 2 的详细证明.

情形 1 的证明思路. 我们将构造一个递增序列 $\{r_m\}$: $r_m = r_m(\beta) \to \infty$, $m \to \infty$, 且满足

$$\left|\int_0^{r_m} \int_{\mathbb{R}^n} (|u_1|^2 - |u_2|^2) dxds\right| < \beta\sqrt{C_0} \ \text{和}\ \left|\int_0^{r_m} \int_{\mathbb{R}^n} u_1 u_2 dxds\right| < \beta\sqrt{C_0}. \tag{3.3.19}$$

记 $\omega = v - u$ 为具有相同初值 u_0 的热传导方程与 Navier-Stokes 方程解的差. 下面证明, 当 t 充分大时, 有

$$\|\omega(\cdot, t)\|_{L^2(\mathbb{R}^n)}^2 \leqslant C(t+1)^{-2\alpha} + O((t+1)^{-\gamma}), \tag{3.3.20}$$

其中, $\alpha = n/4 + 1/2$, $\gamma > 2\alpha$.

我们在下面具体的证明过程中先证明 (3.3.20) 式. ω 可以看作非齐次热传导方程 $\omega_t = \Delta\omega + A$ 的解, 其中, $A = -((u \cdot \nabla)u + \nabla p)$. 利用 Schonbek 创建的 Fourier 分离方法, ω 的 L^2 范数可被三项控制. 前两项来自于非齐次项部分, 以更快的速率递减. 第三项是临界项, 具有如下形式:

$$\int_{S(t)} |\hat{\omega}(\xi, t)|^2 d\xi,$$

其中, $S(t)$ 是以原点为心, 半径为 $(t+1)^{-n/2}$ 的球, 具有 $(t+1)^{-n/2}$ 的衰减. 利用情形 1 的假设 (情形 1*, $n > 2$), 可得

$$|\hat{\omega}(\xi, t)| \leqslant [2\beta\sqrt{C_0} + C_2(1 + r_m)^{-m}]|\xi| + O(|\xi|^2),$$

其中, $s \geqslant 2$, C_2 是适当的正常数. 从而

$$\int_{S(t)} |\hat{\omega}(\xi, t)|^2 d\xi \leqslant [8\beta^2 C_0 + 2C_2(1 + r_m)^{-(n/2+1)}](t+1)^{-(n/2+1)} + O(t^{-\alpha}),$$

其中, $\alpha > n/2+1$. 这里, C_2, C_3 依赖于 u_0 的 L^2, L^1 的范数.

选取 β 充分小, r_m 充分大, 由 (3.3.20) 式, 可知

$$\|\omega(\cdot,t)\|_{L^2(\mathbb{R}^n)}^2 \leqslant \frac{C_0}{4}(t+1)^{-n/2-1}, \quad t \geqslant T_0.$$

这里 $T_0 = T_0(\|u_0\|_{L^2}, \|u_0\|_{L^1}, n, C_0, C_1)$. 从而, 对于 $t \geqslant T_0$, 得到 $\|u(\cdot,t)\|_{L^2(\mathbb{R}^n)}$ 的下界估计. $t \leqslant T_0$ 的下界估计可由 u 满足的能量不等式估计得到.

情形 2 的证明思路. 记 $W = U - V$, 其中, $U = u(x, t+T)$, T 充分大, V 是热传导方程 $V_t = \Delta V$, $V(x,0) = u(x,T)$ 的解. 由定理 3.3.1、定理 3.3.5, 以及情形 2 的假设 (或情形 2*, 若 $n > 2$), 可得 V 的 L^2 范数有下面上、下界估计:

$$C_0\beta_1(t+1)^{-(n/2+1)} \leqslant \|V(\cdot,t)\|_{L^2(\mathbb{R}^n)}^2 \leqslant K_1(t+1)^{-(n/2+1)},$$

其中, β_1 是一个合适的常数. 与情形 1 一样, W 满足非齐次热传导方程. 利用 Fourier 分离方法, 需要估计的关键项是

$$\int_{S(t)} |\widehat{W}(\xi,t)|^2 d\xi.$$

由情形 2 的假设可得

$$|\widehat{W}(\xi,t)| \leqslant C(T+1)^{-n/2}|\xi|,$$

与情形 1 一样, 如果 T 充分大, $t > T$, 有

$$\int_{\mathbb{R}^n} |\widehat{W}(\xi,t)|^2 d\xi \leqslant C(T+1)^{-n/2}(t+1)^{-(n/2+1)} \leqslant \frac{C_0\beta_1}{4}(t+1)^{-(n/2+1)}.$$

下面给出证明的细节. 我们给出 $n=2$ 情形的证明; 如果 $n > 2$, 只需根据情形 1*, 情形 2* 的假设以及对 (3.3.8) 式适当修改即可. 第一、二种情形的详细证明如下.

情形 1 的证明 记 $\{r_k\}$ 为递增的序列使得 (3.3.19) 式成立. 令 $\omega = v - u$ 为热传导方程与 Navier-Stokes 方程解的差, 则

$$\omega_t = \Delta\omega - ((u\cdot\nabla)u + \nabla p). \tag{3.3.21}$$

在 (3.3.21) 式两边乘以 ω, 再关于空间变量积分, 分部积分可得

$$\frac{1}{2}\frac{d}{dt}\int_{\mathbb{R}^n} |\omega|^2 dx = -\int_{\mathbb{R}^n} |\nabla\omega|^2 dx - \int_{\mathbb{R}^n} (u-v)(u\cdot\nabla)u dx - \int_{\mathbb{R}^n} \omega\cdot\nabla p dx.$$

因 $\operatorname{div}\omega = 0$, 最后一个积分为零, 即

$$\int_{\mathbb{R}^n} \omega\cdot\nabla p dx = -\sum_{k=1}^{n}\int_{\mathbb{R}^n} p\partial_k\omega_k dx = 0.$$

此外, 由 $\mathrm{div}u = 0$, 可知

$$\int_{\mathbb{R}^n} u(u\cdot\nabla)udx = \frac{1}{2}\sum_{k=1}^n \int_{\mathbb{R}^n} u_k\partial_k|u|^2dx = -\frac{1}{2}\sum_{k=1}^n \int_{\mathbb{R}^n} |u|^2\partial_k u_k dx = 0.$$

从而

$$\begin{aligned}\frac{d}{dt}\int_{\mathbb{R}^n} |\omega(x,t)|^2dx &= 2\int_{\mathbb{R}^n} |\nabla\omega(x,t)|^2dx + 2\sum_{j=1}^n \int_{\mathbb{R}^n} v_j \sum_{i=1}^n \partial_i(u_iu_j)dx \\ &= -2\int_{\mathbb{R}^n} |\nabla\omega(x,t)|^2dx + 2\sum_{i,j=1}^n \int_{\mathbb{R}^n} (u_iu_j)\partial_i v_j dx \\ &\leqslant -2\int_{\mathbb{R}^n} |\nabla\omega|^2dx + K\|\nabla v(\cdot,t)\|_{L^\infty(\mathbb{R}^n)}\int_{\mathbb{R}^n} |u(x,t)|^2dx,\end{aligned}$$

其中, $K = K(n)$. 利用 Plancherel 定理, 上述不等式可写为

$$\frac{d}{dt}\int_{\mathbb{R}^n} |\hat\omega(\xi,t)|^2d\xi \leqslant -2\int_{\mathbb{R}^n} |\xi|^2|\hat\omega(\xi,t)|^2d\xi + K\|\nabla v(\cdot,t)\|_{L^\infty(\mathbb{R}^n)}\int_{\mathbb{R}^n} |u(x,t)|^2dx.$$

记

$$S(t) = \left\{\xi : |\xi| \leqslant \left(\frac{2n}{t+1}\right)^{1/2}\right\}.$$

利用 Fourier 分离技巧, 将频率区域分成集合 $S(t)$ 与 $S(t)^c$, 可得

$$\begin{aligned}\int_{\mathbb{R}^n} |\xi|^2|\hat\omega|^2d\xi &= \int_{S(t)} |\xi|^2|\hat\omega|^2d\xi + \int_{S(t)^c} |\xi|^2|\hat\omega|^2d\xi \\ &\geqslant \int_{S(t)} |\xi|^2|\hat\omega|^2d\xi + \frac{2n}{t+1}\int_{S(t)^c} |\hat\omega|^2d\xi \\ &\geqslant \frac{2n}{t+1}\int_{\mathbb{R}^n} |\hat\omega|^2d\xi - \frac{2n}{t+1}\int_{S(t)} |\hat\omega|^2d\xi.\end{aligned}$$

从而可得

$$\begin{aligned}&\frac{d}{dt}\int_{\mathbb{R}^n} |\hat\omega(\xi,t)|^2d\xi + \frac{4n}{t+1}\int_{\mathbb{R}^n} |\hat\omega(\xi,t)|^2d\xi \\ \geqslant\ &\frac{4n}{t+1}\int_{S(t)} |\hat\omega(\xi,t)|^2d\xi + K\|\nabla v(\cdot,t)\|_{L^\infty(\mathbb{R}^n)}\int_{\mathbb{R}^n} |u(x,t)|^2dx.\end{aligned}$$

进一步, 成立

$$\begin{aligned}&\frac{d}{dt}\left((t+1)^{4n}\int_{\mathbb{R}^n} |\hat\omega(\xi,t)|^2dx\right) \\ =\ &(t+1)^{4n}\frac{d}{dt}\int_{\mathbb{R}^n} |\hat\omega(\xi,t)|^2d\xi + 4n(t+1)^{4n-1}\int_{\mathbb{R}^n} |\hat\omega(\xi,t)|^2d\xi\end{aligned}$$

$$
\begin{aligned}
&\leqslant 4n(t+1)^{4n-1}\int_{S(t)}|\hat{\omega}(\xi,t)|^2d\xi \\
&\quad +K(t+1)^{4n}\|\nabla v(\cdot,t)\|_{L^\infty(\mathbb{R}^n)}\int_{\mathbb{R}^n}|u(x,t)|^2dx \\
&=I_1(t)+I_2(t).
\end{aligned}
\tag{3.3.22}
$$

首先, 考虑 $I_2(t)$ 这一项. 由定理 3.3.2 可知

$$
I_2(t)\leqslant KC_1t^{-n/2-1}(t+1)^{4n}\int_{\mathbb{R}^n}|u(x,t)|^2dx. \tag{3.3.23}
$$

从前面介绍 Wiegner 方法中的结论可知, 存在一个依赖于初值范数的正常数 C, 使得

$$
\|\omega(t)\|^2_{L^2(\mathbb{R}^n)}\leqslant C(t+1)^{-(n/2+1)}.
$$

因

$$
\|v(t)\|^2_{L^2(\mathbb{R}^n)}\leqslant C(t+1)^{-(n/2+1)},
$$

可得

$$
\|u(\cdot,t)\|^2_{L^2(\mathbb{R}^n)}\leqslant 2\|\omega(t)\|^2_{L^2(\mathbb{R}^n)}+2\|v(t)\|^2_{L^2(\mathbb{R}^n)}\leqslant C_2(t+1)^{-(n/2+1)}. \tag{3.3.24}
$$

由 (3.3.23), (3.3.24) 可得, 存在 $M>0$, 使得对于 $t\geqslant 1$, 有

$$
I_2(t)\leqslant M(t+1)^{3n-2}.
$$

为了估计积分 $I_1(t)$, 下面关于 $\hat{\omega}(\xi,t)$ 的估计是必要的. 关于 ω 的方程, 作 Fourier 变换, 可得

$$
\partial_t\hat{\omega}_k(\xi,t)+|\xi|^2\hat{\omega}_k=-\widehat{(u\cdot\nabla)u_k}-\widehat{\partial_k p}=-\hat{H}_k;\ \ \hat{\omega}_k(\xi,0)=0.
$$

简单运算表明: 对任意的 $s<t$, 成立

$$
\hat{\omega}_k(\xi,t)=\hat{\omega}_k(\xi,s)e^{-|\xi|^2(t-s)}-\int_s^t e^{-|\xi|^2(t-\tau)}\hat{H}_k(\xi,\tau)d\tau.
$$

特别地, 在上式中取 $s=0$, 有

$$
\hat{\omega}_k(\xi,t)=\hat{\omega}_k(\xi,0)-\int_0^t e^{-|\xi|^2(t-\tau)}\hat{H}_k(\xi,\tau)d\tau=-\int_0^t e^{-|\xi|^2(t-\tau)}\hat{H}_k(\xi,\tau)d\tau.
$$

为记号简单起见, 记 $\omega_k=\omega$, $H_k=H$. 因

$$
\hat{H}=\sum_{j=1}^n\partial_j\widehat{(u_ju_k)}+\widehat{\partial_k p}=\sqrt{-1}\left[\sum_{j=1}^n\xi_j\widehat{u_ju_k}+\xi_k\sum_{i=1}^n\frac{\xi_i\xi_j}{|\xi|^2}\widehat{u_iu_j}\right].
$$

从而

$$|\hat{H}(\xi,t)| \leqslant K_1|\xi|\|u(\cdot,t)\|_{L^2(\mathbb{R}^n)}^2, \quad K_1 = K_1(n).$$

于是, 对于 $t \geqslant r_m$, 其中, r_m 待定, 成立

$$\begin{aligned}|\hat{\omega}(\xi,t)| &\leqslant |\hat{\omega}(\xi,r_m)|e^{-|\xi|^2(t-r_m)} + K_1|\xi|\int_{r_m}^t e^{-|\xi|^2(t-s)}\|u(\cdot,s)\|_{L^2(\mathbb{R}^n)}^2 ds\\ &= I(\xi,r_m,t) + II(\xi,r_m,t).\end{aligned}$$

$I(\xi,r_m,t)$ 项界的估计. 由情形 1 的假设 (情形 1^* 的假设, 若 $n>2$), 可知, $\hat{\omega}(\xi,r_m)$ 充分小. 选取 r_m 充分大, 使得

$$\left|\int_0^{r_m}\int_{\mathbb{R}^2}(|u_1|^2-|u_2|^2)dxds\right| \leqslant \beta\sqrt{C_0},$$

$$\left|\int_0^{r_m}\int_{\mathbb{R}^2}u_1u_2dxds\right| \leqslant \beta\sqrt{C_0}$$

由 (3.3.8) 式, 可知

$$\hat{H}(\xi,s) = i\xi\cdot\left(\frac{\xi_2^2}{|\xi|^2}(a_{11}^0-a_{22}^0), 1-\frac{2\xi_1^2}{|\xi|^2}a_{12}^0\right) + O(|\xi|^2)$$

(如果 $n>2$, 适当修改 $\hat{H}$ 即可). 从而

$$I(\xi,r_m,t) \leqslant |\hat{\omega}(\xi,r_m)| \leqslant \int_0^{r_m}|\hat{H}(\xi,s)|ds \leqslant 2\beta\sqrt{C_0}|\xi| + O(|\xi|^2)r_m.$$

$II(\xi,r_m,t)$ 项界的估计. 从 (3.3.24) 式, 可知

$$II(\xi,r_m,t) \leqslant K_1|\xi|C_2\int_{r_m}^t(1+s)^{-n/2-1}ds \leqslant K_1|\xi|C_2(1+r_m)^{-n/2}.$$

于是

$$\begin{aligned}I_1(t) &\leqslant 4n(t+1)^{4n-1}\int_{S(t)}[I(\xi,r_m,t)+II(\xi,r_m,t)]^2d\xi\\ &\leqslant 4n(t+1)^{4n-1}\left[8\beta^2C_0\int_{S(t)}|\xi|^2d\xi\right.\\ &\qquad\left.+2(K_1C_2)^2(1+r_m)^{-n}\int_{S(t)}|\xi|^2d\xi + \int_{S(t)}O(|\xi|^4)r_m^2d\xi\right]\\ &\leqslant (t+1)^{4n-1}\left[C_3(n)\left(\beta^2C_0+(1+r_m)^{-n}\right)(t+1)^{-\frac{n}{2}-2}+O((t+1)^{-\frac{n}{2}-4})r_m^2\right]\\ &\leqslant (t+1)^{4n-1}\frac{C_0}{8}(t+1)^{-n/2-1}+O((t+1)^{(7/2)n-3}),\end{aligned}$$

其中, 取 β 满足 $\beta^2 C_3(n) = 1/16$, 再取 r_m, 满足: $C_3(n)(1+r_m)^{-n} \leqslant C_0/16$.

因为

$$\|\omega(x,1)\|_{L^2(\mathbb{R}^n)}^2 \leqslant \|u(\cdot,1)\|_{L^2(\mathbb{R}^n)}^2 + \|v(\cdot,1)\|_{L^2(\mathbb{R}^n)}^2 \leqslant 2\|u_0\|_{L^2(\mathbb{R}^n)}^2.$$

在区间 $[1,t]$ 上积分 (3.3.22) 式, 再结合 $I_1(t)$ 与 $I_2(t)$ 的估计, 可得

$$\begin{aligned}
\int_{\mathbb{R}^n} |\omega(x,t)|^2 dx &\leqslant (t+1)^{-4n} \left(\int_{\mathbb{R}^n} |\omega(x,1)|^2 dx + \int_1^t (I_1(s) + I_2(s)) ds \right) \\
&\leqslant (t+1)^{-4n} \bigg(2\|u_0\|_{L^2(\mathbb{R}^n)}^2 + M(t+1)^{3n-1} \\
&\quad + (t+1)^{4n} \frac{C_0}{8} (t+1)^{-n/2-1} + O((t+1)^{(7/2)n-2}) \bigg) \\
&\leqslant 2\|u_0\|_{L^2(\mathbb{R}^n)}^2 (t+1)^{-4n} + M(t+1)^{-n-1} \\
&\quad + \frac{C_0}{8}(t+1)^{-n/2-1} + O((t+1)^{-\frac{n}{2}-2}).
\end{aligned}$$

由上式可知, 对于 $t \geqslant T_0$, $T_0 \geqslant 1$ 仅仅依赖于 $r_m, \|u_0\|_{L^1}, \|u_0\|_{L^2}, \|u_0\|_{W_2}$ 与 C_0, 有

$$\int_{\mathbb{R}^n} |\omega(x,t)|^2 dx \leqslant \frac{C_0}{4}(t+1)^{-n/2-1}.$$

于是, 对于 $t \geqslant T_0$, 有

$$\|u(\cdot,t)\|_{L^2(\mathbb{R}^n)} = \|v\|_{L^2(\mathbb{R}^n)} - \|\omega\|_{L^2(\mathbb{R}^n)} \geqslant \frac{\sqrt{C_0}}{2}(t+1)^{-n/2-1}.$$

如果 $t < T_0$, 则

$$\begin{aligned}
\|u(\cdot,t)\|_{L^2(\mathbb{R}^n)} \geqslant \|u(\cdot,T_0)\|_{L^2(\mathbb{R}^n)} &\geqslant \frac{\sqrt{C_0}}{2} \left[\frac{t+1}{T_0+1} \right]^{n/2+1} \left[\frac{1}{t+1} \right]^{n/2+1} \\
&\geqslant \frac{\sqrt{C_0}}{2} (T_0+1)^{-n/2-1} (t+1)^{-n/2-1},
\end{aligned}$$

其中, T_0 仅依赖于 $\|u_0\|_{L^1}, \|u_0\|_{L^2}, \|u_0\|_{W_2}, n$ 与 C_0.

上述讨论表明: 对任意的 $t > 0$, 成立

$$\|u(\cdot,t)\|_{L^2(\mathbb{R}^n)} \geqslant C(t+1)^{-n/2-1},$$

其中, C 仅依赖于 $\|u_0\|_{L^1}, \|u_0\|_{L^2}, \|u_0\|_{W_2}, n$ 与 C_0. 这样, 我们就完成了情形 1 的证明.

为了证明情形 2, 需要下面辅助的计算.

(1) α_1 的下界. 注意

$$\alpha_1 = \int_{|\omega|=1} |\omega \cdot l_1(\omega)|^2 d\sigma,$$

其中

$$l_1(\omega,t)=\left(-\sqrt{-1}\int_0^t(\omega_2^2/|\omega|^2)(a_{11}^0(s)-a_{22}^0(s))ds,\int_0^t(1-2\omega_1^2)a_{12}^0(s)ds\right),$$

$$a_{ij}^0(s)=\widehat{u_iu_j}(0,s)=\int_{\mathbb{R}^n}(u_iu_j)(x,s)dx.$$

从而

$$\alpha_1=\int_{|\omega|=1}\left[\omega_1^2\omega_2^4\left(\int_0^t(a_{11}^0(s)-a_{22}^0(s))ds\right)+(1-2\omega_1^2)\omega_2^2\left(\int_0^t a_{12}(s)ds\right)^2\right]d\sigma.$$

由情形 2 的假设条件可知, 对于 $t\geqslant T_0$, 有

$$\int_0^t(a_{11}^0(s)-a_{22}^0(s))ds=\int_0^t\int_{\mathbb{R}^n}(u_1^2-u_2^2)(x,s)dxds\geqslant\beta\sqrt{C_0};$$

$$\int_0^t a_{12}^0(s)ds=\int_0^t\int_{\mathbb{R}^n}(u_1u_2)(x,s)dxds\geqslant\beta\sqrt{C_0}.$$

从而

$$\alpha_1\geqslant\beta^2C_0\int_{|\omega|=1}[\omega_1^2\omega^4+(1-2\omega_1^2)^2\omega_2^2]d\sigma=\beta^2C_0\gamma.$$

(2) 对于 $T_1\geqslant T_0$, 以 $u(x,T_1)$ 为初值的热传导方程解 v 的下界估计, 其中, T_0 由情形 2 的假设给出. 由定理 3.3.1, 定理 3.3.5, 可知

$$\hat{u}_1(\xi,T_1)=\xi\cdot l_1(\xi,T_1)+h_1(\xi,T_1),$$

对于 $t\geqslant\delta_1,\delta_1=(\delta(T_1))^{-1}$ (这里的 δ 来自于定理 3.3.1, 要求适当小), 使得 $\|v(x,t)\|_{L^2(\mathbb{R}^n)}$ 满足

$$\|v(\cdot,t)\|_{L^2(\mathbb{R}^n)}^2\geqslant\chi_0(t+1)^{-\frac{n}{2}-1},$$

其中, $\chi_0=\chi_0(n,\alpha_1)$. 再结合 α_1 的计算, 可得

$$\chi_0\geqslant\beta^2C_0\gamma\omega_ne^{-1}/2(n+2)=\chi_1.$$

于是, 对于 $t\geqslant\delta_1$, 有

$$\|v(\cdot,t)\|_{L^2(\mathbb{R}^n)}^2\geqslant\chi_1(t+1)^{-\frac{n}{2}-1},\tag{3.3.25}$$

其中, χ_1 与 T_1 无关.

情形 2 的证明　记 v 是初值为 $v(x,0)=u(x,T_1)$ 的热传导方程的解, 其中 T_1 充分大, 满足: $T_1\geqslant T_0$, T_0 由情形 2 的假设给出. 从定理 3.3.1, 定理 3.3.5, 以及 (3.3.25) 式可知, 对于 $t\geqslant\delta_1$, 有

$$\chi_1(t+1)^{-n/2-1}\leqslant\|v(\cdot,t)\|_{L^2(\mathbb{R}^n)}^2\leqslant K_0(t+1)^{-n/2-1},\tag{3.3.26}$$

其中, K_0 依赖于 u_0 的 L^2 范数, χ_1 依赖于 β 与 C_0. 因 χ_1 与 T_1 无关, 如果 $T_1 \to \infty$, 则 (3.3.26) 式中的下界估计仅仅对 $t \geqslant \delta_1 = \delta(T_1)^{-1}$ 成立. 当 $T_1 \to \infty$ 时, $\delta(T_1)^{-1} \to \infty$.

为了讨论的便利, 不妨假定 $T_1 \geqslant \delta_1$, 否则, 用 $\max\{T_1, \delta_1\}$ 取代 T_1. 记

$$V(x,t) = v(x,t+T_1), \quad U(x,t) = u(x,t+T_1), \quad P(x,t) = p(x,t+T_1).$$

我们研究 $W = V - U$. 由情形 2 的假设条件 (当 $n > 2$ 时, 对应情形 2^*), 再结合 Navier-Stokes 方程解的能量衰减估计, 可得

$$\|W(\cdot,t)\|_{L^2(\mathbb{R}^n)}^2 \leqslant C(t+1)^{-n/2-1}, \quad t \geqslant 0.$$

接下来的证明与情形 1 类似, 这里简要地叙述一下证明过程. W 满足一个非齐次热传导方程:

$$\partial_t W - \Delta W = -(U \cdot \nabla)U - \nabla P, \quad t \geqslant 0; \quad W(x,0) = 0.$$

进行 Fourier 变换, 可得

$$\partial_t \widehat{W} + |\xi|^2 \widehat{W} = -\widehat{(U \cdot \nabla)U} - \widehat{\nabla P} = -\widehat{H}; \quad \widehat{W}(\xi, 0) = 0.$$

简单运算说明: 对任意的 $0 \leqslant s < t$, 成立

$$\widehat{W}_k(\xi,t) = \widehat{W}_k(\xi,s)e^{-|\xi|^2(t-s)} - \int_s^t e^{-|\xi|^2(t-\tau)} \widehat{H}_k(\xi,\tau)d\tau.$$

特别地, 在上式中取 $s = 0$, 可得

$$\widehat{W}_k(\xi,t) = -\int_0^t e^{-|\xi|^2(t-\tau)} \widehat{H}_k(\xi,\tau)d\tau, \quad t \geqslant 0.$$

类似于情形 1 的证明, 应用 Fourier 分离方法, 可得

$$\begin{aligned} &\frac{d}{dt}\left[(t+1)^{4n}\int_{\mathbb{R}^n}|W(x,t)|^2dx\right] \\ &\leqslant 4n(t+1)^{4n-1}\int_{S(t)}|\widehat{W}(\xi,t)|^2d\xi \\ &\quad + K(t+1)^{4n}\|\nabla V(\cdot,t)\|_{L^\infty(\mathbb{R}^n)}\int_{\mathbb{R}^n}|U(x,t)|^2dx, \quad t \geqslant 0, \end{aligned} \tag{3.3.27}$$

其中 $S(t) = \left\{\xi: \ |\xi| \leqslant \left(\dfrac{2n}{t+1}\right)^{\frac{1}{2}}\right\}$.

对于 (3.3.27) 式中的第二项, 可以用情形 1 的方法得到

$$K\|\nabla V(\cdot,t)\|_{L^\infty(\mathbb{R}^n)}\int_{\mathbb{R}^n}|U(x,t)|^2dx\leqslant M(t+1)^{3n-2},\quad t\geqslant 0. \tag{3.3.28}$$

从前面可知, $|\widehat{H}(\xi,t)|\leqslant K_1|\xi|\|U(\cdot,t)\|^2_{L^2(\mathbb{R}^n)}$. 从而, 对任意的 $t\geqslant 0$, 成立

$$\begin{aligned}|\widehat{W}(\xi,t)|&\leqslant\int_0^t|\widehat{H}(\xi,s)|ds\leqslant K_1|\xi|\int_0^t\|U(\cdot,s)\|^2_{L^2(\mathbb{R}^n)}ds\\&=K_1|\xi|\int_0^t\|u(\cdot,s+T_1)\|^2_{L^2(\mathbb{R}^n)}ds=K_1|\xi|\int_{T_1}^{t+T_1}\|u(\cdot,s)\|^2_{L^2(\mathbb{R}^n)}ds\\&\leqslant CK_1|\xi|\int_{T_1}^{t+T_1}\left[\frac{1}{1+s}\right]^{n/2+1}ds\leqslant CK_1|\xi|\left[\frac{1}{1+T_1}\right]^{n/2}.\end{aligned}$$

于是, 可得到 (3.3.27) 式中不等号右端第一项的如下估计:

$$\begin{aligned}4n(t+1)^{4n-1}\int_{S(t)}|\widehat{W}|^2d\xi&\leqslant 4nC^2K_1^2(1+T_1)^{-n}(t+1)^{4n-1}\int_{S(t)}|\xi|^2d\xi\\&\leqslant\frac{4nC^2K_1^2\omega_n(2n)^{\frac{n+2}{2}}}{(n+2)(1+T_1)^n}(t+1)^{\frac{7n}{2}-2}\\&\leqslant\frac{\chi_1}{8}(t+1)^{\frac{7n}{2}-2}.\end{aligned}$$

最后一个不等式可选取 T_1 充分大得到. 再结合 (3.3.27) 与 (3.3.28), 可得

$$\frac{d}{dt}\left[(t+1)^{4n}\int_{\mathbb{R}^n}|W(x,t)|^2dx\right]\leqslant\frac{\chi_1}{8}(t+1)^{\frac{7n}{2}-2}+M(t+1)^{3n-2},\quad t\geqslant 0.$$

然后, 在区间 $[0,t]$ 上积分, 注意到

$$W(x,0)=V(x,0)-U(x,0)=v(x,T_1)-u(x,T_1)=0,$$

可得

$$\int_{\mathbb{R}^n}|W(x,t)|^2dx\leqslant\frac{\chi_1}{8}(t+1)^{-\frac{n}{2}-1}+M(t+1)^{-n-1},\quad t\geqslant 0.$$

从而, 存在 $T_2\geqslant T_1$, 使得对任意 $t\geqslant T_2$, 成立

$$\int_{\mathbb{R}^n}|W(x,t)|^2dx\leqslant\frac{\chi_1}{4}(t+1)^{-\frac{n}{2}-1}. \tag{3.3.29}$$

结合 (3.3.25), (3.3.29) 式, 对任意 $t\geqslant T_2$, 得

$$\|U(\cdot,t)\|_{L^2(\mathbb{R}^n)}\geqslant\|V(\cdot,t)\|_{L^2(\mathbb{R}^n)}-\|W(\cdot,t)\|_{L^2(\mathbb{R}^n)}\geqslant\frac{\sqrt{\chi_1}}{2}(t+1)^{-(n/2+1)/2}.$$

注意到 $U(x,t)=u(x,t+T_1)$. 于是, 对于 $t\geqslant T_3=T_1+T_2$, 成立

$$\begin{aligned}\|u(\cdot,t)\|_{L^2(\mathbb{R}^n)}&=\|U(\cdot,t-T_1)\|_{L^2(\mathbb{R}^n)}\\&\geqslant\frac{\sqrt{\chi_1}}{2}(t-T_1+1)^{-(n/2+1)/2}\\&\geqslant\frac{\sqrt{\chi_1}}{2}(t+1)^{-(n/2+1)/2}.\end{aligned}$$

当 $t<T_3$ 时, u 满足的能量不等式保证: $\|u(\cdot,T_3)\|_{L^2(\mathbb{R}^n)}^2\geqslant\|u(\cdot,t)\|_{L^2(\mathbb{R}^n)}^2$. 从而

$$\begin{aligned}\|u(\cdot,t)\|_{L^2(\mathbb{R}^n)}^2&\geqslant\|u(\cdot,T_3)\|_{L^2(\mathbb{R}^n)}^2\\&\geqslant\frac{\chi_1}{4}\left[\frac{1+t}{1+T_3}\right]^{n/2+1}(1+t)^{-n/2-1}\\&\geqslant\frac{\chi_1}{4}(1+T_3)^{-n/2-1}(1+t)^{-n/2-1}.\end{aligned}$$

记 $M_0=(\chi_1/4)(T_3+1)^{-(n/2+1)}$, 便得到情形 2 的下界估计, 即对任意的 $t\geqslant 0$, 成立

$$\|u(\cdot,t)\|_{L^2(\mathbb{R}^n)}^2\geqslant M_0(1+t)^{-n/2-1}.\qquad\square$$

为了给出 $n=3$ 时的形式推导过程, 需要情形 2^* 的假设条件, 并且适当修改 (3.3.8) 式.

为了给出 $n=3$ 时严格证明, 对在 $L^2_{\text{loc}}(\mathbb{R}_+\times\mathbb{R}^n)$ 中强收敛的适当解序列 u_δ 进行适当修改, 应用形式上的证明. 对于 $n>3$ 的情形, 只要将类似的论证过程应用到由 Kayikiya-Miyakawa 构造的逼近解即可. 令 $n=3$, 由于 Caffarelli-Kohn-Nirenberg 构造的逼近解 u_δ 满足

$$\begin{cases}u_t+(\psi_\delta\cdot\nabla)u+\nabla p=\Delta u,\\ \text{div }u=0,\\ u(x,0)=g,\end{cases}$$

其中, $\psi_\delta=\delta^{-4}\psi*\bar{u}$, $\psi\in C^\infty,\psi\geqslant 0,\displaystyle\iint\psi dxdt=1$, $\text{supp}\psi\subset\{(x,t):|x|^2<t,1<t<2\}$, 记 $D=\mathbb{R}^3\times(0,T)$,

$$\bar{u}=\begin{cases}u(x,t), & (x,t)\in D,\\ 0, & \text{其他}.\end{cases}$$

假设 u_δ 是在 $L^2_{\text{loc}}(D)$ 强收敛于 u 的序列, 其中, u 是 Navier-Stokes 方程的 Leray-Hopf 弱解. 结合形式上的证明可以得到逼近解 u_δ 满足

$$\|u_\delta(\cdot,t)\|_{L^2}\geqslant M_0(t+1)^{-n/2-1}.$$

令 $\delta \to 0$, 对于几乎处处的 t, 可以得到逼近解极限 Leray-Hopf 弱解 $u(x,t)$ 的下界估计, 这里略去具体论证细节. □

前面得到的结果可以用来得到二、三维 Navier-Stokes 方程解的衰减估计.

定理 3.3.8　设 $u_0 \in L^1(\mathbb{R}^n) \cap L^2_\sigma(\mathbb{R}^n)$, $n=2$.

(i) 设 $u_0 \in W_1 \cap W_2$, 原点是 $\hat{u}_0(\xi)$ 的一阶零点, 则存在正常数 C_1 与 C_2, 使得

$$C_1(t+1)^{-n/2-1} \leqslant \|u(\cdot,t)\|^2_{L^2(\mathbb{R}^n)} \leqslant C_2(t+1)^{-n/2-1},$$

其中, 常数 C_1, C_2 仅依赖于初值的 L^2, W_1 与 W_2 范数.

(ii) 如果 $u_0 \in H^1 \cap M^c \cap W_2$, 原点是 $\hat{u}_0(\xi)$ 大于一阶的零点, 则存在正常数 C_3 与 C_4, 使得

$$C_3(t+1)^{-n/2-1} \leqslant \|u(\cdot,t)\|^2_{L^2(\mathbb{R}^n)} \leqslant C_4(t+1)^{-n/2-1},$$

其中, C_3 仅依赖于 u_0 的 L^1, L^2 范数, C_4 依赖于初值的 L^1, L^2, H^1 与 W_2 范数以及

$$\alpha = \int_{\mathbb{R}^2} (|u_1^0(x)|^2 - |u_2^0(x)|^2)dx \quad \text{或} \quad \beta = \int_{\mathbb{R}^2} (u_1^0 u_2^0)(x)dx.$$

证明　由定理 3.3.1、定理 3.3.4 与定理 3.3.7, 可得情形 (i) 的结论. 由定理 3.3.1、定理 3.3.5 与定理 3.3.7, 可得情形 (ii) 的结论. □

定理 3.3.9　设 $u_0 \in L^1(\mathbb{R}^n) \cap L^2_\sigma(\mathbb{R}^n)$, $n=3$, $u(x,t)$ 是 Caffarelli-Kohn-Nirenberg 意义下的 Leray-Hopf 适当弱解. 则定理 3.3.8 中的 (i) 成立, 其中, 上界估计对于所有的 t 都成立, 下界估计对于几乎处处的 t 成立.

(ii) $u_0 \in W_2$, 如果存在 t_0, 使得 $u \in M^c_{t_0}$. 则

$$C_5(t+1)^{-n/2-1} \leqslant \|u(\cdot,t)\|^2_{L^2(\mathbb{R}^3)} \leqslant C_6(t+1)^{-n/2-1},$$

其中, C_6 仅依赖于初值的 L^1, L^2 范数, C_5 依赖于初值的 L^1, L^2, W_2 范数, $\alpha^i_j = \alpha^i_j(t_0,u)$, $\beta^i_j = \beta^i_j(t_0,u)$, α^i_j, β^i_j 的定义见定理 3.3.6.

证明　上界估计. 将定理 3.3.8 的证明应用到逼近解, 再取极限即可.

下界估计. 情形 (i). 将定理 3.3.8 的证明应用到逼近解的特殊子列, 可知, 下界对于几乎处处的 t 都成立. 由假设条件可知, 存在特殊的逼近解, 可以取极限.

情形 (ii). 将定理 3.3.1, 定理 3.3.6 与定理 3.3.7, 应用到逼近解的特殊子列, 可知, 下界对于几乎所有的 t 都成立. 由假设条件可知, 存在特殊的逼近解, 可以取极限. □

我们期望利用 Kayikiya-Miyakawa[26] 构造的逼近解, 将定理 3.3.8 与定理 3.3.9 推广到 $n(\geqslant 4)$ 维. 下面例子表示, 对于 $n=2$ 时, 初值 $u_0 \in M^c$ 的假设是最佳的. 在三维空间, 我们认为, $u \in M^c_{t_0}(\mathbb{R}^3)$ 的条件也是必要的, 但是还没有找到例子说明, 如果 $u \in M_{t_0}(\mathbb{R}^3)$, 则下界估计不成立. 下面二维空间的例子是由 A. Majda 给出的.

例 3.3.10 **二维空间初值 $u_0 \in M(\mathbb{R}^2)$ 具有涡度指数衰减性.**

设 $u(x,t)$ 是具有径向对称涡度的二维 Navier-Stokes 方程的解. 如果 $u_0 \in L^1(\mathbb{R}^2) \cap L^2_\sigma(\mathbb{R}^2)$, curl $u_0 = \omega_0$, 并且

(i) $\omega_0 \in L^2(\mathbb{R}^2)$;

(ii) 对于 $|\xi| \leqslant \delta$, $\delta > 0$, 有 $\hat{\omega}(\xi) = 0$.

则存在常数 C, 使得

$$\|u(t)\|_{L^2(\mathbb{R}^2)} \leqslant Ce^{-\frac{\delta^2}{16}t}, \quad t \geqslant 0.$$

其中 C 仅依赖于 $\|u_0\|_{L^1(\mathbb{R}^2)}$, $\|u_0\|_{L^2(\mathbb{R}^2)}$, $\|\omega_0\|_{L^2(\mathbb{R}^2)}$.

证明 由于 $\operatorname{div} u = 0$, 存在函数 ψ, 满足

$$u = \nabla^\perp \psi = (-\partial_2\psi, \partial_1\psi).$$

记 $\omega = \partial_1 u_2 - \partial_2 u_1$ 是流体速度场 $u = (u_1, u_2)$ 的涡度. 由上式可知

$$\omega = \partial_{11}\psi + \partial_{22}\psi = \Delta\psi. \tag{3.3.30}$$

对任意正交常数矩阵 Q, 以及任意 $x \in \mathbb{R}^2$, 记 $y = xQ$. 成立

$$\Delta_y\psi(y) = \Delta_x\psi(x).$$

说明算子 Δ 是旋转不变的. 由于已经假设涡度 ω 是径向对称的, 利用 (3.3.30) 式, 可知 ψ 也是径向对称的, 即 $\psi(x) = \psi(|x|)$. 从而

$$u = (-\partial_2\psi, \partial_1\psi) = \left(-\frac{x_2}{r}, \frac{x_1}{r}\right)\psi'(r), \quad r = |x|, \tag{3.3.31}$$

以及由 $\Delta\psi = \omega$, 可得

$$\psi''(r) + \frac{1}{r}\psi'(r) = \omega(r,t);$$

进一步

$$\frac{d}{dr}\left[r\psi'(r)\right] = r\omega(r,t).$$

从而成立

$$\psi'(r) = \frac{1}{r}\int_0^r s\omega(s,t)ds.$$

结合 (3.3.31) 式, 可知

$$u(x,t) = \left(-\frac{x_2}{r^2}, \frac{x_1}{r^2}\right)\int_0^r s\omega(s)ds, \quad r = |x|.$$

因涡度是径向对称的, 利用 (3.3.31) 式, 可知

$$(u\cdot\nabla)\omega = u_1\partial_1\omega + u_2\partial_2\omega$$

$$
\begin{aligned}
&= \left(-\frac{x_2x_1}{r^3}+\frac{x_1x_2}{r^3}\right)\omega'(r)\int_0^r s\omega(s,t)ds\\
&= 0.
\end{aligned}
$$

注意到, 涡度 ω 满足方程: $\omega_t = \Delta\omega - (u\cdot\nabla)\omega$. 从而, 涡度方程可简化为

$$
\omega_t = \Delta\omega, \quad \omega(|x|,0) = \omega(x,0) = \omega_0(r).
$$

由 (ii), 可知

$$
\int_{\mathbb{R}^2}|\omega(x,t)|^2dx = \int_{\mathbb{R}^2}|\hat{\omega}(\xi,t)|^2d\xi = \int_{\mathbb{R}^2}|\hat{\omega}_0|^2e^{-|\xi|^2t}d\xi \leqslant e^{-\delta^2t}\int_{\mathbb{R}^2}|\hat{\omega}_0(\xi)|^2d\xi.
$$

从而

$$
\|\omega(t)\|_{L^2(\mathbb{R}^2)}^2 \leqslant \|\omega_0\|_{L^2(\mathbb{R}^2)}^2e^{-\delta^2t}, \quad t>0.
$$

由 Hölder 不等式与 (3.3.31), 可得

$$
\begin{aligned}
|u(x,t)|^2 &\leqslant \frac{1}{r^2}\left(\int_0^r s\omega ds\right)^2 \leqslant \int_0^r s^2\omega^2\frac{ds}{r} \leqslant \frac{1}{2\pi}\int_0^{2\pi}\int_0^r s\omega^2(s)ds\\
&\leqslant \frac{1}{2\pi}\int_{\mathbb{R}^2}|\omega(x,t)|^2dx \leqslant \|\omega_0\|_{L^2(\mathbb{R}^2)}^2e^{-\delta^2t}.
\end{aligned}
$$

于是

$$
\|u(\cdot,t)\|_{L^\infty(\mathbb{R}^2)} \leqslant \|\omega_0\|_{L^2(\mathbb{R}^2)}e^{-\frac{\delta^2}{2}t}. \tag{3.3.32}
$$

注意到 $u(t)$ 满足能量等式:

$$
\|u(t)\|_{L^2(\mathbb{R}^2)}^2 + 2\int_0^t\|\nabla u(s)\|_{L^2(\mathbb{R}^2)}^2ds = \|u_0\|_{L^2(\mathbb{R}^2)}^2, \quad t\geqslant 0,
$$

以及 $u(t)$ 可以写为如下积分方程的形式:

$$
u(t) = e^{t\Delta}u_0 - \int_0^t e^{(t-s)\Delta}P(u\cdot\nabla)u(s)ds, \quad t>0.
$$

利用 Young 不等式, 可知

$$
\begin{aligned}
\|u(t)\|_{L^{\frac{3}{2}}(\mathbb{R}^2)} &\leqslant \|e^{t\Delta}u_0\|_{L^{\frac{3}{2}}(\mathbb{R}^2)} + \int_0^t\|e^{\frac{(t-s)\Delta}{2}}Pe^{\frac{(t-s)\Delta}{2}}(u\cdot\nabla)u(s)\|_{L^{\frac{3}{2}}(\mathbb{R}^2)}ds\\
&\leqslant C\|u_0\|_{L^1(\mathbb{R}^2)}t^{-(1-\frac{2}{3})} + C\int_0^t\|\nabla e^{\frac{(t-s)\Delta}{2}}(u\otimes u)(s)\|_{L^{\frac{3}{2}}(\mathbb{R}^2)}ds\\
&\leqslant C\|u_0\|_{L^1(\mathbb{R}^2)}t^{-\frac{1}{3}} + C\int_0^t(t-s)^{-\frac{1}{2}-\frac{1}{3}}\|(u\otimes u)(s)\|_{L^1(\mathbb{R}^2)}ds\\
&\leqslant C\|u_0\|_{L^1(\mathbb{R}^2)}t^{-\frac{1}{3}} + C\int_0^t(t-s)^{-\frac{5}{6}}ds\|u_0\|_{L^2(\mathbb{R}^2)}^2
\end{aligned}
$$

$$\leqslant C(\|u_0\|_{L^1(\mathbb{R}^2)}t^{-\frac{1}{3}}+t^{\frac{1}{6}}\|u_0\|^2_{L^2(\mathbb{R}^2)}),\quad t>0,$$

其中 $P:\ L^q(\mathbb{R}^2)\longrightarrow L^q_\sigma(\mathbb{R}^2)$ $(1<q<\infty)$ 是有界的投影算子.

结合 (3.3.32) 式, 成立

$$\begin{aligned}\|u(t)\|_{L^2(\mathbb{R}^2)}&\leqslant\|u(t)\|^{\frac{1}{4}}_{L^\infty(\mathbb{R}^2)}\|u(t)\|^{\frac{3}{4}}_{L^{\frac{3}{2}}(\mathbb{R}^2)}\\&\leqslant C\|\omega_0\|^{\frac{1}{4}}_{L^2(\mathbb{R}^2)}(\|u_0\|_{L^1(\mathbb{R}^2)}t^{-\frac{1}{3}}+t^{\frac{1}{6}}\|u_0\|^2_{L^2(\mathbb{R}^2)})^{\frac{3}{4}}e^{-\frac{\delta^2}{8}t}.\end{aligned}$$

注意到 $u_0\in L^2(\mathbb{R}^2)$, 从而可得

$$\|u(t)\|_{L^2(\mathbb{R}^2)}\leqslant\widetilde{C}e^{-\frac{\delta^2}{16}t},\quad t\geqslant0,$$

其中 $\widetilde{C}$ 依赖于 $\|u_0\|_{L^1(\mathbb{R}^2)}$, $\|u_0\|_{L^2(\mathbb{R}^2)}$, $\|\omega_0\|_{L^2(\mathbb{R}^2)}$. □

3.3.1 附录

命题 3.3.11 设 $u_0\in L^2_\sigma(\mathbb{R}^2)\cap W_2$, u 是初值为 u_0 的 Navier-Stokes 方程的解, 则

$$|\nabla_\xi a_{ij}(\xi,t)|\leqslant C(t),\quad t>0.$$

其中, $a_{ij}=\widehat{u_iu_j}$, $C(t)$ 依赖于 $\|u_0\|_{L^2}$.

证明 因

$$|\partial_{\xi_k}a_{ij}(\xi,t)|\leqslant\int_{\mathbb{R}^2}|x_k||u_iu_j|dx\leqslant\int_{\mathbb{R}^2}|x_k||u|^2dx.\tag{3.3.33}$$

需要用初值来估计 $\int_{\mathbb{R}^2}|x||u|^2dx$.

注意到 $u(t)$ 满足能量等式:

$$\|u(t)\|^2_{L^2(\mathbb{R}^2)}+2\int_0^t\|\nabla u(s)\|^2_{L^2(\mathbb{R}^2)}ds=\|u_0\|^2_{L^2(\mathbb{R}^2)},\quad t\geqslant0,$$

以及 u 的第 j 个分量函数 u_j 满足方程:

$$\partial_tu_j-\Delta u_j+(u\cdot\nabla)u_j+\partial_jp=0,\quad j=1,2.$$

利用上述方程, 并进行空间变量积分, 可得

$$\begin{aligned}\frac{d}{dt}\int_{\mathbb{R}^2}|x_k||u|^2dx&=\frac{d}{dt}\int_{\mathbb{R}^2}|x_k|\sum_{j=1}^2u_ju_jdx=2\int_{\mathbb{R}^2}|x_k|\sum_{j=1}^2u_j\partial_tu_jdx\\&=2\int_{\mathbb{R}^2}|x_k|\sum_{j=1}^2u_j(-(u\cdot\nabla)u_j-\partial_jp+\Delta u_j)dx\end{aligned}$$

$$
\begin{aligned}
&= -2\int_{\mathbb{R}^2}\sum_{i,j=1}^{2}|x_k|u_ju_i\partial_iu_jdx \\
&\quad -2\int_{\mathbb{R}^2}\sum_{j=1}^{2}|x_k|u_j\partial_jpdx + 2\sum_{s,j=1}^{2}\int_{\mathbb{R}^2}|x_k|u_j\partial_{ss}u_jdx \\
&= I + II + III.
\end{aligned} \tag{3.3.34}
$$

下面分别估计 I, II, III. 首先回忆如下 Sobolev 嵌入不等式: 设 $1 \leqslant q < n$, 成立

$$
\|\varphi\|_{L^{\frac{nq}{n-q}}(\mathbb{R}^n)} \leqslant C\|\nabla\varphi\|_{L^q(\mathbb{R}^n)}, \quad \forall\, \varphi \in W^{1,q}(\mathbb{R}^n).
$$

特别地, 取 $n = 2, q = 1$, 有

$$
\|\varphi\|_{L^2(\mathbb{R}^2)} \leqslant C\|\nabla\varphi\|_{L^1(\mathbb{R}^2)}, \quad \forall\, \varphi \in W^{1,1}(\mathbb{R}^2).
$$

利用上述 Sobolev 嵌入不等式以及能量等式, 可得

$$
\begin{aligned}
|I| &= \Big| -\int_{\mathbb{R}^2}\sum_{i=1}^{2}|x_k|u_i\partial_i|u|^2dx\Big| \\
&= \frac{1}{2}\Big|\int_{\mathbb{R}^2}\sum_{i=1}^{2}|x_k|\partial_i(u_i|u|^2)dx\Big| \\
&= \frac{1}{2}\sum_i\int_{\mathbb{R}^2}(\partial_i|x_k|)u_i|u|^2dx \\
&\leqslant \frac{1}{2}\int_{\mathbb{R}^2}|u|^3dx \leqslant \frac{1}{2}\|u\|_{L^2(\mathbb{R}^2)}\|u\|^2_{L^4(\mathbb{R}^2)} \\
&= \frac{1}{2}\|u\|_{L^2(\mathbb{R}^2)}\||u|^2\|_{L^2(\mathbb{R}^2)} \\
&\leqslant C\|u\|_{L^2(\mathbb{R}^2)}\|\nabla|u|^2\|_{L^1(\mathbb{R}^2)} \\
&\leqslant C\|u\|^2_{L^2(\mathbb{R}^2)}\|\nabla u\|_{L^2(\mathbb{R}^2)} \\
&\leqslant C\|u_0\|^2_{L^2(\mathbb{R}^2)}\|\nabla u\|_{L^2(\mathbb{R}^2)}.
\end{aligned} \tag{3.3.35}
$$

对于第二项 II, 因 $\operatorname{div}u = 0$, 关于所有项的求和容易估计.

$$
\begin{aligned}
|II| &= \Big| -2\int_{\mathbb{R}^2}\sum_{j=1}^{2}|x_k|u_j\partial_jpdx\Big| \\
&= \Big| -2\int_{\mathbb{R}^2}\sum_{j=1}^{2}|x_k|\partial_j(u_jp)dx\Big| \\
&= \Big|2\int_{\mathbb{R}^2}\sum_{j=1}^{2}(\partial_j|x_k|)u_jpdx\Big| \leqslant 2\int_{\mathbb{R}^2}||u||pdx
\end{aligned}
$$

$$\leqslant 2\|u\|_{L^2(\mathbb{R}^2)}\|p\|_{L^2(\mathbb{R}^2)} \leqslant 2\|u_0\|_{L^2(\mathbb{R}^2)}\|p\|_{L^2(\mathbb{R}^2)}. \tag{3.3.36}$$

对 u 满足的 Navier-Stokes 方程两边取散度可知, 压强满足一个椭圆方程, 即

$$\Delta p = -\sum_{i,j=1}^{2} \frac{\partial^2}{\partial x_i \partial x_j}(u_i u_j).$$

从而

$$\hat{p} = -\sum_{i,j=1}^{2} \frac{\xi_i \xi_j}{|\xi|^2} \widehat{u_i u_j}.$$

于是

$$\begin{aligned}
\|p\|_{L^2(\mathbb{R}^2)} = \|\hat{p}\|_{L^2(\mathbb{R}^2)} &\leqslant \left\| \sum_{i,j=1}^{2} \frac{\xi_i \xi_j}{|\xi|^2} \widehat{u_i u_j} \right\|_{L^2(\mathbb{R}^2)} \\
&\leqslant \sum_{i,j=1}^{2} \|\widehat{u_i u_j}\|_{L^2(\mathbb{R}^2)} \leqslant C\|u\|_{L^4(\mathbb{R}^2)}^2 \\
&= C\||u|^2\|_{L^2(\mathbb{R}^2)} \leqslant C\|\nabla |u|^2\|_{L^1(\mathbb{R}^2)} \\
&\leqslant C\|u\|_{L^2(\mathbb{R}^2)}\|\nabla u\|_{L^2(\mathbb{R}^2)} \\
&\leqslant C\|u_0\|_{L^2(\mathbb{R}^2)}\|\nabla u\|_{L^2(\mathbb{R}^2)}.
\end{aligned} \tag{3.3.37}$$

将 (3.3.37) 代入 (3.3.36) 式, 可知

$$|II| \leqslant C\|u_0\|_{L^2(\mathbb{R}^2)}^2 \|\nabla u\|_{L^2(\mathbb{R}^2)}, \tag{3.3.38}$$

$$\begin{aligned}
III &= -2\sum_{s,j=1}^{2} \left(\int_{\mathbb{R}^2} (\partial_s |x_k|) u_j \partial_s u_j dx + \sum_{s,j=1}^{2} \int_{\mathbb{R}^2} |x_k| \partial_s u_j \partial_s u_j dx \right) \\
&= -2\sum_{s,j=1}^{2} \left(\int_{\mathbb{R}^2} (\partial_s |x_k|) u_j \partial_s u_j dx + \int_{\mathbb{R}^2} |x_k| |\nabla u|^2 dx \right) \\
&\leqslant -2\sum_{s,j=1}^{2} \int_{\mathbb{R}^2} (\partial_s |x_k|) u_j \partial_s u_j dx \leqslant \sum_{s,j=1}^{2} \int_{\mathbb{R}^2} |u_j||\partial_s u_j| dx \\
&\leqslant 2\|u\|_{L^2(\mathbb{R}^2)}\|\nabla u\|_{L^2(\mathbb{R}^2)} \leqslant 2\|u_0\|_{L^2(\mathbb{R}^2)}\|\nabla u\|_{L^2(\mathbb{R}^2)}.
\end{aligned} \tag{3.3.39}$$

在区间 $[0,t]$ 关于 (3.3.34) 式积分, 再结合 (3.3.35), (3.3.38), (3.3.39) 与能量等式, 可得

$$|\partial_{\xi_k} a_{ij}(\xi,t)| \leqslant \int_{\mathbb{R}^2} |x_k||u|^2 dx \leqslant C\left(\|u_0\|_{L^2(\mathbb{R}^2)}^2 + \|u_0\|_{L^2(\mathbb{R}^2)} \right) \int_0^t \|\nabla u(s)\|_{L^2(\mathbb{R}^2)} ds$$

$$
\begin{aligned}
&\leqslant C\left(1+\|u_0\|_{L^2(\mathbb{R}^2)}^2\right)\left(\int_0^t \|\nabla u(s)\|_{L^2(\mathbb{R}^2)}^2 ds\right)^{\frac{1}{2}} t^{\frac{1}{2}} \\
&\leqslant C t^{\frac{1}{2}}\left(1+\|u_0\|_{L^2(\mathbb{R}^2)}^2\right)\|u_0\|_{L^2(\mathbb{R}^2)}^{\frac{1}{2}} := C(t).
\end{aligned}
$$
□

引理 3.3.12　设 $u_0=(u_0^1,u_0^2)\in H^1(\mathbb{R}^2)$, $\alpha=\int_{\mathbb{R}^2}(|u_0^1|^2-|u_0^2|^2)dx\neq 0$. 如果 $u(x,t)$ 是初值为 u_0 的 Navier-Stokes 方程的解. 则存在 t_0, 使得对于 $T\leqslant t_0$, 有

$$
\left|\int_0^T\int_{\mathbb{R}^2}(|u_1|^2-|u_2|^2)dxdt\right|\geqslant(\alpha/2)T,
$$

其中, t_0 仅依赖于 u_0 的 H^1 范数.

证明　不失一般性, 假设 $\alpha>0$, 否则, 只需取 $\alpha=\int_{\mathbb{R}^2}(|u_0^2|^2-|u_0^1|^2)dx$ 即可.

记

$$
F(t)=\int_{\mathbb{R}^2}(|u_1|^2-|u_2|^2)dx.
$$

分别在 Navier-Stokes 方程两边乘以 u_1,u_2, 再关于空间变量积分, 可得

$$
\begin{aligned}
\left|\frac{d}{dt}F(t)\right| &= \left|\int_{\mathbb{R}^2}\left(u_1\sum_{i=1}^2 u_i\partial_i u_1+u_1\partial_1 p-u_1\Delta u_1\right)dx\right. \\
&\quad \left.-\int_{\mathbb{R}^2}\left(u_2\sum_{i=1}^2 u_i\partial_i u_2+u_2\partial_2 p-u_2\Delta u_2 dx\right)\right| \\
&= \left|\int_{\mathbb{R}^2}\left(-\frac{1}{2}\sum_{i=1}^2|u_1|^2\partial_i u_i-p\partial_1 u_1+|\nabla u_1|^2\right)dx\right. \\
&\quad \left.-\int_{\mathbb{R}^2}\left(-\frac{1}{2}\sum_{i=1}^2|u_2|^2\partial_i u_i-p\partial_2 u_2+|\nabla u_2|^2\right)dx\right| \\
&= \left|\int_{\mathbb{R}^2}\left(p(\partial_2 u_2-\partial_1 u_1)+|\nabla u_1|^2-|\nabla u_2|^2\right)dx\right| \\
&\leqslant C\left(\|p\|_{L^2(\mathbb{R}^2)}\|\nabla u\|_{L^2(\mathbb{R}^2)}+\|\nabla u\|_{L^2(\mathbb{R}^2)}^2\right).
\end{aligned}
$$

于是, 由 (3.3.37) 式, 可得

$$
\left|\frac{d}{dt}F(t)\right|\leqslant C(1+\|u_0\|_{L^2(\mathbb{R}^2)})\|\nabla u(t)\|_{L^2(\mathbb{R}^2)}^2,\quad t>0. \tag{3.3.40}
$$

在 Navier-Stokes 方程两边关于 x_k 求导:

$$
\partial_t\partial_{x_k}u-\Delta\partial_{x_k}u+(\partial_{x_k}u\cdot\nabla)u+(u\cdot\nabla)\partial_{x_k}u+\nabla\partial_{x_k}p=0,\quad k=1,2.
$$

在上述方程两端乘以 $\partial_{x_k}u$, 在 $\mathbb{R}^2$ 上分部积分运算, 再关于 k 求和, 可得

$$\begin{aligned}
&\frac{1}{2}\frac{d}{dt}\int_{\mathbb{R}^2}|\nabla u(x,t)|^2dx+\int_{\mathbb{R}^2}|\nabla^2u(x,t)|^2dx\\
=&-\sum_{k=1}^{2}\int_{\mathbb{R}^2}(\partial_{x_k}u\cdot\nabla)u\cdot\partial_{x_k}udx\\
&-\frac{1}{2}\sum_{k=1}^{2}\int_{\mathbb{R}^2}(u\cdot\nabla)|\partial_{x_k}u|^2dx-\int_{\mathbb{R}^2}\nabla\partial_{x_k}p\cdot(\partial_{x_k}u)dx\\
=&-\sum_{k=1}^{2}\int_{\mathbb{R}^2}(\partial_{x_k}u\cdot\nabla)u\cdot\partial_{x_k}udx\\
&+\frac{1}{2}\sum_{k=1}^{2}\int_{\mathbb{R}^2}(\mathrm{div}\ u)|\partial_{x_k}u|^2dx+\int_{\mathbb{R}^2}\partial_{x_k}p(\partial_{x_k}\mathrm{div}\ u)dx\\
=&-\sum_{k=1}^{2}\int_{\mathbb{R}^2}(\partial_{x_k}u\cdot\nabla)u\cdot\partial_{x_k}udx\leqslant\|\nabla u\|_{L^3(\mathbb{R}^2)}^3\\
\leqslant&\|\nabla u\|_{L^2(\mathbb{R}^2)}\|\nabla u\|_{L^4(\mathbb{R}^2)}^2\\
=&\|\nabla u\|_{L^2(\mathbb{R}^2)}\||\nabla u|^2\|_{L^2(\mathbb{R}^2)}\\
\leqslant&C\|\nabla u\|_{L^2(\mathbb{R}^2)}\|\nabla|\nabla u|^2\|_{L^1(\mathbb{R}^2)}\\
\leqslant&C\|\nabla u\|_{L^2(\mathbb{R}^2)}^2\|\nabla^2u\|_{L^2(\mathbb{R}^2)}\\
\leqslant&\frac{1}{2}C_1\|\nabla u\|_{L^2(\mathbb{R}^2)}^4+\frac{1}{2}\|\nabla^2u\|_{L^2(\mathbb{R}^2)}^2.
\end{aligned}$$

说明

$$\frac{d}{dt}\int_{\mathbb{R}^2}|\nabla u(x,t)|^2dx\leqslant C_1\|\nabla u(t)\|_{L^2(\mathbb{R}^2)}^4,\quad t>0.$$

令 $y(t)=\|\nabla u(t)\|_{L^2(\mathbb{R}^2)}$. 由上式可得

$$2y(t)y'(t)\leqslant C_1y^4(t),$$

或写为

$$y^{-3}(t)y'(t)\leqslant\frac{1}{2}C_1,\quad t>0.$$

简单计算表明

$$y^2(t)\leqslant\frac{y^2(0)}{1-C_1y^2(0)t},\quad t<\frac{1}{C_1y^2(0)}.$$

从而成立

$$\|\nabla u(t)\|_{L^2(\mathbb{R}^2)}^2\leqslant\frac{\|\nabla u_0\|_{L^2(\mathbb{R}^2)}^2}{1-C_1t\|\nabla u_0\|_{L^2(\mathbb{R}^2)}^2}$$

$$\leqslant 2\|\nabla u_0\|_{L^2(\mathbb{R}^2)}^2, \quad t \leqslant \frac{1}{2C_1\|\nabla u_0\|_{L^2(\mathbb{R}^2)}^2}.$$

将上式代入 (3.3.40) 式, 可知

$$\left|\frac{d}{dt}F(t)\right| \leqslant C_2, \quad t \leqslant \frac{1}{2C_1\|\nabla u_0\|_{L^2(\mathbb{R}^2)}^2}. \tag{3.3.41}$$

其中 C_2 依赖于 $\|u_0\|_{L^2(\mathbb{R}^2)}$, $\|\nabla u_0\|_{L^2(\mathbb{R}^2)}$.

利用中值定理, 结合 (3.3.41) 式, 对任意的 $t \leqslant \frac{1}{2C_1\|\nabla u_0\|_{L^2(\mathbb{R}^2)}^2}$, 可得

$$|F(t) - F(0)| \leqslant |F'(\bar{t})|t \leqslant C_2 t, \quad \bar{t} \leqslant t.$$

这样, 有 $F(t) \geqslant F(0) - C_2 t$. 在区间 $[0, T]$ 上积分, $T \leqslant \frac{1}{2C_1\|\nabla u_0\|_{L^2(\mathbb{R}^2)}^2}$, 可得

$$\int_0^T F(t)dt \geqslant F(0)T - C_2T^2/2.$$

对于 $T \leqslant F(0)/C_2$, 有

$$\int_0^T F(t)dt \geqslant F(0)T/2.$$

取 $t_0 = F(0)/C_2$, 即得结论. □

引理 3.3.13　设 $u_0 \in (u_0^1, u_0^2) \in H^1(\mathbb{R}^2)$, $\alpha = \int_{\mathbb{R}^2} u_0^1 u_0^2 dx \neq 0$. 则存在 $t_0 > 0$, 使得对于 $T \leqslant t_0$, 有

$$\left|\int_0^T \int_{\mathbb{R}^2} (u_1 u_2)(x,t)dxdt\right| \geqslant \alpha/2T,$$

其中, t_0 仅依赖于 u_0 的 H^1 范数.

证明　不失一般性, 假设 $\alpha > 0$. 根据引理 3.3.12 的证明过程, 只需证明

$$\left|\frac{d}{dt}G(t)\right| \leqslant C\int_{\mathbb{R}^2} |\nabla u_0|^2 dx,$$

其中

$$G(t) = \int_{\mathbb{R}^2} (u_1 u_2)(x,t)dx.$$

注意到

$$\begin{aligned}\int_{\mathbb{R}^2} u_1(u\cdot\nabla)u_2 dx &= \int_{\mathbb{R}^2}\sum_{k=1}^2 u_1 u_k \partial_k u_2 dx \\ &= \int_{\mathbb{R}^2}\sum_{k=1}^2 u_1 \partial_k(u_k u_2)dx\end{aligned}$$

$$
\begin{aligned}
&= -\int_{\mathbb{R}^2} \sum_{k=1}^{2} u_2 u_k \partial_k u_1 dx \\
&= -\int_{\mathbb{R}^2} u_2 (u\cdot\nabla) u_1 dx,
\end{aligned}
$$

以及 (3.3.37) 式:

$$
\|p\|_{L^2(\mathbb{R}^2)} \leqslant C\|u_0\|_{L^2(\mathbb{R}^2)} \|\nabla u\|_{L^2(\mathbb{R}^2)}.
$$

因此成立

$$
\begin{aligned}
\left|\frac{d}{dt}G(t)\right| &= \left|\int_{\mathbb{R}^2} (u_1\partial_t u_2 + u_2 \partial_t u_1) dx\right| \\
&= \left| -\int_{\mathbb{R}^2} u_1 (u\cdot\nabla) u_2 dx - \int_{\mathbb{R}^2} u_1 \partial_2 p dx + \int_{\mathbb{R}^2} u_1 \Delta u_2 dx \right. \\
&\quad \left. -\int_{\mathbb{R}^2} u_2 (u\cdot\nabla) u_1 dx - \int_{\mathbb{R}^2} u_2 \partial_1 p dx + \int_{\mathbb{R}^2} u_2 \Delta u_1 dx \right| \\
&= \left|\int_{\mathbb{R}^2} p(\partial_2 u_1 + \partial_1 u_2) dx - 2\int_{\mathbb{R}^2} \nabla u_2 \cdot \nabla u_1 dx\right| \\
&\leqslant C(\|p\|_{L^2(\mathbb{R}^2)} \|\nabla u\|_{L^2(\mathbb{R}^2)} + \|\nabla u\|_{L^2(\mathbb{R}^2)}^2) \\
&\leqslant C(\|u_0\|_{L^2(\mathbb{R}^2)} \|\nabla u\|_{L^2(\mathbb{R}^2)}^2 + \|\nabla u\|_{L^2(\mathbb{R}^2)}^2) \\
&\leqslant C(1 + \|u_0\|_{L^2(\mathbb{R}^2)}) \|\nabla u\|_{L^2(\mathbb{R}^2)}^2.
\end{aligned}
$$

上述估计和 (3.3.40) 式的估计一致. 接下来的证明过程和引理 3.3.12 一样, 这里略去. □

下面给出三维 Navier-Stokes 方程适当的弱解 (当然这类解也是 Leray-Hopf 弱解) 定义. 设 $u_0 \in L^2_\sigma(\mathbb{R}^3)$. 考虑三维 Navier-Stokes 方程的 Cauchy 问题:

$$
\partial_t u - \Delta u + (u\cdot\nabla) u + \nabla p = 0; \qquad u(x,0) = u_0(x).
$$

称 (u,p) 是如上 Navier-Stokes 方程的适当弱解, 如果

(i) $u \in L^\infty(0,\infty; L^2_\sigma(\mathbb{R}^3)) \cap L^2_{\mathrm{loc}}(0,\infty; H^1(\mathbb{R}^3))$, $p \in L^{\frac{5}{4}}(\mathbb{R}^3 \times (0,\infty))$;

(ii) u 在广义意义下满足上述 Navier-Stokes 方程;

(iii) 广义能量不等式成立: 对任意的 $t > 0$, 以及 $0 \leqslant \phi \in C_c^\infty(\mathbb{R}^3 \times (0,\infty))$, 成立

$$
\begin{aligned}
&\int_{\mathbb{R}^3} |u(x,t)|^2 \phi(x,t) dx + 2\int_0^t \int_{\mathbb{R}^3} |\nabla u(x,s)|^2 \phi(x,s) dx ds \\
\leqslant &\int_{\mathbb{R}^3} |u_0(x)|^2 \phi(x,0) dx
\end{aligned}
$$

$$+\int_0^t\int_{\mathbb{R}^3}|u(x,s)|^2(\partial_s\phi(x,s)+\Delta\phi(x,s))dxds$$
$$+\int_0^t\int_{\mathbb{R}^3}(|u(x,s)|^2+2p(x,s))u(x,s)\cdot\nabla\phi(x,s)dxds. \tag{3.3.42}$$

记

$$E=\frac{1}{2}\int_{\mathbb{R}^3}|u_0(x)|^2dx<\infty,\quad G=\frac{1}{2}\int_{\mathbb{R}^3}|u_0(x)|^2|x|dx<\infty.$$

引理 3.3.14　设 $u_0\in L^2_\sigma(\mathbb{R}^3)$. 则对于几乎所有的 t, Navier-Stokes 方程 Cauchy 问题的适当弱解 u 满足

$$\frac{1}{2}\int_{\mathbb{R}^3}|u(x,t)|^2|x|dx+\int_0^t\int_{\mathbb{R}^3}|\nabla u(x,s)|^2|x|dxds\leqslant A(t),$$

其中, $A(t)=G+Ct^{\frac{1}{2}}E+Ct^{\frac{1}{4}}E^{\frac{3}{2}}$, $C>0$ 是绝对常数.

证明　利用如下 Hardy 不等式:

$$\int_{\mathbb{R}^3}\frac{|u|^2}{|x|^2}dx\leqslant 4\int_{\mathbb{R}^3}|\nabla u|^2dx,$$

再结合 Hölder 不等式, 可得

$$\begin{aligned}\int_{\mathbb{R}^3}\frac{|u|^2}{|x|}dx&\leqslant\left(\int_{\mathbb{R}^3}|u|^2dx\right)^{\frac{1}{2}}\left(\int_{\mathbb{R}^3}\frac{|u|^2}{|x|^2}dx\right)^{\frac{1}{2}}\\&\leqslant 2\left(\int_{\mathbb{R}^3}|u_0|^2dx\right)^{\frac{1}{2}}\left(\int_{\mathbb{R}^3}|\nabla u|^2dx\right)^{\frac{1}{2}}\\&=2E^{\frac{1}{2}}\left(\int_{\mathbb{R}^3}|\nabla u|^2dx\right)^{\frac{1}{2}},\end{aligned}\tag{3.3.43}$$

上述最后一步的推导用到了能量不等式 (这可以从广义能量不等式中导出):

$$\frac{1}{2}\int_{\mathbb{R}^3}|u(x,t)|^2dx+\int_0^t\int_{\mathbb{R}^3}|\nabla u(x,s)|^2dxds\leqslant\frac{1}{2}\int_{\mathbb{R}^3}|u_0|^2dx.$$

在 (3.3.43) 式两边关于 t 进行积分, 利用 Hölder 不等式和上述能量不等式, 对于 $t>0$, 可知

$$\int_0^t\int_{\mathbb{R}^3}\frac{|u(x,s)|^2}{|x|}dxds\leqslant 2E^{\frac{1}{2}}t^{\frac{1}{2}}\left(\int_0^t\int_{\mathbb{R}^3}|\nabla u(x,s)|^2dxds\right)^{\frac{1}{2}}\leqslant\sqrt{2}Et^{\frac{1}{2}}. \tag{3.3.44}$$

另一方面, 利用能量不等式、内插不等式和 Sobolev 嵌入不等式, 成立

$$\|u\|_{L^3(\mathbb{R}^3)}\leqslant\|u\|^{\frac{1}{2}}_{L^2(\mathbb{R}^3)}\|u\|^{\frac{1}{2}}_{L^6(\mathbb{R}^3)}\leqslant C\|u_0\|^{\frac{1}{2}}_{L^2(\mathbb{R}^3)}\|\nabla u\|^{\frac{1}{2}}_{L^2(\mathbb{R}^3)},$$

$$\begin{aligned}\int_0^t\int_{\mathbb{R}^3}|u(x,s)|^3dxds &\leqslant C\|u_0\|_{L^2(\mathbb{R}^3)}^{\frac{3}{2}}\int_0^t\|\nabla u(s)\|_{L^2(\mathbb{R}^3)}^{\frac{3}{2}}ds\\ &\leqslant C\|u_0\|_{L^2(\mathbb{R}^3)}^{\frac{3}{2}}\left(\int_0^t\|\nabla u(s)\|_{L^2(\mathbb{R}^3)}^2ds\right)^{\frac{3}{4}}t^{\frac{1}{4}}\\ &\leqslant C\|u_0\|_{L^2(\mathbb{R}^3)}^{\frac{3}{2}}\left(\frac{1}{2}\|u_0\|_{L^2(\mathbb{R}^3)}^2\right)^{\frac{3}{4}}t^{\frac{1}{4}}\\ &\leqslant CE^{\frac{3}{2}}t^{\frac{1}{4}},\quad t>0,\end{aligned}\tag{3.3.45}$$

这里 C 是绝对常数. 此外, 前面已证 (对三维情形也是成立的):

$$\hat{p}=-\sum_{i,j=1}^{3}\frac{\xi_i\xi_j}{|\xi|^2}\widehat{u_iu_j}.$$

说明

$$p(x,t)=-\sum_{i,j=1}^{3}R_iR_j(u_iu_j)(x,t).$$

由于 Riesz 算子 $R_j:\ L^{\frac{3}{2}}(\mathbb{R}^3)\longrightarrow L^{\frac{3}{2}}(\mathbb{R}^3)$ 是有界的, $j=1,2,3$. 从而成立

$$\|p(\cdot,t)\|_{L^{\frac{3}{2}}(\mathbb{R}^3)}\leqslant C\sum_{i,j=1}^{3}\|(u_iu_j)(\cdot,t)\|_{L^{\frac{3}{2}}(\mathbb{R}^3)}\leqslant C\|u\|_{L^3(\mathbb{R}^3)}^2,$$

以及

$$\int_0^t\int_{\mathbb{R}^3}|p(x,s)|^{\frac{3}{2}}dxds\leqslant C\int_0^t\int_{\mathbb{R}^3}|u(x,s)|^3dxds,\quad t>0.\tag{3.3.46}$$

设 $\chi\in C^\infty([0,+\infty))$ 满足: $0\leqslant\chi\leqslant1$; $\chi(s)=1,\ s\leqslant1$; $\chi(s)=0,\ s\geqslant2$. 对任意的常数 $0<\epsilon\ll\lambda<1$, 定义

$$\phi_{\epsilon,\lambda}(x)=(\lambda^2+|x|^2)^{\frac{1}{2}}\chi\left(\frac{\epsilon|x|}{\lambda}\right).$$

容易验证

$$|\nabla\phi_{\epsilon,\lambda}(x)|\leqslant C,\quad |\Delta\phi_{\epsilon,\lambda}(x)|\leqslant C|x|^{-1},\quad \forall\, x\in\mathbb{R}^3,$$

上述常数 C 与 λ,ϵ 无关. 在广义能量不等式 (3.3.42) 式中选取上述 $\phi_{\epsilon,\lambda}$ 作为检验函数, 结合 (3.3.44)~(3.3.46), 可知成立

$$\begin{aligned}&\int_{\mathbb{R}^3}|u(x,t)|^2\phi_{\epsilon,\lambda}(x)dx+2\int_0^t\int_{\mathbb{R}^3}|\nabla u(x,s)|^2\phi_{\epsilon,\lambda}(x)dxds\\ \leqslant&\int_{\mathbb{R}^3}|u_0(x)|^2\phi_{\epsilon,\lambda}(x)dx+\int_0^t\int_{\mathbb{R}^3}|u(x,s)|^2\Delta\phi_{\epsilon,\lambda}(x)dxds\end{aligned}$$

$$
\begin{aligned}
&+\int_0^t\int_{\mathbb{R}^3}(|u(x,s)|^2+2p(x,s))u(x,s)\cdot\nabla\phi_{\epsilon,\lambda}(x)dxds\\
\leqslant&\int_{\mathbb{R}^3}|u_0(x)|^2\phi_{\epsilon,\lambda}(x)dx+C\int_0^t\int_{\mathbb{R}^3}\left(\frac{|u(x,s)|^2}{|x|}+|u(x,s)|^3+|p(x,s)|^{\frac{3}{2}}\right)dxds\\
\leqslant&\int_{\mathbb{R}^3}|u_0(x)|^2\phi_{\epsilon,\lambda}(x)dx+C(Et^{\frac{1}{2}}+E^{\frac{3}{2}}t^{\frac{1}{4}}).
\end{aligned}
$$

在上式中先令 $\epsilon\longrightarrow 0$, 可得

$$
\begin{aligned}
&\frac{1}{2}\int_{\mathbb{R}^3}|u(x,t)|^2(\lambda^2+|x|^2)^{\frac{1}{2}}dx+\int_0^t\int_{\mathbb{R}^3}|\nabla u(x,s)|^2(\lambda^2+|x|^2)^{\frac{1}{2}}dxds\\
\leqslant&\frac{1}{2}\int_{\mathbb{R}^3}|u_0(x)|^2(\lambda^2+|x|^2)^{\frac{1}{2}}dx+C(Et^{\frac{1}{2}}+E^{\frac{3}{2}}t^{\frac{1}{4}}).
\end{aligned}
$$

在上式中再令 $\lambda\longrightarrow 0$, 成立

$$
\begin{aligned}
&\frac{1}{2}\int_{\mathbb{R}^3}|u(x,t)|^2|x|dx+\int_0^t\int_{\mathbb{R}^3}|\nabla u(x,s)|^2|x|dxds\\
\leqslant&\frac{1}{2}\int_{\mathbb{R}^3}|u_0(x)|^2|x|dx+C(Et^{\frac{1}{2}}+E^{\frac{3}{2}}t^{\frac{1}{4}})\\
\leqslant&\, G+C(Et^{\frac{1}{2}}+E^{\frac{3}{2}}t^{\frac{1}{4}})=A(t).
\end{aligned}
$$

□

注 记

$$
A=\left\{t:\left|\frac{\partial}{\partial\xi}\widehat{u_iu_j}(\xi,t)\right|\leqslant A(t)\right\},
$$

其中, $u=(u_1,u_2,u_3)$ 是 Navier-Stokes 方程 Cauchy 问题的适当弱解. 由引理 3.3.14 可知, 集合 A 非空. 此外, 可以选择 A, 使得 $m(A^c)=0$. 记 $a_{ij}=\widehat{u_iu_j}, a_{ij}^0(t)=\widehat{u_iu_j}(0,t)$. 若 $t\in A$, 则

$$
a_{ij}(\xi,t)=a_{ij}^0(t)+\xi\cdot\nabla_\xi a_{ij}(\bar{\xi},t).
$$

习 题 三

1. 设 $f=(f_1,f_2,\cdots,f_n)\in L^1(\mathbb{R}^n)(n\geqslant 2)$ 满足: $\nabla\cdot f=0$. 试证

$$
\int_{\mathbb{R}^n}f(x)dx=0.
$$

2. 设 $w\in C_{0,\sigma}^\infty(\mathbb{R}^n)(n\geqslant 2)$, $q\in C^\infty(\mathbb{R}^n)$ 是标量函数. 假定当 $|x|\longrightarrow\infty$ 时, 成立

$$
|w(x)||q(x)|=O(|x|^{1-n}).
$$

则 w 和 ∇q 是正交的:

$$
\int_{\mathbb{R}^n}w(x)\cdot\nabla q(x)dx=0.
$$

3. 设 $n \geqslant 2$, $\nu > 0$. 考虑如下热方程的初值问题:

$$\partial_t u - \nu \Delta u = 0, \quad (x,t) \in \mathbb{R}^n \times (0,\infty); \quad u(x,0) = u_0, \ \ x \in \mathbb{R}^n.$$

如果 $u_0 \in L^p(\mathbb{R}^n)$, $1 \leqslant p \leqslant \infty$. 则上述热方程的初值问题存在唯一的解 $u^\nu(x,t)$, 其表达式如下:

$$u^\nu(x,t) = \int_{\mathbb{R}^n} H(x-y,\nu t) u_0(y) dy,$$

其中 H 是 n 维的 Gauss 核: $H(x,t) = (4\pi t)^{-\frac{n}{2}} e^{-\frac{|x|^2}{4t}}$.

4. 设 $u^\nu(x,t)$ 是习题 3 中热方程初值问题的解.

(1) 如果初值 u_0 满足: $\|u_0\|_{L^\infty(\mathbb{R}^n)} + \|\nabla u_0\|_{L^\infty(\mathbb{R}^n)} \leqslant M$. 则存在常数 $C > 0$, 使得

$$\|u^\nu(\cdot,t) - u_0\|_{L^\infty(\mathbb{R}^n)} \leqslant CM(\nu t)^{\frac{1}{2}}, \quad \forall t > 0.$$

(2) 如果初值 u_0 满足: $\|u_0\|_{L^2(\mathbb{R}^n)} + \|\Delta u_0\|_{L^2(\mathbb{R}^n)} \leqslant M$. 则存在常数 $C > 0$, 使得

$$\|u^\nu(\cdot,t) - u_0\|_{L^2(\mathbb{R}^n)} \leqslant CM\nu t, \quad \forall t > 0.$$

5. 设 $u^\nu(x,t)$ 是习题 3 中热方程初值问题的解. 如果初始值 u_0 是径向对称的, 即 $u_0(x) = u_0(|x|)$. 则 $u^\nu(x,t)$ 是径向对称的, 即 $u^\nu(x,t) = u^\nu(|x|,t)$.

第4章　Navier-Stokes 方程的强解

本章研究不可压缩 Navier-Stokes 方程 Cauchy 问题强解的大时间渐近行为, 即在 $\mathbb{R}^n$ $(n \geqslant 2)$ 上考虑以 $a \in L^2_\sigma$ 为初值的 Navier-Stokes 方程解的渐近性质:

$$\begin{cases} \partial_t u - \Delta u + (u \cdot \nabla)u + \nabla p = 0, & (x,t) \in \mathbb{R}^n \times (0,\infty), \\ \nabla \cdot u(x,t) = 0, & (x,t) \in \mathbb{R}^n \times (0,\infty), \\ u(x,t) \longrightarrow 0, & |x| \longrightarrow \infty. \\ u(x,0) = a(x), & x \in \mathbb{R}^n \end{cases} \tag{4.0.1}$$

在 L^q $(1 \leqslant q \leqslant \infty)$ 空间中, 我们对问题 (4.0.1) 的强解进行了深入的研究, 建立强解及其梯度的长时间衰减性质. 特别需要指出的是, 在端点空间 L^q $(q = 1, \infty)$ 上, 投影算子是无界的, 通常所用方法 (例如, Stokes 方程的 $L^q - L^r$ 估计等) 在这类空间上不再适用.

4.1　强解的长时间渐近行为

定理 4.1.1　*假定 $a \in L^n_\sigma(\mathbb{R}^n)$, $n \geqslant 2$. 则存在常数 $\lambda > 0$, 如果 $\|a\|_{L^n(\mathbb{R}^n)} \leqslant \lambda$, 则问题 (4.0.1) 存在唯一的解 u, 使得对任意的 $t > 0$, 成立*

$$u \in BC([0,\infty); L^n_\sigma(\mathbb{R}^n)), \quad t^{\frac{n}{2}(\frac{1}{n}-\frac{1}{q})} u \in BC((0,\infty); L^q_\sigma(\mathbb{R}^n)), \quad n < q \leqslant \infty; \tag{4.1.1}$$

$$t^{\frac{1}{2}+\frac{n}{2}(\frac{1}{n}-\frac{1}{q})} \nabla u \in BC((0,\infty); L^q_\sigma(\mathbb{R}^n)), \quad n \leqslant q < \infty. \tag{4.1.2}$$

证明　设 $P:\ L^2(\mathbb{R}^n) \longrightarrow L^2_\sigma(\mathbb{R}^n)$ 是有界投影算子, 该算子也可以看成 $P: L^r(\mathbb{R}^n) \longrightarrow L^r_\sigma(\mathbb{R}^n)$ $(1 < r < \infty)$, 当然也是有界的. 注意到, 在 $\mathbb{R}^n$ 上, 利用 Fourier 变换, 容易验证: $P\Delta = \Delta P$. 从而, 问题 (4.0.1) 可以转化为

$$\partial_t u - \Delta u + P(u \cdot \nabla)u = 0; \quad u(x,0) = a(x),$$

或者

$$u(t) = u_0(t) + Gu(t), \tag{4.1.3}$$

其中

$$u_0(t) = e^{t\Delta} a, \quad Gu(t) = -\int_0^t e^{(t-s)\Delta} P(u \cdot \nabla)u(s) ds.$$

事实上, $e^{t\Delta}f$ 可以具体地由如下卷积形式表达出来:

$$[e^{t\Delta}f](x)=[G_t*f](x)=\int_{\mathbb{R}^n}G_t(x-y)*f(y)dy,\quad G_t(x)=(4\pi t)^{-\frac{n}{2}}e^{-\frac{|x|^2}{4t}}.$$

从而, 利用 Young 不等式, 对任意的 $t>0$, 下述估计式成立:

$$\|e^{t\Delta}a\|_{L^q(\mathbb{R}^n)}\leqslant C_0t^{-\frac{n}{2}(\frac{1}{r}-\frac{1}{q})}\|a\|_{L^r(\mathbb{R}^n)},\tag{4.1.4}$$

$$\|\nabla e^{t\Delta}a\|_{L^q(\mathbb{R}^n)}\leqslant C_0't^{-\frac{1}{2}-\frac{n}{2}(\frac{1}{r}-\frac{1}{q})}\|a\|_{L^r(\mathbb{R}^n)},\tag{4.1.5}$$

其中, $1\leqslant r\leqslant q\leqslant\infty$, C_0,C_0' 仅依赖于 n,q,r.

利用 Hölder 不等式, 成立

$$\|P(u\cdot\nabla)v\|_{L^q(\mathbb{R}^n)}\leqslant C\|u\|_{L^{r_1}(\mathbb{R}^n)}\|\nabla v\|_{L^{r_2}(\mathbb{R}^n)},\tag{4.1.6}$$

其中, $q>1$, $1+\dfrac{1}{q}=\dfrac{1}{r_1}+\dfrac{1}{r_2}$; C 仅依赖于 n,q,r_1,r_2.

应用 (4.1.4), (4.1.6), 可得

$$\begin{aligned}\|Gu(t)\|_{L^{\frac{n}{\gamma}}(\mathbb{R}^n)}&\leqslant\int_0^t\|e^{(t-s)\Delta}P(u\cdot\nabla)u(s)\|_{L^{\frac{n}{\gamma}}(\mathbb{R}^n)}ds\\&\leqslant C\int_0^t(t-s)^{-\frac{n}{2}(\frac{\alpha+\beta}{n}-\frac{\gamma}{n})}\|P(u\cdot\nabla)u(s)\|_{L^{\frac{n}{\alpha+\beta}}(\mathbb{R}^n)}ds\\&\leqslant C\int_0^t(t-s)^{-\frac{1}{2}(\alpha+\beta-\gamma)}\|u(s)\|_{L^{\frac{n}{\alpha}}(\mathbb{R}^n)}\|\nabla u(s)\|_{L^{\frac{n}{\beta}}(\mathbb{R}^n)}ds,\end{aligned}\tag{4.1.7}$$

以及

$$\|\nabla Gu(t)\|_{L^{\frac{n}{\gamma}}(\mathbb{R}^n)}\leqslant C\int_0^t(t-s)^{-\frac{1}{2}-\frac{1}{2}(\alpha+\beta-\gamma)}\|u(s)\|_{L^{\frac{n}{\alpha}}(\mathbb{R}^n)}\|\nabla u(s)\|_{L^{\frac{n}{\beta}}(\mathbb{R}^n)}ds.\tag{4.1.8}$$

上述常数 C 依赖于 n,α,β,γ; $\alpha,\beta,\gamma>0$, $\gamma\leqslant\alpha+\beta\leqslant n$; 此外, 在 (4.1.7) 中还需满足: $\alpha+\beta-\gamma\leqslant2$; 在 (4.1.8) 中则要求满足: $\alpha+\beta-\gamma\leqslant1$.

记 $u_0(t)=e^{t\Delta}a$. 考虑下述等式:

$$u_{m+1}(t)=u_0(t)+Gu_m(t),\quad m=0,1,2,\cdots.\tag{4.1.9}$$

根据递推性质, 对任意的整数 m, 上述等式中的函数 u_m 是存在的. 下面讨论 $u_m(t)$ 的相关性质, 即

$$t^{\frac{1-\delta}{2}}u_m(x,t)\in BC((0,\infty);L_\sigma^{\frac{n}{\delta}}(\mathbb{R}^n))\tag{4.1.10}$$

和

$$t^{\frac{1}{2}}u_m(x,t)\in BC((0,\infty);L_\sigma^n(\mathbb{R}^n)),\tag{4.1.11}$$

其中, $0<\delta<1$.

在验证 (4.1.10), (4.1.11) 式之前, 先建立关于 K_m, K_m' 的两个关系式, 即下面的 (4.1.13) 式, 这里 K_m, K_m' 的定义如下:

$$K_m := \max_{t>0}[t^{\frac{1-\delta}{2}}\|u_m(\cdot,t)\|_{L^{\frac{n}{\delta}}(\mathbb{R}^n)}]; \quad K_m' := \max_{t>0}[t^{\frac{1}{2}}\|\nabla u_m(\cdot,t)\|_{L^n(\mathbb{R}^n)}]. \tag{4.1.12}$$

利用 (4.1.4), (4.1.5), (4.1.7) 和 (4.1.8) 式, 可知

$$\begin{aligned}
\|u_{m+1}(t)\|_{L^{\frac{n}{\delta}}(\mathbb{R}^n)} &\leqslant \|u_0(t)\|_{L^{\frac{n}{\delta}}(\mathbb{R}^n)} + \|Gu_m(t)\|_{L^{\frac{n}{\delta}}(\mathbb{R}^n)} \\
&\leqslant C_0 t^{-\frac{1-\delta}{2}}\|a\|_{L^n(\mathbb{R}^n)} \\
&\quad + \overline{C}\int_0^t (t-s)^{-\frac{1}{2}(1+\delta-\delta)}\|u_m(s)\|_{L^{\frac{n}{\delta}}(\mathbb{R}^n)}\|\nabla u_m(s)\|_{L^n(\mathbb{R}^n)}ds \\
&\leqslant C_0 t^{-\frac{1-\delta}{2}}\lambda + \overline{C}K_mK_m'\int_0^t (t-s)^{-\frac{1}{2}}s^{-1+\frac{\delta}{2}}ds \\
&= C_0 t^{-\frac{1-\delta}{2}}\lambda + \overline{C}K_mK_m' t^{-\frac{1-\delta}{2}}\int_0^1 (1-s)^{-\frac{1}{2}}s^{-1+\frac{\delta}{2}}ds \\
&= C_0 t^{-\frac{1-\delta}{2}}\lambda + \overline{C}K_mK_m' B\left(\frac{\delta}{2},\frac{1}{2}\right)t^{-\frac{1-\delta}{2}},
\end{aligned}$$

以及

$$\begin{aligned}
\|\nabla u_{m+1}(t)\|_{L^n(\mathbb{R}^n)} &\leqslant \|\nabla u_0(t)\|_{L^n(\mathbb{R}^n)} + \|\nabla Gu_m(t)\|_{L^n(\mathbb{R}^n)} \\
&\leqslant C_0' t^{-\frac{1}{2}}\|a\|_{L^n(\mathbb{R}^n)} \\
&\quad + \widetilde{C}\int_0^t (t-s)^{-\frac{1}{2}-\frac{\delta}{2}}\|u_m(s)\|_{L^{\frac{n}{\delta}}(\mathbb{R}^n)}\|\nabla u_m(s)\|_{L^n(\mathbb{R}^n)}ds \\
&\leqslant C_0' t^{-\frac{1}{2}}\lambda + \widetilde{C}K_mK_m'\int_0^t (t-s)^{-\frac{1}{2}-\frac{\delta}{2}}s^{-1+\frac{\delta}{2}}ds \\
&= C_0' t^{-\frac{1}{2}}\lambda + \widetilde{C}K_mK_m' t^{-\frac{1}{2}}\int_0^1 (1-s)^{-\frac{1}{2}-\frac{\delta}{2}}s^{-1+\frac{\delta}{2}}ds \\
&= C_0' t^{-\frac{1}{2}}\lambda + \widetilde{C}K_mK_m' B\left(\frac{\delta}{2},\frac{1-\delta}{2}\right)t^{-\frac{1}{2}},
\end{aligned}$$

这里 $B(\alpha,\beta)=\displaystyle\int_0^1 t^{\alpha-1}(1-t)^{\beta-1}dt$, $\alpha,\beta>0$; 常数 $C_0, C_0', \overline{C}, \widetilde{C}$ 仅依赖于 n,δ.

选取

$$C_* = C_0 + C_0' + \overline{C}B\left(\frac{\delta}{2},\frac{1}{2}\right) + \widetilde{C}B\left(\frac{\delta}{2},\frac{1-\delta}{2}\right),$$

C_* 与 λ 无关. 结合上述两个估计式, 可得

$$K_{m+1} \leqslant C_*\lambda + C_* K_m K'_m, \quad K'_{m+1} \leqslant C_*\lambda + C_* K_m K'_m. \tag{4.1.13}$$

现在利用 (4.1.13) 式和归纳法来验证: 对任意的非负整数 m, 下述估计成立:

$$K_m, \ K'_m \leqslant 2C_*\lambda, \quad 其中 \quad 0 < \lambda < (2C_*)^{-2}. \tag{4.1.14}$$

当 $m=0$ 时, 由 (4.1.4), (4.1.5) 和 (4.1.13) 式, 可知

$$\|e^{t\Delta}a\|_{L^{\frac{n}{\delta}}(\mathbb{R}^n)} \leqslant C_0 t^{-\frac{1-\delta}{2}} \|a\|_{L^n(\mathbb{R}^n)}, \quad \|\nabla e^{t\Delta}a\|_{L^n(\mathbb{R}^n)} \leqslant C'_0 t^{-\frac{1}{2}} \|a\|_{L^n(\mathbb{R}^n)}.$$

从而成立

$$K_0, \ K'_0 \leqslant C_* \|a\|_{L^n(\mathbb{R}^n)} \leqslant C_*\lambda, \tag{4.1.15}$$

以及

$$K_1, \ K'_1 \leqslant C_*\lambda + C_* K_0 K'_0 \leqslant C_*\lambda + C_*^3\lambda^2 \leqslant 2C_*\lambda. \tag{4.1.16}$$

假定对于 m, 成立

$$K_m, \ K'_m \leqslant 2C_*\lambda. \tag{4.1.17}$$

下证对 $m+1$ 也成立. 利用 (4.1.13), (4.1.17) 式, 可知

$$K_{m+1}, \ K'_{m+1} \leqslant C_*\lambda + C_*(2C_*\lambda)^2 = C_*\lambda + C_*\lambda(4C_*^2\lambda) \leqslant 2C_*\lambda. \tag{4.1.18}$$

由 (4.1.16)~(4.1.18) 式, 证明了 (4.1.14) 式对任意的非负整数 m 均成立.

需要指出的是, 根据 (4.1.9) 式的递推性, 对任意的正整数 m, 都有

$$t^{\frac{1-\delta}{2}} u_j(\cdot,t) \in BC((0,\infty); L^{\frac{n}{\delta}}(\mathbb{R}^n)), \qquad t^{\frac{1}{2}} \nabla u_j(\cdot,t) \in BC((0,\infty); L^n(\mathbb{R}^n)).$$

现在证明 $\left\{t^{\frac{1-\delta}{2}} u_j(x,t)\right\}_{j=0}^{\infty}$, $\left\{t^{\frac{1}{2}} \nabla u_j(x,t)\right\}_{j=0}^{\infty}$ 分别是 $BC((0,\infty); L^{\frac{n}{\delta}}(\mathbb{R}^n))$ 和 $BC((0,\infty); L^n(\mathbb{R}^n))$ 中的 Cauchy 序列.

注意到, 投影算子 P 和空间变量导数是可以交换的, 即 $P\partial_m = \partial_m P$, $m = 1, 2, \cdots, n$. 对任意的正整数 i, j 以及 $t > 0$, 利用 (4.1.4), (4.1.5), (4.1.14) 式, 可得

$$
\begin{aligned}
&\|u_i(t)-u_j(t)\|_{L^{\frac{n}{\delta}}(\mathbb{R}^n)}\\
=&\left\|\int_0^t e^{(t-s)\Delta}P(u_{i-1}(s)\cdot\nabla u_{i-1}(s)\right.\\
&\left.-u_{j-1}(s)\cdot\nabla u_{j-1}(s))ds\right\|_{L^{\frac{n}{\delta}}(\mathbb{R}^n)}\\
\leqslant&\int_0^t\|e^{-(t-s)\Delta}P\ div(u_{i-1}(s)\otimes u_{i-1}(s)\\
&-u_{j-1}(s)\otimes u_{j-1}(s))\|_{L^{\frac{n}{\delta}}(\mathbb{R}^n)}ds\\
\leqslant&C\int_0^t(t-s)^{-\frac{1}{2}-\frac{\delta}{2}}\|u_{i-1}(s)\otimes u_{i-1}(s)\\
&-u_{j-1}(s)\otimes u_{j-1}(s)\|_{L^{\frac{n}{2\delta}}(\mathbb{R}^n)}ds\\
\leqslant&C\int_0^t(t-s)^{-\frac{1}{2}-\frac{\delta}{2}}(\|u_{i-1}(s)\|_{L^{\frac{n}{\delta}}(\mathbb{R}^n)}+\|u_{j-1}(s)\|_{L^{\frac{n}{\delta}}(\mathbb{R}^n)})\\
&\times\|u_{i-1}(s)-u_{j-1}(s)\|_{L^{\frac{n}{\delta}}(\mathbb{R}^n)}ds\\
\leqslant&C(K_{i-1}+K_{j-1})\sup_{s>0}\left[s^{\frac{1-\delta}{2}}\|u_{i-1}(s)-u_{j-1}(s)\|_{L^{\frac{n}{\delta}}(\mathbb{R}^n)}\right]\\
&\times\int_0^t(t-s)^{-\frac{1}{2}-\frac{\delta}{2}}s^{-1+\delta}ds\\
\leqslant&4\lambda CC_*B\left(\delta,\frac{1-\delta}{2}\right)t^{-\frac{1-\delta}{2}}\sup_{t>0}\left[t^{\frac{1-\delta}{2}}\|u_{i-1}(t)-u_{j-1}(t)\|_{L^{\frac{n}{\delta}}(\mathbb{R}^n)}\right],
\end{aligned}
$$

以及

$$
\begin{aligned}
&\|\nabla u_i(t)-\nabla u_j(t)\|_{L^n(\mathbb{R}^n)}\\
\leqslant&\int_0^t\|\nabla e^{(t-s)\Delta}P(u_{i-1}(s)\cdot\nabla u_{i-1}(s)-u_{j-1}(s)\cdot\nabla u_{j-1}(s))\|_{L^n(\mathbb{R}^n)}ds\\
\leqslant&\int_0^t(t-s)^{-\frac{1}{2}}\|e^{-\frac{1}{2}(t-s)\Delta}P(u_{i-1}(s)\cdot\nabla u_{i-1}(s)\\
&-u_{j-1}(s)\cdot\nabla u_{j-1}(s))\|_{L^n(\mathbb{R}^n)}ds\\
\leqslant&\int_0^t(t-s)^{-\frac{1}{2}-\frac{\delta}{2}}\|u_{i-1}(s)\cdot\nabla u_{i-1}(s)-u_{j-1}(s)\cdot\nabla u_{j-1}(s)\|_{L^{\frac{n}{\delta+1}}(\mathbb{R}^n)}ds\\
\leqslant&\int_0^t(t-s)^{-\frac{1}{2}-\frac{\delta}{2}}(\|u_{i-1}(s)-u_{j-1}(s)\|_{L^{\frac{n}{\delta}}(\mathbb{R}^n)}\|\nabla u_{i-1}(s)\|_{L^n(\mathbb{R}^n)}\\
&+\|u_{j-1}(s)\|_{L^{\frac{n}{\delta}}(\mathbb{R}^n)}\|\nabla u_{i-1}(s)-\nabla u_{j-1}(s)\|_{L^n(\mathbb{R}^n)})ds
\end{aligned}
$$

$$
\begin{aligned}
&\leqslant \int_0^t (t-s)^{-\frac{1}{2}-\frac{\delta}{2}} s^{-1+\frac{\delta}{2}} ds \Big(K'_{i-1} \sup_{s>0} \Big[s^{\frac{1-\delta}{2}} \|u_{i-1}(s)-u_{j-1}(s)\|_{L^{\frac{n}{\delta}}(\mathbb{R}^n)} \Big] \\
&\quad + K_{j-1} \sup_{s>0} \Big[s^{\frac{1}{2}} \|\nabla u_{i-1}(s)-\nabla u_{j-1}(s)\|_{L^n(\mathbb{R}^n)} \Big] \Big) \\
&\leqslant 2\lambda C C_* B\left(\frac{\delta}{2}, \frac{1-\delta}{2}\right) t^{-\frac{1}{2}} \Big(\sup_{s>0} \Big[s^{\frac{1-\delta}{2}} \|u_{i-1}(s)-u_{j-1}(s)\|_{L^{\frac{n}{\delta}}(\mathbb{R}^n)} \Big] \\
&\quad + \sup_{s>0} \Big[s^{\frac{1}{2}} \|\nabla u_{i-1}(s)-\nabla u_{j-1}(s)\|_{L^n(\mathbb{R}^n)} \Big] \Big),
\end{aligned}
$$

其中, 上述两个估计式中的常数 C, C_* 均与 λ 无关.

进一步成立

$$
\begin{aligned}
&\sup_{t>0} \Big[t^{\frac{1-\delta}{2}} \|u_i(t)-u_j(t)\|_{L^{\frac{n}{\delta}}(\mathbb{R}^n)} \Big] \\
&\leqslant 4\lambda C C_* B\left(\delta, \frac{1-\delta}{2}\right) \sup_{t>0} \Big[t^{\frac{1-\delta}{2}} \|u_{i-1}(t)-u_{j-1}(t)\|_{L^{\frac{n}{\delta}}(\mathbb{R}^n)} \Big],
\end{aligned} \tag{4.1.19}
$$

以及

$$
\begin{aligned}
&\sup_{t>0} \Big[t^{\frac{1}{2}} \|\nabla u_{i-1}(t)-\nabla u_{j-1}(t)\|_{L^n(\mathbb{R}^n)} \Big] \\
&\leqslant 2\lambda C C_* B\left(\frac{\delta}{2}, \frac{1-\delta}{2}\right) \Big(\sup_{t>0} \Big[t^{\frac{1-\delta}{2}} \|u_{i-1}(t)-u_{j-1}(t)\|_{L^{\frac{n}{\delta}}(\mathbb{R}^n)} \Big] \\
&\quad + \sup_{t>0} \Big[t^{\frac{1}{2}} \|\nabla u_{i-1}(t)-\nabla u_{j-1}(t)\|_{L^n(\mathbb{R}^n)} \Big] \Big).
\end{aligned} \tag{4.1.20}
$$

将 (4.1.19), (4.1.20) 两式相加, 可得

$$
\begin{aligned}
&\sup_{t>0} \Big[t^{\frac{1-\delta}{2}} \|u_i(t)-u_j(t)\|_{L^{\frac{n}{\delta}}(\mathbb{R}^n)} \Big] + \sup_{t>0} \Big[t^{\frac{1}{2}} \|\nabla u_{i-1}(t)-\nabla u_{j-1}(t)\|_{L^n(\mathbb{R}^n)} \Big] \\
&\leqslant 4\lambda C C_* \left(B\left(\delta, \frac{1-\delta}{2}\right) + B\left(\frac{\delta}{2}, \frac{1-\delta}{2}\right) \right) \Big(\sup_{t>0} \Big[t^{\frac{1-\delta}{2}} \|u_{i-1}(t)-u_{j-1}(t)\|_{L^{\frac{n}{\delta}}(\mathbb{R}^n)} \Big] \\
&\quad + \sup_{t>0} \Big[t^{\frac{1}{2}} \|\nabla u_{i-1}(t)-\nabla u_{j-1}(t)\|_{L^n(\mathbb{R}^n)} \Big] \Big).
\end{aligned}
$$

在上述估计式中进一步要求 λ 满足: $4\lambda C C_* \left(B\left(\delta, \frac{1-\delta}{2}\right) + B\left(\frac{\delta}{2}, \frac{1-\delta}{2}\right) \right) < 1$. 这样由上式可知, $\left\{ t^{\frac{1-\delta}{2}} u_j(\cdot,t) \right\}_{j=0}^{\infty}$, $\left\{ t^{\frac{1}{2}} \nabla u_j(\cdot,t) \right\}_{j=0}^{\infty}$ 分别在 $BC((0,\infty); L^{\frac{n}{\delta}}(\mathbb{R}^n))$, $BC((0,\infty); L^n(\mathbb{R}^n))$ 中确实是 Cauchy 序列. 从而, 存在函数 u, 满足

$$
t^{\frac{1-\delta}{2}} u(\cdot,t) \in L^{\frac{n}{\delta}}(\mathbb{R}^n), \qquad t^{\frac{1}{2}} \nabla u(\cdot,t) \in L^n(\mathbb{R}^n), \tag{4.1.21}
$$

使得, 当 $j \longrightarrow \infty$ 时, 在 $BC((0,\infty); L^{\frac{n}{\delta}}(\mathbb{R}^n))$ 中, 成立 $t^{\frac{1-\delta}{2}} u_j(x,t) \longrightarrow t^{\frac{1-\delta}{2}} u(x,t)$ 以及在 $BC((0,\infty); L^n(\mathbb{R}^n))$ 中, 成立 $t^{\frac{1}{2}} \nabla u_j(x,t) \longrightarrow t^{\frac{1}{2}} \nabla u(x,t)$. 并且由估计式

(4.1.14), 成立

$$t^{\frac{1-\delta}{2}}\|u(\cdot,t)\|_{L^{\frac{n}{\delta}}(\mathbb{R}^n)} \leqslant 2C_*\lambda, \quad t^{\frac{1}{2}}\|\nabla u(\cdot,t)\|_{L^n(\mathbb{R}^n)} \leqslant 2C_*\lambda. \tag{4.1.22}$$

$n<q<\infty$ 情形. 在 (4.1.21), (4.1.22) 式中取 $\delta=\dfrac{n}{q}$, 可知

$$t^{\frac{n}{2}\left(\frac{1}{n}-\frac{1}{q}\right)}u(\cdot,t)\in BC((0,\infty);L^q(\mathbb{R}^n)), \quad t^{\frac{n}{2}\left(\frac{1}{n}-\frac{1}{q}\right)}\|u(\cdot,t)\|_{L^q(\mathbb{R}^n)} \leqslant 2C_*\lambda. \tag{4.1.23}$$

$q=n$ 的情形. 利用 (4.1.4), (4.1.7) 和 (4.1.14) 式, 可知

$$\begin{aligned}
&\|u_{m+1}(t)\|_{L^n(\mathbb{R}^n)} \leqslant \|u_0(t)\|_{L^n(\mathbb{R}^n)} + \|Gu_m(t)\|_{L^n(\mathbb{R}^n)}\\
\leqslant & C_0\|a\|_{L^n(\mathbb{R}^n)} + \overline{C}\int_0^t (t-s)^{-\frac{n}{2}\left(\frac{1+\delta}{n}-\frac{1}{n}\right)}\|u_m(s)\|_{L^{\frac{n}{\delta}}(\mathbb{R}^n)}\|\nabla u_m(s)\|_{L^n(\mathbb{R}^n)}ds\\
\leqslant & C_0\lambda + \overline{C}K_mK_m'\int_0^t (t-s)^{-\frac{\delta}{2}}s^{-1+\frac{\delta}{2}}ds\\
= & C_0\lambda + 4\overline{C}C_*^2\lambda^2 B\left(\frac{\delta}{2},\frac{1-\delta}{2}\right), \quad 0<\delta<1.
\end{aligned}$$

利用递推性质, 可知 $u_{m+1}(x,t)\in C([0,\infty);L^n(\mathbb{R}^n))$, 再结合上式, 说明 $u_{m+1}(x,t)\in BC([0,\infty);L^n(\mathbb{R}^n))$.

对任意的正整数 i,j 以及 $t>0$, 利用 (4.1.4), (4.1.5), (4.1.14) 式, 可得

$$\begin{aligned}
&\|u_i(t)-u_j(t)\|_{L^n(\mathbb{R}^n)}\\
\leqslant & \int_0^t \big\|e^{-(t-s)\Delta}P\operatorname{div}\big(u_{i-1}(s)\otimes u_{i-1}(s)\\
&-u_{j-1}(s)\otimes u_{j-1}(s)\big)\big\|_{L^n(\mathbb{R}^n)}ds\\
\leqslant & C\int_0^t (t-s)^{-\frac{\delta}{2}}\|u_{i-1}(s)\otimes u_{i-1}(s)-u_{j-1}(s)\otimes u_{j-1}(s)\|_{L^{\frac{n}{\delta+1}}(\mathbb{R}^n)}ds\\
\leqslant & C\int_0^t (t-s)^{-\frac{\delta}{2}}\left(\|u_{i-1}(s)\|_{L^{\frac{n}{\delta}}(\mathbb{R}^n)}+\|u_{j-1}(s)\|_{L^{\frac{n}{\delta}}(\mathbb{R}^n)}\right)\\
&\times\|u_{i-1}(s)-u_{j-1}(s)\|_{L^{\frac{n}{\delta}}(\mathbb{R}^n)}ds\\
\leqslant & C(K_{i-1}+K_{j-1})\sup_{s>0}\left[s^{\frac{1-\delta}{2}}\|u_{i-1}(s)-u_{j-1}(s)\|_{L^{\frac{n}{\delta}}(\mathbb{R}^n)}\right]\\
&\times\int_0^t (t-s)^{-\frac{\delta}{2}}s^{-1+\delta}ds\\
\leqslant & 4\lambda CC_*B\left(\delta,1-\frac{\delta}{2}\right)\sup_{t>0}\left[t^{\frac{1-\delta}{2}}\|u_{i-1}(t)-u_{j-1}(t)\|_{L^{\frac{n}{\delta}}(\mathbb{R}^n)}\right],
\end{aligned}$$

说明

$$\sup_{t\geqslant 0}\|u_i(t)-u_j(t)\|_{L^n(\mathbb{R}^n)}\leqslant 4\lambda CC_*B\left(\delta,1-\frac{\delta}{2}\right)\sup_{t>0}\left[t^{\frac{1-\delta}{2}}\|u_{i-1}(t)-u_{j-1}(t)\|_{L^{\frac{n}{\delta}}(\mathbb{R}^n)}\right].$$

由于已证 $\{t^{\frac{1-\delta}{2}}u_j(\cdot,t)\}_{j=0}^{\infty}$ 在 $BC((0,\infty);L^{\frac{n}{\delta}}(\mathbb{R}^n))$ 中是 Cauchy 序列. 由上式可得 $\{u_j(\cdot,t)\}_{j=0}^{\infty}$ 在 $BC([0,\infty);L^n(\mathbb{R}^n))$ 中也是 Cauchy 序列. 从而, 在 (4.1.21) 式中得到的函数 u 满足

$$u \in BC([0,\infty);L^n(\mathbb{R}^n)). \tag{4.1.24}$$

对于 $\nabla u(x,t)$, 已经证明了 $q=n$ 的情形, 即 $t^{\frac{1}{2}}\nabla u \in BC((0,\infty);L^n(\mathbb{R}^n))$. 现在设 $n<q<\infty$, 则存在 $\delta \in (0,1)$, 使得 $n<q<\dfrac{n}{\delta}$. 在 (4.1.8) 式中取 $\gamma=\dfrac{n}{q}$, 并利用 (4.1.14) 式, 可得

$$\begin{aligned}
&\|\nabla u_{m+1}(t)\|_{L^q(\mathbb{R}^n)} \leqslant \|\nabla u_0(t)\|_{L^q(\mathbb{R}^n)} + \|\nabla G u_m(t)\|_{L^q(\mathbb{R}^n)}\\
\leqslant & C_0' t^{-\frac{1}{2}-\frac{n}{2}(\frac{1}{n}-\frac{1}{q})}\|a\|_{L^n(\mathbb{R}^n)}\\
&+\widetilde{C}\int_0^t (t-s)^{-\frac{1}{2}-\frac{1}{2}(\delta+1-\frac{n}{q})}\|u_m(s)\|_{L^{\frac{n}{\delta}}(\mathbb{R}^n)}\|\nabla u_m(s)\|_{L^n(\mathbb{R}^n)}ds\\
\leqslant & C_0' t^{-\frac{1}{2}-\frac{n}{2}(\frac{1}{n}-\frac{1}{q})}\lambda+\widetilde{C}K_mK_m'\int_0^t (t-s)^{-1+\frac{1}{2}(\frac{n}{q}-\delta)}s^{-1+\frac{\delta}{2}}ds\\
= & C_0' t^{-\frac{1}{2}-\frac{n}{2}(\frac{1}{n}-\frac{1}{q})}\lambda+4\widetilde{C}C_*^2\lambda^2 t^{-\frac{1}{2}-\frac{n}{2}(\frac{1}{n}-\frac{1}{q})}\int_0^1 (1-s)^{-1+\frac{1}{2}(\frac{n}{q}-\delta)}s^{-1+\frac{\delta}{2}}ds\\
= & t^{-\frac{1}{2}-\frac{n}{2}(\frac{1}{n}-\frac{1}{q})}\left(C_0'\lambda+4\widetilde{C}C_*^2\lambda^2 B\left(\frac{\delta}{2},\frac{1}{2}\left(\frac{n}{q}-\delta\right)\right)\right).
\end{aligned}$$

说明 $t^{\frac{1}{2}+\frac{n}{2}(\frac{1}{n}-\frac{1}{q})}\nabla u_{m+1}(x,t) \in BC((0,\infty);L^q(\mathbb{R}^n))$, 且满足

$$t^{\frac{1}{2}+\frac{n}{2}(\frac{1}{n}-\frac{1}{q})}\|\nabla u_{m+1}(\cdot,t)\|_{L^q(\mathbb{R}^n)} \leqslant C_0'\lambda+4\widetilde{C}C_*^2\lambda^2 B\left(\frac{\delta}{2},\frac{1}{2}\left(\frac{n}{q}-\delta\right)\right).$$

此外, 对任意的正整数 i,j, 利用 (4.1.14) 式, 对上述 q 及 δ, 成立

$$\begin{aligned}
&\|\nabla u_i(t)-\nabla u_j(t)\|_{L^q(\mathbb{R}^n)}\\
\leqslant & \int_0^t \|\nabla e^{(t-s)\Delta}P\big(u_{i-1}(s)\cdot\nabla u_{i-1}(s)\\
&-u_{j-1}(s)\cdot\nabla u_{j-1}(s)\big)\|_{L^q(\mathbb{R}^n)}ds\\
\leqslant & C\int_0^t (t-s)^{-\frac{1}{2}}\|e^{-\frac{1}{2}(t-s)\Delta}P\big(u_{i-1}(s)\cdot\nabla u_{i-1}(s)\\
&-u_{j-1}(s)\cdot\nabla u_{j-1}(s)\big)\|_{L^q(\mathbb{R}^n)}ds\\
\leqslant & C\int_0^t (t-s)^{-\frac{1}{2}-\frac{n}{2}(\frac{1+\delta}{n}-\frac{1}{q})}\|u_{i-1}(s)\cdot\nabla u_{i-1}(s)\\
&-u_{j-1}(s)\cdot\nabla u_{j-1}(s)\|_{L^{\frac{n}{\delta+1}}(\mathbb{R}^n)}ds
\end{aligned}$$

$$
\begin{aligned}
&\leqslant C\int_0^t (t-s)^{-\frac{1}{2}-\frac{n}{2}(\frac{1+\delta}{n}-\frac{1}{q})}\\
&\quad\times(\|u_{i-1}(s)-u_{j-1}(s)\|_{L^{\frac{n}{\delta}}(\mathbb{R}^n)}\|\nabla u_{i-1}(s)\|_{L^n(\mathbb{R}^n)}\\
&\quad+\|u_{j-1}(s)\|_{L^{\frac{n}{\delta}}(\mathbb{R}^n)}\|\nabla u_{i-1}(s)-\nabla u_{j-1}(s)\|_{L^n(\mathbb{R}^n)})ds\\
&\leqslant C\int_0^t (t-s)^{-\frac{1}{2}-\frac{n}{2}(\frac{1+\delta}{n}-\frac{1}{q})}s^{-1+\frac{\delta}{2}}ds\\
&\quad\times\left(K'_{i-1}\sup_{s>0}\left[s^{\frac{1-\delta}{2}}\|u_{i-1}(s)-u_{j-1}(s)\|_{L^{\frac{n}{\delta}}(\mathbb{R}^n)}\right]\right.\\
&\quad\left.+K_{j-1}\sup_{s>0}\left[s^{\frac{1}{2}}\|\nabla u_{i-1}(s)-\nabla u_{j-1}(s)\|_{L^n(\mathbb{R}^n)}\right]\right)\\
&\leqslant 2\lambda CC_* t^{-\frac{1}{2}-\frac{n}{2}(\frac{1}{n}-\frac{1}{q})}B\left(\frac{\delta}{2},\frac{1-\delta}{2}\right)\\
&\quad\times\left(\sup_{s>0}\left[s^{\frac{1-\delta}{2}}\|u_{i-1}(s)-u_{j-1}(s)\|_{L^{\frac{n}{\delta}}(\mathbb{R}^n)}\right]\right.\\
&\quad\left.+\sup_{s>0}\left[s^{\frac{1}{2}}\|\nabla u_{i-1}(s)-\nabla u_{j-1}(s)\|_{L^n(\mathbb{R}^n)}\right]\right).
\end{aligned}
$$

从而可得

$$
\begin{aligned}
&\sup_{t>0}\left[t^{\frac{1}{2}+\frac{n}{2}(\frac{1}{n}-\frac{1}{q})}\|\nabla u_i(t)-\nabla u_j(t)\|_{L^q(\mathbb{R}^n)}\right]\\
\leqslant{}& 2\lambda CC_* B\left(\frac{\delta}{2},\frac{1-\delta}{2}\right)\left(\sup_{s>0}\left[s^{\frac{1-\delta}{2}}\|u_{i-1}(s)-u_{j-1}(s)\|_{L^{\frac{n}{\delta}}(\mathbb{R}^n)}\right]\right.\\
&\left.+\sup_{s>0}\left[s^{\frac{1}{2}}\|\nabla u_{i-1}(s)-\nabla u_{j-1}(s)\|_{L^n(\mathbb{R}^n)}\right]\right).
\end{aligned}
$$

前面已证, 当 $i,j\longrightarrow\infty$ 时, 上述估计式中的右端趋于零. 说明

$$
\lim_{i,j\to\infty}\sup_{t>0}\left[t^{\frac{1}{2}+\frac{n}{2}(\frac{1}{n}-\frac{1}{q})}\|\nabla u_i(t)-\nabla u_j(t)\|_{L^q(\mathbb{R}^n)}\right]=0.
$$

即 $\left\{t^{\frac{1}{2}+\frac{n}{2}(\frac{1}{n}-\frac{1}{q})}\nabla u_j(\cdot,t)\right\}_{j=0}^{\infty}$ 在 $BC((0,\infty);L^q(\mathbb{R}^n))$ 中是 Cauchy 序列. 从而, 在 (4.1.21) 式中得到的函数 u 满足

$$
t^{\frac{1}{2}+\frac{n}{2}(\frac{1}{n}-\frac{1}{q})}\nabla u(\cdot,t)\in BC((0,\infty);L^q(\mathbb{R}^n)). \tag{4.1.25}
$$

下证 $t^{\frac{n}{2}(\frac{1}{n}-\frac{1}{q})}u(\cdot,t)\in BC((0,\infty);L^q(\mathbb{R}^n))$, $q=\infty$, 即要证

$$
t^{\frac{1}{2}}u(\cdot,t)\in BC((0,\infty);L^\infty(\mathbb{R}^n)). \tag{4.1.26}
$$

事实上, 利用 Gagliardo-Nirenberg 不等式, 可得

$$\|u(t)\|_{L^\infty(\mathbb{R}^n)}^2 \leqslant \|u(t)\|_{L^{2n}(\mathbb{R}^n)} \|\nabla u(t)\|_{L^{2n}(\mathbb{R}^n)}.$$

从而, 对任意的 $\epsilon > 0$, 以及 $t, t_0 \geqslant \epsilon$, 成立

$$\|u(t) - u(t_0)\|_{L^\infty(\mathbb{R}^n)}^2 \leqslant \|u(t) - u(t_0)\|_{L^{2n}(\mathbb{R}^n)} \|\nabla(u(t) - u(t_0))\|_{L^{2n}(\mathbb{R}^n)}.$$

当 $t \longrightarrow t_0$ 时, 上述估计式的右端趋于零. 由 $\epsilon > 0$ 的任意性可知: $u \in BC((0,\infty), L^\infty(\mathbb{R}^n))$, 当然也有 $t^{\frac{1}{2}} u \in BC((0,\infty); L^\infty(\mathbb{R}^n))$. 再由 (4.1.23)–(4.1.26) 式, 可知

$$u(\cdot,t) \in BC((0,\infty); L^n(\mathbb{R}^n)), \quad t^{\frac{n}{2}(\frac{1}{n}-\frac{1}{q})} u(\cdot,t) \in BC((0,\infty); L^q(\mathbb{R}^n)), \quad n < q \leqslant \infty,$$

以及

$$t^{\frac{1}{2}+\frac{n}{2}(\frac{1}{n}-\frac{1}{q})} \nabla u(\cdot,t) \in BC((0,\infty); L^q(\mathbb{R}^n)), \quad n \leqslant q < \infty. \qquad \square$$

定理 4.1.2 假定 $a \in L^p_\sigma(\mathbb{R}^n) \cap L^n(\mathbb{R}^n)$, $1 < p < n$, $n \geqslant 2$. 设问题 (4.0.1) 的解 u 由定理 4.1.1 给出, 如果存在常数 $0 < \lambda_1 \leqslant \lambda$, 使得 $\|a\|_{L^n(\mathbb{R}^n)} \leqslant \lambda_1$, 则对任意的 $p \leqslant q < \infty$, 成立

$$t^{\frac{n}{2}(\frac{1}{p}-\frac{1}{q})} u(\cdot,t), \quad t^{\frac{1}{2}+\frac{n}{2}(\frac{1}{p}-\frac{1}{q})} \nabla u(\cdot,t) \in BC((0,\infty); L^q_\sigma(\mathbb{R}^n)). \tag{4.1.27}$$

证明 利用 (4.1.4), (4.1.7) 和 (4.1.9) 式, 对于 $1 < p < n$, $n \geqslant 2$, 以及 $p \leqslant q < \infty$, 可得

$$\begin{aligned}
&\|u_{m+1}(t)\|_{L^q(\mathbb{R}^n)} \leqslant \|u_0(t)\|_{L^q(\mathbb{R}^n)} + \|Gu_m(t)\|_{L^q(\mathbb{R}^n)} \\
\leqslant & C_0 t^{-\frac{n}{2}(\frac{1}{p}-\frac{1}{q})} \|a\|_{L^p(\mathbb{R}^n)} \\
& + \overline{C} \int_0^t (t-s)^{-\frac{n}{2}(\frac{1}{p}-\frac{1}{q})} \|e^{\frac{(t-s)\Delta}{2}} P((u_m\cdot\nabla)u_m)(s)\|_{L^p(\mathbb{R}^n)} ds \\
\leqslant & C_0 t^{-\frac{n}{2}(\frac{1}{p}-\frac{1}{q})} \|a\|_{L^p(\mathbb{R}^n)} + \overline{C} \int_0^t (t-s)^{-\frac{n}{2}(\frac{1}{p}-\frac{1}{q})-\frac{n}{2}(\frac{1}{p}+\frac{\beta}{n}-\frac{1}{p})} \\
& \times \|u_m(s)\|_{L^p(\mathbb{R}^n)} \|\nabla u_m(s)\|_{L^{\frac{n}{\beta}}(\mathbb{R}^n)} ds \\
\leqslant & C_0 t^{-\frac{n}{2}(\frac{1}{p}-\frac{1}{q})} \|a\|_{L^p(\mathbb{R}^n)} \\
& + \overline{C} \int_0^t (t-s)^{-\frac{n}{2}(\frac{1}{p}-\frac{1}{q})-\frac{n}{2}(\frac{1}{p}+\frac{\beta}{n}-\frac{1}{p})} s^{-1+\frac{\beta}{2}} ds \\
& \times \sup_{s>0} \|u_m(s)\|_{L^p(\mathbb{R}^n)} \sup_{s>0} [s^{1-\frac{\beta}{2}} \|\nabla u_m(s)\|_{L^{\frac{n}{\beta}}(\mathbb{R}^n)}] \\
\leqslant & C_0 t^{-\frac{n}{2}(\frac{1}{p}-\frac{1}{q})} \|a\|_{L^p(\mathbb{R}^n)} + 2C_* \overline{C} \lambda t^{-\frac{n}{2}(\frac{1}{p}-\frac{1}{q})} \sup_{s>0} \|u_m(s)\|_{L^p(\mathbb{R}^n)} \\
& \times \int_0^1 (1-s)^{-\frac{n}{2}(\frac{1}{p}-\frac{1}{q})-\frac{\beta}{2}} s^{-1+\frac{\beta}{2}} ds, \quad 0 < \beta < 1.
\end{aligned} \tag{4.1.28}$$

特别地, 在 (4.1.28) 中取 $p=q$, 可知对于 $0<\beta<1$, 成立

$$\|u_{m+1}(t)\|_{L^p(\mathbb{R}^n)}\leqslant C_0\|a\|_{L^p(\mathbb{R}^n)}+2C_*\overline{C}\lambda B\left(\frac{\beta}{2},1-\frac{\beta}{2}\right)\sup_{s>0}\|u_m(s)\|_{L^p(\mathbb{R}^n)}.$$

根据递推性, 可知 $u_m\in BC([0,\infty);L^p(\mathbb{R}^n)$. 同时还有

$$\sup_{t>0}\|u_{m+1}(t)\|_{L^p(\mathbb{R}^n)}\leqslant C_0\|a\|_{L^p(\mathbb{R}^n)}+2C_*\overline{C}\lambda B\left(\frac{\beta}{2},1-\frac{\beta}{2}\right)\sup_{s>0}\|u_m(s)\|_{L^p(\mathbb{R}^n)}.$$

在上式中取 $\lambda>0$ 比较小, 使得 $2C_*\overline{C}\lambda B\left(\frac{\beta}{2},1-\frac{\beta}{2}\right)=:L_*\lambda<1$, 利用上式的递推性, 可知

$$\begin{aligned}
&\sup_{t>0}\|u_{m+1}(t)\|_{L^p(\mathbb{R}^n)}\leqslant C_0\|a\|_{L^p(\mathbb{R}^n)}+L_*\lambda\sup_{s>0}\|u_m(s)\|_{L^p(\mathbb{R}^n)}\\
\leqslant\ & C_0\|a\|_{L^p(\mathbb{R}^n)}+L_*\lambda\big(C_0\|a\|_{L^p(\mathbb{R}^n)}+L_*\lambda\sup_{s>0}\|u_{m-1}(s)\|_{L^p(\mathbb{R}^n)}\big)\\
\leqslant\ & C_0\|a\|_{L^p(\mathbb{R}^n)}(1+L_*\lambda)+(L_*\lambda)^2\sup_{s>0}\|u_{m-1}(s)\|_{L^p(\mathbb{R}^n)}\\
&\cdots\cdots\\
\leqslant\ & C_0\|a\|_{L^p(\mathbb{R}^n)}(1+L_*\lambda+\cdots+(L_*\lambda)^m)+(L_*\lambda)^{m+1}\sup_{s>0}\|u_0(s)\|_{L^p(\mathbb{R}^n)}\\
\leqslant\ & \frac{C_0\|a\|_{L^p(\mathbb{R}^n)}}{1-L_*\lambda}+C_0\|a\|_{L^p(\mathbb{R}^n)}(L_*\lambda)^{m+1}\\
\leqslant\ & \frac{C_0\|a\|_{L^p(\mathbb{R}^n)}}{1-L_*\lambda}+C_0\|a\|_{L^p(\mathbb{R}^n)}.
\end{aligned}$$

即对任意非负整数 m, 成立

$$\sup_{t>0}\|u_{m+1}(t)\|_{L^p(\mathbb{R}^n)}\leqslant C_0\|a\|_{L^p(\mathbb{R}^n)}\left(\frac{1}{1-L_*\lambda}+1\right):=A_0. \tag{4.1.29}$$

对任意的正整数 i,j 以及 $t>0$, 利用 (4.1.4), (4.1.14) 和 (4.1.29) 式, 可得

$$\begin{aligned}
&\|u_i(t)-u_j(t)\|_{L^p(\mathbb{R}^n)}\\
\leqslant&\int_0^t\|e^{-(t-s)\Delta}P\ (u_{i-1}(s)\cdot\nabla u_{i-1}(s)\\
&-u_{j-1}(s)\cdot\nabla u_{j-1}(s))\ \|_{L^p(\mathbb{R}^n)}ds\\
\leqslant&\, C\int_0^t(t-s)^{-\frac{\beta}{2}}\|u_{i-1}(s)\cdot\nabla u_{i-1}(s)-u_{j-1}(s)\cdot\nabla u_{j-1}(s)\|_{L^{(\frac{1}{p}+\frac{\beta}{n})^{-1}}(\mathbb{R}^n)}ds\\
\leqslant&\, C\int_0^t(t-s)^{-\frac{\beta}{2}}\Big(\|u_{i-1}(s)-u_{j-1}(s)\|_{L^p(\mathbb{R}^n)}\|\nabla u_{i-1}(s)\|_{L^{\frac{n}{\beta}}(\mathbb{R}^n)}\\
&+\|u_{j-1}(s)\|_{L^p(\mathbb{R}^n)}\|\nabla u_{i-1}(s)-\nabla u_{j-1}(s)\|_{L^{\frac{n}{\beta}}(\mathbb{R}^n)}\Big)ds
\end{aligned}$$

$$\leqslant C\int_0^t (t-s)^{-\frac{\beta}{2}} s^{-1+\frac{\beta}{2}} ds \Big(2C_*\lambda \sup_{s>0}\|u_{i-1}(s)-u_{j-1}(s)\|_{L^p(\mathbb{R}^n)}$$
$$+A_0\sup_{s>0}\left[s^{1-\frac{\beta}{2}}\|\nabla u_{i-1}(s)-\nabla u_{j-1}(s)\|_{L^{\frac{n}{\beta}}(\mathbb{R}^n)}\right]\Big)$$
$$=C\int_0^1 (1-s)^{-\frac{\beta}{2}} s^{-1+\frac{\beta}{2}} ds \Big(2C_*\lambda \sup_{s>0}\|u_{i-1}(s)-u_{j-1}(s)\|_{L^p(\mathbb{R}^n)}$$
$$+A_0\sup_{s>0}\left[s^{1-\frac{\beta}{2}}\|\nabla u_{i-1}(s)-\nabla u_{j-1}(s)\|_{L^{\frac{n}{\beta}}(\mathbb{R}^n)}\right]\Big).$$

说明

$$\sup_{t>0}\|u_i(t)-u_j(t)\|_{L^p(\mathbb{R}^n)}$$
$$\leqslant CB\left(\frac{\beta}{2},1-\frac{\beta}{2}\right)\Big(2C_*\lambda \sup_{s>0}\|u_{i-1}(s)-u_{j-1}(s)\|_{L^p(\mathbb{R}^n)}$$
$$+A_0\sup_{s>0}\left[s^{1-\frac{\beta}{2}}\|\nabla u_{i-1}(s)-\nabla u_{j-1}(s)\|_{L^{\frac{n}{\beta}}(\mathbb{R}^n)}\right]\Big).$$

在定理 4.1.1 中已证

$$\lim_{i,j\to\infty}\sup_{s>0}\left[s^{1-\frac{\beta}{2}}\|\nabla u_{i-1}(s)-\nabla u_{j-1}(s)\|_{L^{\frac{n}{\beta}}(\mathbb{R}^n)}\right]=0.$$

取 $\lambda>0$ 比较小时, 使得 $2CC_*B\left(\frac{\beta}{2},1-\frac{\beta}{2}\right)\lambda<1$. 在上式中令 $i,j\longrightarrow\infty$, 可得 $\sup_{t>0}\|u_i(t)-u_j(t)\|_{L^p(\mathbb{R}^n)}\longrightarrow 0$. 说明 $\{u_j(x,t)\}_{j=1}^{\infty}$ 是 $BC([0,\infty);L^p(\mathbb{R}^n))$ 中的 Cauchy 序列.

类似 (4.1.28) 式的证明, 对 $1<p<n$, $n\geqslant 2$, 以及 $p\leqslant q<\infty$, 以及任意的 $0<\beta<1$, 成立

$$\|\nabla u_{m+1}(t)\|_{L^q(\mathbb{R}^n)}\leqslant C_0 t^{-\frac{1}{2}-\frac{n}{2}(\frac{1}{p}-\frac{1}{q})}\|a\|_{L^p(\mathbb{R}^n)}$$
$$+2C_*\overline{C}\lambda t^{-\frac{1}{2}-\frac{n}{2}(\frac{1}{p}-\frac{1}{q})}\sup_{s>0}\|u_m(s)\|_{L^p(\mathbb{R}^n)}$$
$$\times\int_0^1(1-s)^{-\frac{1}{2}-\frac{n}{2}(\frac{1}{p}-\frac{1}{q})-\frac{\beta}{2}}s^{-1+\frac{\beta}{2}}ds. \tag{4.1.30}$$

在 (4.1.30) 中令 $q=p$, 可得

$$\|\nabla u_{m+1}(t)\|_{L^p(\mathbb{R}^n)}\leqslant C_0 t^{-\frac{1}{2}}\|a\|_{L^p(\mathbb{R}^n)}+2C_*\overline{C}B\left(\frac{1-\beta}{2},\frac{\beta}{2}\right)\lambda t^{-\frac{1}{2}}\sup_{s>0}\|u_m(s)\|_{L^p(\mathbb{R}^n)}.$$

结合 (4.1.29), 成立

$$\sup_{t>0}\left[t^{\frac{1}{2}}\|\nabla u_{m+1}(t)\|_{L^p(\mathbb{R}^n)}\right]\leqslant C_0\|a\|_{L^p(\mathbb{R}^n)}+2C_*\overline{C}B\left(\frac{1-\beta}{2},\frac{\beta}{2}\right)A_0\lambda. \tag{4.1.31}$$

根据递推性, 可知 $t^{\frac{1}{2}}\nabla u_{m+1}(x,t)\in BC((0,\infty);L^p(\mathbb{R}^n))$. 下面验证 $\{t^{\frac{1}{2}}\nabla u_j(x,t)\}_{j=1}^{\infty}$ 在 $BC((0,\infty);L^p(\mathbb{R}^n))$ 中是 Cauchy 序列.

对任意的正整数 i,j 以及 $t>0$, 利用 (4.1.5), (4.1.14) 和 (4.1.29) 式, 可得

$$
\begin{aligned}
&\|\nabla u_i(t)-\nabla u_j(t)\|_{L^p(\mathbb{R}^n)}\\
\leqslant\, & C\int_0^t (t-s)^{-\frac{1}{2}}\Big\|e^{-\frac{(t-s)\Delta}{2}}P\,\big(u_{i-1}(s)\cdot\nabla u_{i-1}(s)\\
&-u_{j-1}(s)\cdot\nabla u_{j-1}(s)\big)\Big\|_{L^p(\mathbb{R}^n)}ds\\
\leqslant\, & C\int_0^t (t-s)^{-\frac{1}{2}-\frac{\beta}{2}}\|u_{i-1}(s)\cdot\nabla u_{i-1}(s)-u_{j-1}(s)\cdot\nabla u_{j-1}(s)\|_{L^{(\frac{1}{p}+\frac{\beta}{n})^{-1}}(\mathbb{R}^n)}ds\\
\leqslant\, & C\int_0^t (t-s)^{-\frac{1}{2}-\frac{\beta}{2}}\Big(\|u_{i-1}(s)-u_{j-1}(s)\|_{L^p(\mathbb{R}^n)}\|\nabla u_{i-1}(s)\|_{L^{\frac{n}{\beta}}(\mathbb{R}^n)}\Big)\\
&+\|u_{j-1}(s)\|_{L^p(\mathbb{R}^n)}\|\nabla u_{i-1}(s)-\nabla u_{j-1}(s)\|_{L^{\frac{n}{\beta}}(\mathbb{R}^n)}ds\\
\leqslant\, & C\int_0^t (t-s)^{-\frac{1}{2}-\frac{\beta}{2}}s^{-1+\frac{\beta}{2}}ds\Big(2C_*\lambda\sup_{s>0}\|u_{i-1}(s)-u_{j-1}(s)\|_{L^p(\mathbb{R}^n)}\\
&+A_0\sup_{s>0}\Big[s^{1-\frac{\beta}{2}}\|\nabla u_{i-1}(s)-\nabla u_{j-1}(s)\|_{L^{\frac{n}{\beta}}(\mathbb{R}^n)}\Big]\Big)\\
=\, & Ct^{-\frac{1}{2}}\int_0^1 (1-s)^{-\frac{1}{2}-\frac{\beta}{2}}s^{-1+\frac{\beta}{2}}ds\Big(2C_*\lambda\sup_{s>0}\|u_{i-1}(s)-u_{j-1}(s)\|_{L^p(\mathbb{R}^n)}\\
&+A_0\sup_{s>0}\Big[s^{1-\frac{\beta}{2}}\|\nabla u_{i-1}(s)-\nabla u_{j-1}(s)\|_{L^{\frac{n}{\beta}}(\mathbb{R}^n)}\Big]\Big).
\end{aligned}
$$

说明

$$
\begin{aligned}
&\sup_{t>0}\Big[t^{\frac{1}{2}}\|\nabla u_i(t)-\nabla u_j(t)\|_{L^p(\mathbb{R}^n)}\Big]\\
\leqslant\, & CB\left(\frac{1-\beta}{2},\frac{\beta}{2}\right)\Big(2C_*\lambda\sup_{s>0}\|u_{i-1}(s)-u_{j-1}(s)\|_{L^p(\mathbb{R}^n)}\\
&+A_0\sup_{s>0}\Big[s^{1-\frac{\beta}{2}}\|\nabla u_{i-1}(s)-\nabla u_{j-1}(s)\|_{L^{\frac{n}{\beta}}(\mathbb{R}^n)}\Big]\Big).
\end{aligned}
$$

已证

$$
\lim_{i,j\to\infty}\sup_{s>0}\|u_{i-1}(s)-u_{j-1}(s)\|_{L^p(\mathbb{R}^n)}=0,
$$

以及

$$
\lim_{i,j\to\infty}\sup_{s>0}\Big[s^{1-\frac{\beta}{2}}\|\nabla u_{i-1}(s)-\nabla u_{j-1}(s)\|_{L^{\frac{n}{\beta}}(\mathbb{R}^n)}\Big]=0.
$$

从而

$$
\lim_{i,j\to\infty}\sup_{t>0}[t^{\frac{1}{2}}\|\nabla u_i(t)-\nabla u_j(t)\|_{L^p(\mathbb{R}^n)}]=0.
$$

说明 $\{t^{\frac{1}{2}}\nabla u_j(x,t)\}_{j=1}^{\infty}$ 是 $BC((0,\infty);L^p(\mathbb{R}^n))$ 中的 Cauchy 序列.

上述讨论表明, 存在函数 u, 满足

$$u(x,t), \quad t^{\frac{1}{2}}\nabla u(x,t) \in BC((0,\infty);L^p(\mathbb{R}^n)), \tag{4.1.32}$$

以及

$$u(t) = e^{t\Delta}a - \int_0^t e^{(t-s)\Delta}P(u(s)\cdot\nabla)u(s)ds. \tag{4.1.33}$$

下面处理 $p<q<\infty$.

情形 1 假定 $\frac{1}{p}-\frac{1}{q}<\frac{1}{n}$. 可知 $\frac{n}{2}\left(\frac{1}{p}-\frac{1}{q}\right)<\frac{1}{2}$. 此时, 可以取 $0<\beta<1$ 充分小, 使得 $\frac{1}{2}+\frac{n}{2}\left(\frac{1}{p}-\frac{1}{q}\right)+\frac{\beta}{2}<1$. 利用 (4.1.28)—(4.1.30) 式, 可得

$$\begin{aligned}\|u_{m+1}(t)\|_{L^q(\mathbb{R}^n)} \leqslant\ & C_0t^{-\frac{n}{2}\left(\frac{1}{p}-\frac{1}{q}\right)}\|a\|_{L^p(\mathbb{R}^n)}\\ &+2C_*\overline{C}A_0\lambda t^{-\frac{n}{2}\left(\frac{1}{p}-\frac{1}{q}\right)}B\left(1-\frac{n}{2}\left(\frac{1}{p}-\frac{1}{q}\right)-\frac{\beta}{2},\frac{\beta}{2}\right)\\ =:\ & B_0t^{-\frac{n}{2}\left(\frac{1}{p}-\frac{1}{q}\right)},\end{aligned}$$

以及

$$\begin{aligned}\|\nabla u_{m+1}(t)\|_{L^q(\mathbb{R}^n)} \leqslant\ & t^{-\frac{1}{2}-\frac{n}{2}\left(\frac{1}{p}-\frac{1}{q}\right)}\Bigg(C_0\|a\|_{L^p(\mathbb{R}^n)}+2C_*\overline{C}A_0\lambda\\ &\times B\left(\frac{1}{2}-\frac{n}{2}\left(\frac{1}{p}-\frac{1}{q}\right)-\frac{\beta}{2},\frac{\beta}{2}\right)\Bigg)\\ =:\ & B_0't^{-\frac{1}{2}-\frac{n}{2}\left(\frac{1}{p}-\frac{1}{q}\right)}.\end{aligned}$$

说明

$$\begin{gathered}t^{\frac{n}{2}\left(\frac{1}{p}-\frac{1}{q}\right)}\|u_{m+1}(t)\|_{L^q(\mathbb{R}^n)} \in BC((0,\infty);L^q(\mathbb{R}^n)),\\ t^{\frac{1}{2}+\frac{n}{2}\left(\frac{1}{p}-\frac{1}{q}\right)}\|\nabla u_{m+1}(t)\|_{L^q(\mathbb{R}^n)} \in BC((0,\infty);L^q(\mathbb{R}^n)).\end{gathered}$$

并且

$$\begin{aligned}&\sup_{t>0}[t^{\frac{n}{2}\left(\frac{1}{p}-\frac{1}{q}\right)}\|u_{m+1}(t)\|_{L^q(\mathbb{R}^n)}]\\ \leqslant\ & C_0\|a\|_{L^p(\mathbb{R}^n)}+2C_*\overline{C}A_0\lambda B\left(1-\frac{n}{2}\left(\frac{1}{p}-\frac{1}{q}\right)-\frac{\beta}{2},\frac{\beta}{2}\right);\\ &\sup_{t>0}[t^{\frac{1}{2}+\frac{n}{2}\left(\frac{1}{p}-\frac{1}{q}\right)}\|\nabla u_{m+1}(t)\|_{L^q(\mathbb{R}^n)}]\\ \leqslant\ & C_0\|a\|_{L^p(\mathbb{R}^n)}+2C_*\overline{C}A_0\lambda B\left(\frac{1}{2}-\frac{n}{2}\left(\frac{1}{p}-\frac{1}{q}\right)-\frac{\beta}{2},\frac{\beta}{2}\right).\end{aligned}$$

下面验证 $\{t^{\frac{n}{2}\left(\frac{1}{p}-\frac{1}{q}\right)}u_j(x,t)\}_{j=1}^{\infty}$, $\{t^{\frac{1}{2}+\frac{n}{2}\left(\frac{1}{p}-\frac{1}{q}\right)}\nabla u_j(x,t)\}_{j=1}^{\infty}$ 分别是 $BC((0,\infty);L^q(\mathbb{R}^n))$ 中的 Cauchy 序列.

对任意的正整数 i,j 以及 $t>0$, 利用 (4.1.4), (4.1.5), (4.1.14), (4.1.29) 和 (4.1.31) 式, 对于 $k=0,1$, 可得

$$
\begin{aligned}
&\|\nabla^k u_i(t)-\nabla^k u_j(t)\|_{L^q(\mathbb{R}^n)}\\
\leqslant& C\int_0^t (t-s)^{-\frac{k}{2}-\frac{n}{2}\left(\frac{1}{p}-\frac{1}{q}\right)}\Big\|e^{-\frac{(t-s)\Delta}{2}}P\Big(u_{i-1}(s)\cdot\nabla u_{i-1}(s)\\
&-u_{j-1}(s)\cdot\nabla u_{j-1}(s)\Big)\Big\|_{L^p(\mathbb{R}^n)}ds\\
\leqslant& C\int_0^t (t-s)^{-\frac{k}{2}-\frac{n}{2}(\frac{1}{p}-\frac{1}{q})-\frac{\beta}{2}}\\
&\times\Big\|u_{i-1}(s)\cdot\nabla u_{i-1}(s)-u_{j-1}(s)\cdot\nabla u_{j-1}(s)\Big\|_{L^{(\frac{1}{p}+\frac{\beta}{n})^{-1}}(\mathbb{R}^n)}ds\\
\leqslant& C\int_0^t (t-s)^{-\frac{k}{2}-\frac{n}{2}(\frac{1}{p}-\frac{1}{q})-\frac{\beta}{2}}\\
&\times\Big(\|u_{i-1}(s)-u_{j-1}(s)\|_{L^p(\mathbb{R}^n)}\|\nabla u_{i-1}(s)\|_{L^{\frac{n}{\beta}}(\mathbb{R}^n)}\\
&+\|u_{j-1}(s)\|_{L^p(\mathbb{R}^n)}\|\nabla u_{i-1}(s)-\nabla u_{j-1}(s)\|_{L^{\frac{n}{\beta}}(\mathbb{R}^n)}\Big)ds\\
\leqslant& C\int_0^t (t-s)^{-\frac{k}{2}-\frac{n}{2}(\frac{1}{p}-\frac{1}{q})-\frac{\beta}{2}}s^{-1+\frac{\beta}{2}}ds\\
&\times\Big(2C_*\lambda\sup_{s>0}\|u_{i-1}(s)-u_{j-1}(s)\|_{L^p(\mathbb{R}^n)}\\
&+A_0\sup_{s>0}\Big[s^{1-\frac{\beta}{2}}\|\nabla u_{i-1}(s)-\nabla u_{j-1}(s)\|_{L^{\frac{n}{\beta}}(\mathbb{R}^n)}\Big]\Big)\\
=&Ct^{-\frac{k}{2}-\frac{n}{2}\left(\frac{1}{p}-\frac{1}{q}\right)}\int_0^1 (1-s)^{-\frac{k}{2}-\frac{n}{2}(\frac{1}{p}-\frac{1}{q})-\frac{\beta}{2}}s^{-1+\frac{\beta}{2}}ds\\
&\times\Big(2C_*\lambda\sup_{s>0}\|u_{i-1}(s)-u_{j-1}(s)\|_{L^p(\mathbb{R}^n)}\\
&+A_0\sup_{s>0}\Big[s^{1-\frac{\beta}{2}}\|\nabla u_{i-1}(s)-\nabla u_{j-1}(s)\|_{L^{\frac{n}{\beta}}(\mathbb{R}^n)}\Big]\Big).
\end{aligned}
$$

说明

$$
\begin{aligned}
&\sup_{t>0}[t^{\frac{k}{2}+\frac{n}{2}(\frac{1}{p}-\frac{1}{q})}\|u_i(t)-u_j(t)\|_{L^q(\mathbb{R}^n)}]\\
\leqslant& CB\left(\frac{\beta}{2},1-\frac{k}{2}-\frac{n}{2}\left(\frac{1}{p}-\frac{1}{q}\right)-\frac{\beta}{2}\right)\\
&\times\Big(2C_*\lambda\sup_{s>0}\|u_{i-1}(s)-u_{j-1}(s)\|_{L^p(\mathbb{R}^n)}\\
&+A_0\sup_{s>0}\Big[s^{1-\frac{\beta}{2}}\|\nabla u_{i-1}(s)-\nabla u_{j-1}(s)\|_{L^{\frac{n}{\beta}}(\mathbb{R}^n)}\Big]\Big).
\end{aligned}
$$

前面已证

$$\lim_{i,j\to\infty}\sup_{s>0}\|u_{i-1}(s)-u_{j-1}(s)\|_{L^p(\mathbb{R}^n)}=0$$

和

$$\lim_{i,j\to\infty}\sup_{s>0}[s^{1-\frac{\beta}{2}}\|\nabla u_{i-1}(s)-\nabla u_{j-1}(s)\|_{L^{\frac{n}{\beta}}(\mathbb{R}^n)}]=0.$$

因此

$$\lim_{i,j\to\infty}\sup_{t>0}[t^{\frac{k}{2}+\frac{n}{2}(\frac{1}{p}-\frac{1}{q})}\|\nabla^k u_i(t)-\nabla^k u_j(t)\|_{L^q(\mathbb{R}^n)}]=0,$$

即 $\{t^{\frac{k}{2}+\frac{n}{2}(\frac{1}{p}-\frac{1}{q})}\nabla^k u_j(x,t)\}_{j=1}^{\infty}$ 是 $BC((0,\infty);L^q(\mathbb{R}^n))$ 中的 Cauchy 序列, 其中 $k=0,1$.

上述的讨论说明, (4.1.33) 中的函数 u, 还满足

$$t^{\frac{n}{2}(\frac{1}{p}-\frac{1}{q})}u(x,t),\quad t^{\frac{1}{2}+\frac{n}{2}(\frac{1}{p}-\frac{1}{q})}\nabla u(x,t)\in BC((0,\infty);L^q(\mathbb{R}^n)),\tag{4.1.34}$$

以及

$$\|u(t)\|_{L^q(\mathbb{R}^n)}\leqslant B_0t^{-\frac{n}{2}(\frac{1}{p}-\frac{1}{q})},\quad \|\nabla u(t)\|_{L^q(\mathbb{R}^n)}\leqslant B_0't^{-\frac{1}{2}-\frac{n}{2}(\frac{1}{p}-\frac{1}{q})},\quad t>0.\tag{4.1.35}$$

此外, (4.1.33) 还可写为

$$u(t)=e^{\frac{t}{2}\Delta}u\left(\frac{t}{2}\right)-\int_{\frac{t}{2}}^{t}e^{(t-s)\Delta}P(u(s)\cdot\nabla)u(s)ds.\tag{4.1.36}$$

情形 2 假定 $\frac{1}{n}\leqslant\frac{1}{p}-\frac{1}{q}<\frac{2}{n}$. 此时, 可以取 $p<\ell<q$, 使得

$$\frac{1}{p}-\frac{1}{\ell}<\frac{1}{n},\quad \frac{1}{\ell}-\frac{1}{q}<\frac{1}{n}.$$

此外, 还可以取 $s>n$ 充分大, 使得

$$\frac{1}{s}+\frac{1}{\ell}-\frac{1}{q}<\frac{1}{n}.$$

利用定理 4.1.1 和 (4.1.35) 式, 对于上述 ℓ,s 的选取, 以及 $k=0,1$, 成立

$$\|\nabla^k u(t)\|_{L^s(\mathbb{R}^n)}\leqslant Ct^{-\frac{k}{2}-\frac{n}{2}(\frac{1}{n}-\frac{1}{s})},\quad \|u(t)\|_{L^\ell(\mathbb{R}^n)}\leqslant Ct^{-\frac{n}{2}(\frac{1}{p}-\frac{1}{\ell})},\quad t>0.$$

结合 (4.1.36) 式, 对于 $k=0,1$, 可得

$$
\begin{aligned}
&\|\nabla^k u(t)\|_{L^q(\mathbb{R}^n)}\\
\leqslant &\left\|\nabla^k e^{\frac{t}{2}\Delta} u\left(\frac{t}{2}\right)\right\|_{L^q(\mathbb{R}^n)}\\
&+\int_{\frac{t}{2}}^{t} \|\nabla^k e^{(t-\tau)\Delta} P(u(\tau)\cdot\nabla)u(\tau)\|_{L^q(\mathbb{R}^n)} d\tau\\
\leqslant &Ct^{-\frac{k}{2}-\frac{n}{2}(\frac{1}{\ell}-\frac{1}{q})}\left\|u\left(\frac{t}{2}\right)\right\|_{L^\ell(\mathbb{R}^n)}\\
&+C\int_{\frac{t}{2}}^{t}(t-\tau)^{-\frac{k}{2}-\frac{n}{2}(\frac{1}{s}+\frac{1}{\ell}-\frac{1}{q})}\|P(u(\tau)\cdot\nabla)u(\tau)\|_{L^q(\mathbb{R}^n)} d\tau\\
\leqslant &Ct^{-\frac{k}{2}-\frac{n}{2}(\frac{1}{\ell}-\frac{1}{q})-\frac{n}{2}(\frac{1}{p}-\frac{1}{\ell})}\\
&+C\int_{\frac{t}{2}}^{t}(t-\tau)^{-\frac{k}{2}-\frac{n}{2}(\frac{1}{s}+\frac{1}{\ell}-\frac{1}{q})}\|u(\tau)\|_{L^\ell(\mathbb{R}^n)}\|\nabla u(\tau)\|_{L^s(\mathbb{R}^n)} d\tau\\
\leqslant &Ct^{-\frac{k}{2}-\frac{n}{2}(\frac{1}{p}-\frac{1}{q})}\\
&+C\int_{\frac{t}{2}}^{t}(t-\tau)^{-\frac{k}{2}-\frac{n}{2}(\frac{1}{s}+\frac{1}{\ell}-\frac{1}{q})}\tau^{-\frac{n}{2}(\frac{1}{p}-\frac{1}{\ell})-\frac{1}{2}-\frac{n}{2}(\frac{1}{n}-\frac{1}{s})} d\tau\\
\leqslant &Ct^{-\frac{k}{2}-\frac{n}{2}(\frac{1}{p}-\frac{1}{q})}+Ct^{-\frac{k}{2}-\frac{n}{2}(\frac{1}{p}-\frac{1}{q})}\int_{\frac{1}{2}}^{1}(1-\tau)^{-\frac{k}{2}-\frac{n}{2}(\frac{1}{s}+\frac{1}{\ell}-\frac{1}{q})} d\tau\\
\leqslant &\widetilde{C}t^{-\frac{k}{2}-\frac{n}{2}(\frac{1}{p}-\frac{1}{q})},
\end{aligned}\tag{4.1.37}
$$

这里用到 $1-\dfrac{k}{2}-\dfrac{n}{2}\left(\dfrac{1}{s}+\dfrac{1}{\ell}-\dfrac{1}{q}\right)>0$, $k=0,1$.

情形 3　利用归纳法. 假定 $\dfrac{j}{n}\leqslant\dfrac{1}{p}-\dfrac{1}{q}<\dfrac{j}{n}+\dfrac{1}{n}$, 其中整数 $j\geqslant 2$. 对于 $k=0,1$, 成立

$$
\|\nabla^k u(t)\|_{L^q(\mathbb{R}^n)}\leqslant Ct^{-\frac{k}{2}-\frac{n}{2}(\frac{1}{p}-\frac{1}{q})},\quad t>0. \tag{4.1.38}
$$

下面验证: (4.1.38) 式对于 $\dfrac{j+1}{n}\leqslant\dfrac{1}{p}-\dfrac{1}{q}<\dfrac{j+1}{n}+\dfrac{1}{n}$ 情形也成立.

选取 $p<\ell<q$, 使得

$$
\frac{1}{p}-\frac{1}{\ell}<\frac{j+1}{n},\quad \frac{1}{\ell}-\frac{1}{q}<\frac{1}{n}.
$$

再选取 $s>n$ 充分大, 满足

$$
\frac{1}{s}+\frac{1}{\ell}-\frac{1}{q}<\frac{1}{n}.
$$

利用定理 4.1.1 和 (4.1.38) 式, 对于上述 ℓ,s 的选取, 以及 $k=0,1$, 可知

$$
\|\nabla^k u(t)\|_{L^s(\mathbb{R}^n)}\leqslant Ct^{-\frac{k}{2}-\frac{n}{2}(\frac{1}{n}-\frac{1}{s})},\quad \|u(t)\|_{L^\ell(\mathbb{R}^n)}\leqslant Ct^{-\frac{n}{2}(\frac{1}{p}-\frac{1}{\ell})},\quad t>0.
$$

利用 (4.1.36) 式, 对于 $k=0,1$, 可得

$$
\begin{aligned}
&\left\|\nabla^k u(t)\right\|_{L^q(\mathbb{R}^n)} \\
\leqslant &\left\|\nabla^k e^{\frac{t}{2}\Delta} u\left(\frac{t}{2}\right)\right\|_{L^q(\mathbb{R}^n)} \\
&+\int_{\frac{t}{2}}^t \|\nabla^k e^{(t-\tau)\Delta} P(u(\tau)\cdot\nabla)u(\tau)\|_{L^q(\mathbb{R}^n)} d\tau \\
\leqslant &C t^{-\frac{k}{2}-\frac{n}{2}\left(\frac{1}{\ell}-\frac{1}{q}\right)} \left\|u\left(\frac{t}{2}\right)\right\|_{L^\ell(\mathbb{R}^n)} \\
&+C\int_{\frac{t}{2}}^t (t-\tau)^{-\frac{k}{2}-\frac{n}{2}\left(\frac{1}{s}+\frac{1}{\ell}-\frac{1}{q}\right)} \|u(\tau)\|_{L^\ell(\mathbb{R}^n)} \|\nabla u(\tau)\|_{L^s(\mathbb{R}^n)} d\tau \\
\leqslant &C t^{-\frac{k}{2}-\frac{n}{2}\left(\frac{1}{\ell}-\frac{1}{q}\right)-\frac{n}{2}\left(\frac{1}{p}-\frac{1}{\ell}\right)} \\
&+C\int_{\frac{t}{2}}^t (t-\tau)^{-\frac{k}{2}-\frac{n}{2}\left(\frac{1}{s}+\frac{1}{\ell}-\frac{1}{q}\right)} \tau^{-\frac{n}{2}\left(\frac{1}{p}-\frac{1}{\ell}\right)-\frac{1}{2}-\frac{n}{2}\left(\frac{1}{n}-\frac{1}{s}\right)} d\tau \\
\leqslant &C t^{-\frac{k}{2}-\frac{n}{2}\left(\frac{1}{p}-\frac{1}{q}\right)} + C t^{-\frac{k}{2}-\frac{n}{2}\left(\frac{1}{p}-\frac{1}{q}\right)} \int_{\frac{1}{2}}^1 (1-\tau)^{-\frac{k}{2}-\frac{n}{2}\left(\frac{1}{s}+\frac{1}{\ell}-\frac{1}{q}\right)} d\tau \\
\leqslant &\widetilde{C} t^{-\frac{k}{2}-\frac{n}{2}\left(\frac{1}{p}-\frac{1}{q}\right)},
\end{aligned}
$$

这里仍需用到 $1-\dfrac{k}{2}-\dfrac{n}{2}\left(\dfrac{1}{s}+\dfrac{1}{\ell}-\dfrac{1}{q}\right)>0,\ k=0,1$. 说明 (4.1.38) 式对 $j+1$ 情形也成立.

情形 1 至情形 3 的结论表明, 对任意的整数 $j\geqslant 0$: $\dfrac{j}{n}\leqslant\dfrac{1}{p}-\dfrac{1}{q}<\dfrac{j}{n}+\dfrac{1}{n}$, (4.1.38) 式均成立. 从而, 对于 $1<p<n$ 以及 $q>p$, 成立

$$
\|\nabla^k u(t)\|_{L^q(\mathbb{R}^n)} \leqslant C t^{-\frac{k}{2}-\frac{n}{2}\left(\frac{1}{p}-\frac{1}{q}\right)}, \quad k=0,1,\ t>0. \tag{4.1.39}
$$

对于 $1<p<n$ 以及 $q>p$. 设 $\dfrac{j}{n}\leqslant\dfrac{1}{p}-\dfrac{1}{q}<\dfrac{j}{n}+\dfrac{1}{n}$, 其中 $j\geqslant 0$ 为非负整数. 选取 $p<\ell<q$, 使得

$$
\frac{1}{p}-\frac{1}{\ell}<\frac{j}{n},\quad \frac{1}{\ell}-\frac{1}{q}<\frac{1}{n}.
$$

再取 $s>n$ 充分大, 满足

$$
\frac{1}{s}+\frac{1}{\ell}-\frac{1}{q}<\frac{1}{n}.
$$

对任意的 $t,t_0>0$, 不妨假定 $t>t_0$. 由 (4.1.33), 可知

$$
u(t)=e^{(t-t_0)\Delta}u(t_0)-\int_{t_0}^t e^{(t-s)\Delta}P(u(s)\cdot\nabla)u(s)ds,
$$

以及

$$\nabla e^{(t-t_0)\Delta}u(t_0)=e^{(t-t_0)\Delta}\nabla u(t_0).$$

结合 (4.1.39), 成立

$$\begin{aligned}
&\|\nabla^k u(t)-\nabla^k u(t_0)\|_{L^q(\mathbb{R}^n)}\\
\leqslant\ &\|(e^{(t-t_0)\Delta}-I)\nabla^k u(t_0)\|_{L^q(\mathbb{R}^n)}\\
&+\int_{t_0}^t\|\nabla^k e^{(t-s)\Delta}P(u(s)\cdot\nabla)u(s)\|_{L^q(\mathbb{R}^n)}ds\\
\leqslant\ &\|e^{(t-t_0)\Delta}-I\|_{\mathcal{L}(L^q\to L^q)}\|\nabla^k u(t_0)\|_{L^q(\mathbb{R}^n)}\\
&+C\int_{t_0}^t(t-\tau)^{-\frac{k}{2}-\frac{n}{2}(\frac{1}{s}+\frac{1}{\ell}-\frac{1}{q})}\|u(\tau)\|_{L^\ell(\mathbb{R}^n)}\|\nabla u(\tau)\|_{L^s(\mathbb{R}^n)}d\tau\\
\leqslant\ &Ct_0^{-\frac{k}{2}-\frac{n}{2}(\frac{1}{p}-\frac{1}{q})}\|e^{(t-t_0)\Delta}-I\|_{\mathcal{L}(L^q\to L^q)}\\
&+C\int_{t_0}^t(t-\tau)^{-\frac{k}{2}-\frac{n}{2}(\frac{1}{s}+\frac{1}{\ell}-\frac{1}{q})}\tau^{-\frac{n}{2}(\frac{1}{p}-\frac{1}{\ell})-\frac{1}{2}-\frac{n}{2}(\frac{1}{n}-\frac{1}{s})}d\tau\\
\leqslant\ &Ct_0^{-\frac{k}{2}-\frac{n}{2}(\frac{1}{p}-\frac{1}{q})}\|e^{(t-t_0)\Delta}-I\|_{\mathcal{L}(L^q\to L^q)}\\
&+Ct_0^{-1+\frac{n}{2}(\frac{1}{\ell}+\frac{1}{s}-\frac{1}{p})}(t-t_0)^{1-\frac{k}{2}-\frac{n}{2}(\frac{1}{s}+\frac{1}{\ell}-\frac{1}{q})}\\
\longrightarrow\ &0,\quad t\longrightarrow t_0,\quad k=0,1.
\end{aligned}$$

因此, 对于 $k=0,1$, 可得

$$\begin{aligned}
&\|t^{\frac{k}{2}+\frac{n}{2}(\frac{1}{p}-\frac{1}{q})}\nabla^k u(t)-t_0^{\frac{k}{2}+\frac{n}{2}(\frac{1}{p}-\frac{1}{q})}\nabla^k u(t_0)\|_{L^q(\mathbb{R}^n)}\\
\leqslant\ &t^{\frac{k}{2}+\frac{n}{2}(\frac{1}{p}-\frac{1}{q})}\|\nabla^k u(t)-\nabla^k u(t_0)\|_{L^q(\mathbb{R}^n)}\\
&+|t^{\frac{k}{2}+\frac{n}{2}(\frac{1}{p}-\frac{1}{q})}-t_0^{\frac{k}{2}+\frac{n}{2}(\frac{1}{p}-\frac{1}{q})}|\|\nabla^k u(t_0)\|_{L^q(\mathbb{R}^n)}\\
\longrightarrow\ &0\quad 当\quad t\longrightarrow t_0.
\end{aligned}$$

结合 (4.1.39) 式, 说明 $t^{\frac{k}{2}+\frac{n}{2}(\frac{1}{p}-\frac{1}{q})}\nabla^k u(t)\in BC((0,\infty);L^q(\mathbb{R}^n))$. □

定理 4.1.3 假定设 $a\in L^1(\mathbb{R}^n)\cap L^r_\sigma(\mathbb{R}^n)$, $n\geqslant 2$, $1<r<\infty$. u 是定理 4.1.1 给出的问题 (4.0.1) 的解. 则对于 $k=0,1$, $t>0$,

$$\|\nabla^k u(t)\|_{L^r(\mathbb{R}^n)}\leqslant Ct^{-\frac{k}{2}-\frac{n}{2}(1-\frac{1}{r})};\tag{4.1.40}$$

$$\|\nabla^k u(t)\|_{L^\infty(\mathbb{R}^n)}\leqslant Ct^{-\frac{k}{2}-\frac{n}{2}};\tag{4.1.41}$$

$$\|\nabla u(t)\|_{L^1(\mathbb{R}^n)} \leqslant \begin{cases} Ct^{-\frac{1}{2}}(1+t^{-\frac{3}{2}}+\log(1+t)), & n=2, \\ Ct^{-\frac{1}{2}}(1+t^{-\frac{n+1}{2}}), & n \geqslant 3. \end{cases} \tag{4.1.42}$$

证明 为了绕开问题 (4.0.1) 中的压强函数的梯度, 利用有界投影算子 $P: L^r(\mathbb{R}^n) \longrightarrow L^r_\sigma(\mathbb{R}^n)$, $1<r<\infty$, 可以将问题 (4.0.1) 的解转换成如下积分方程的形式:

$$\begin{aligned} u(t) &= e^{t\Delta}a - \int_0^t e^{(t-s)\Delta}(P(u\cdot\nabla)u)(s)ds \\ &= e^{\frac{t}{2}\Delta}u\left(\frac{t}{2}\right) - \int_{\frac{t}{2}}^t e^{(t-s)\Delta}P\mathrm{div}(u\otimes u)(s)ds. \end{aligned} \tag{4.1.43}$$

情形 1 $1<r<\dfrac{n}{n-1}$.

对于 $w_1, w_2, \varphi \in C^\infty_{0,\sigma}(\mathbb{R}^n)$, 以及 $t>0$, 成立

$$\begin{aligned} &\left|\left\langle \int_0^t e^{(t-s)\Delta}P((w_1\cdot\nabla)w_2)(s)ds, \varphi\right\rangle\right| \\ =&\left|\int_0^t e^{(t-s)\Delta}\langle P((w_1\cdot\nabla w_2)(s),\varphi\rangle ds\right| \\ \leqslant&\int_0^t |\langle w_1(s)\otimes w_2(s), \nabla e^{(t-s)\Delta}\varphi\rangle|ds \\ \leqslant&\int_0^t \|\nabla e^{(t-s)\Delta}\varphi\|_{L^\infty(\mathbb{R}^n)}\|w_1(s)\otimes w_2(s)\|_{L^1(\mathbb{R}^n)}ds \\ \leqslant&C\int_0^t (t-s)^{-\frac{1}{2}-\frac{n}{2}(1-\frac{1}{r})}\|w_1(s)\|_{L^2(\mathbb{R}^n)}\|w_2(s)\|_{L^2(\mathbb{R}^n)}ds\|\varphi\|_{L^{\frac{r}{r-1}}(\mathbb{R}^n)}. \end{aligned}$$

说明, 对任意的 $t>0$,

$$\begin{aligned} &\left\|\int_0^t e^{(t-s)\Delta}(P(w_1\cdot\nabla)w_2)(s)ds\right\|_{L^r(\mathbb{R}^n)} \\ \leqslant&C\int_0^t (t-s)^{-\frac{1}{2}-\frac{n}{2}(1-\frac{1}{r})}\|w_1(s)\|_{L^2(\mathbb{R}^n)}\|w_2(s)\|_{L^2(\mathbb{R}^n)}ds. \end{aligned} \tag{4.1.44}$$

从而, 对于 $t>0$, 成立

$$\begin{aligned} &\|u(t)\|_{L^r(\mathbb{R}^n)} \\ \leqslant&Ct^{-\frac{n}{2}(1-\frac{1}{r})}\|a\|_{L^1(\mathbb{R}^n)} + C\int_0^t (t-s)^{-\frac{1}{2}-\frac{n}{2}(1-\frac{1}{r})}\|u(s)\|^2_{L^2(\mathbb{R}^n)}ds \\ \leqslant&Ct^{-\frac{n}{2}(1-\frac{1}{r})} + C\left(\int_0^{\frac{t}{2}} + \int_{\frac{t}{2}}^t\right)(t-s)^{-\frac{1}{2}-\frac{n}{2}(1-\frac{1}{r})}(1+s)^{-\frac{n}{2}}ds \\ \leqslant&Ct^{-\frac{n}{2}\left(1-\frac{1}{r}\right)}. \end{aligned} \tag{4.1.45}$$

情形 2　$\dfrac{n}{n-1} \leqslant r \leqslant 2$.

取 $1 < r_1 < \dfrac{n}{n-1}$. 利用 (4.1.45) 式, 定理 4.1.2 的结论和内插不等式, 对于 $t > 0$, 成立

$$\|u(t)\|_{L^r(\mathbb{R}^n)} \leqslant \|u(t)\|_{L^{r_1}(\mathbb{R}^n)}^{\theta} \|u(t)\|_{L^2(\mathbb{R}^n)}^{1-\theta} \leqslant Ct^{-\frac{n}{2}(1-\frac{1}{r})}, \tag{4.1.46}$$

其中 $\theta \in (0,1)$ 满足 $\theta/r_1 + (1-\theta)/2 = 1/r$.

情形 3　$2 < r < \infty$.

由 (4.1.4), (4.1.5), (4.1.43), (4.1.46) 式, 对于 $t > 0$, 可得

$$\begin{aligned} \left\| \nabla^k e^{\frac{t}{2}\Delta} u\left(\frac{t}{2}\right) \right\|_{L^r(\mathbb{R}^n)} &\leqslant Ct^{-\frac{k}{2}-\frac{n}{2}(\frac{1}{2}-\frac{1}{r})} \left\| u\left(\frac{t}{2}\right) \right\|_{L^2(\mathbb{R}^n)} \\ &\leqslant Ct^{-\frac{k}{2}-\frac{n}{2}(\frac{1}{2}-\frac{1}{r})}(1+t)^{-\frac{n}{4}} \\ &\leqslant Ct^{-\frac{k}{2}-\frac{n}{2}(1-\frac{1}{r})}, \quad k = 0, 1. \end{aligned} \tag{4.1.47}$$

取 $q = 2n/(n+1) \in (1,2)$. 则 $a \in L^q_\sigma(\mathbb{R}^n)$, 这是因为 $a \in L^1(\mathbb{R}^n) \cap L^2_\sigma(\mathbb{R}^n)$. 利用定理 4.1.2 的结论, 可知对任意的 $t > 0$

$$\begin{aligned} &\left\| \int_{\frac{t}{2}}^t e^{(t-s)\Delta}(P(u\cdot\nabla)u)(s)ds \right\|_{L^r(\mathbb{R}^n)} \\ \leqslant &\int_{\frac{t}{2}}^t (t-s)^{-\frac{1}{2}} \|(P(u\cdot\nabla)u)(s)\|_{L^{\frac{nr}{n+r}}(\mathbb{R}^n)} ds \\ \leqslant &C\int_{\frac{t}{2}}^t (t-s)^{-\frac{1}{2}} \|u(s)\|_{L^n(\mathbb{R}^n)} \|\nabla u(s)\|_{L^r(\mathbb{R}^n)} ds \\ \leqslant &C\int_{\frac{t}{2}}^t (t-s)^{-\frac{1}{2}} s^{-\frac{1}{2}-\frac{n}{2}(\frac{1}{q}-\frac{1}{r})-\frac{n}{2}(\frac{1}{q}-\frac{1}{n})} ds \leqslant Ct^{-\frac{n}{2}(1-\frac{1}{r})}, \end{aligned} \tag{4.1.48}$$

以及

$$\begin{aligned} &\left\| \int_{\frac{t}{2}}^t \nabla e^{(t-s)\Delta} Pu(s)\cdot\nabla u(s) ds \right\|_{L^r(\mathbb{R}^n)} \\ \leqslant &C\int_{\frac{t}{2}}^t (t-s)^{-\frac{1}{2}} \|u(s)\|_{L^{2r}(\mathbb{R}^n)} \|\nabla u(s)\|_{L^{2r}(\mathbb{R}^n)} ds \\ \leqslant &C\int_{\frac{t}{2}}^t (t-s)^{-\frac{1}{2}} s^{-\frac{1}{2}-n(\frac{1}{q}-\frac{1}{2r})} ds \leqslant Ct^{-\frac{1}{2}-\frac{n}{2}(1-\frac{1}{r})}. \end{aligned} \tag{4.1.49}$$

由 (4.1.43), (4.1.45)–(4.1.49) 式, 可知: 对于 $1 < r < \infty$ 以及 $k = 0$ 情形, (4.1.40) 式成立. 同时, 对于 $2 < r < \infty$ 和 $k = 1$ 情形, (4.1.40) 式也成立. 即

$$\begin{aligned}\|u(t)\|_{L^r(\mathbb{R}^n)} &\leqslant \left\|e^{\frac{t}{2}\Delta}u\left(\frac{t}{2}\right)\right\|_{L^r(\mathbb{R}^n)} + \left\|\int_{\frac{t}{2}}^{t} e^{(t-s)\Delta}Pu(s)\cdot\nabla u(s)ds\right\|_{L^r(\mathbb{R}^n)}\\ &\leqslant Ct^{-\frac{n}{2}(1-\frac{1}{r})},\quad 1<r<\infty,\end{aligned}\tag{4.1.50}$$

以及

$$\begin{aligned}\|\nabla u(t)\|_{L^r(\mathbb{R}^n)} &\leqslant \left\|\nabla e^{\frac{t}{2}\Delta}u\left(\frac{t}{2}\right)\right\|_{L^r(\mathbb{R}^n)} + \left\|\int_{\frac{t}{2}}^{t} \nabla e^{(t-s)\Delta}Pu(s)\cdot\nabla u(s)ds\right\|_{L^r(\mathbb{R}^n)}\\ &\leqslant Ct^{\frac{1}{2}-\frac{n}{2}(1-\frac{1}{r})},\quad 2<r<\infty.\end{aligned}\tag{4.1.51}$$

现在验证: 对于 $1<r\leqslant 2$, (4.1.40) 式对于 $k=1$ 情形仍然成立. 显然, (4.1.49) 式对于 $1<r\leqslant 2$ 仍然成立.

事实上, 由 (4.1.5) 和 (4.1.50) 可知, 对任意的 $t>0$, 成立

$$\left\|\nabla e^{\frac{t}{2}\Delta}u\left(\frac{t}{2}\right)\right\|_{L^r(\mathbb{R}^n)} \leqslant Ct^{-\frac{1}{2}}\left\|u\left(\frac{t}{2}\right)\right\|_{L^r(\mathbb{R}^n)} \leqslant Ct^{-\frac{1}{2}-\frac{n}{2}(1-\frac{1}{r})}.$$

结合 (4.1.43) 可知, 对 $1<r\leqslant 2$ 情形, 成立

$$\begin{aligned}\|\nabla u(t)\|_{L^r(\mathbb{R}^n)} &\leqslant \left\|\nabla e^{\frac{t}{2}\Delta}u\left(\frac{t}{2}\right)\right\|_{L^r(\mathbb{R}^n)} + \left\|\int_{\frac{t}{2}}^{t} \nabla e^{(t-s)\Delta}Pu(s)\cdot\nabla u(s)ds\right\|_{L^r(\mathbb{R}^n)}\\ &\leqslant Ct^{-\frac{1}{2}-\frac{n}{2}(1-\frac{1}{r})}.\end{aligned}\tag{4.1.52}$$

由 (4.1.50)–(4.1.52) 可知 (4.1.40) 式成立.

情形 4 $r=1$.

由于投影算子 $P: L^1(\mathbb{R}^n)\to L^1_\sigma(\mathbb{R}^n)$ 是无界的, 我们需要下面的分解.

下述半线性椭圆 Cauchy 问题的解 g:

$$-\Delta g(x)=f(x),\quad x\in\mathbb{R}^n$$

可以表示为

$$g=\mathcal{N}f,\quad \mathcal{N}=\int_0^\infty F(\tau)d\tau,$$

其中算子 F 的定义如下:

$$F(t)f(x)=\int_{\mathbb{R}^n} G_t(x-y)f(y)dy,$$

这里 G_t 是热方程的基本解, 即 $G_t(x)=(4\pi t)^{-\frac{n}{2}}e^{-\frac{|x|^2}{4t}}$.

从而, 对任意的 $u\in C_{0,\sigma}^\infty(\mathbb{R}^n)$, 成立

$$P((u\cdot\nabla)u)=(u\cdot\nabla)u+\sum_{i,j=1}^n\nabla\mathcal{N}\partial_i\partial_j(u_iu_j). \tag{4.1.53}$$

设 $1\leqslant k\leqslant n$. 则对任意的 $u\in C_{0,\sigma}^\infty(\mathbb{R}^n)$, 成立

$$\begin{aligned}
&\left\|\sum_{i,j=1}^n\partial_k\mathcal{N}\partial_i\partial_j(u_iu_j)\right\|_{L^1(\mathbb{R}^n)}\\
=&\left\|\sum_{i,j=1}^n\partial_k\int_0^\infty F(\tau)\partial_i\partial_j(u_iu_j)d\tau\right\|_{L^1(\mathbb{R}^n)}\\
=&\left\|\sum_{i,j=1}^n\partial_k\left(\int_0^1+\int_1^\infty\right)G_\tau*[\partial_i\partial_j(u_iu_j)]d\tau\right\|_{L^1(\mathbb{R}^n)}\\
\leqslant&\left\|\sum_{i,j=1}^n\partial_k\int_0^1 G_\tau*[\partial_i\partial_j(u_iu_j)]d\tau\right\|_{L^1(\mathbb{R}^n)}\\
&+\left\|\sum_{i,j=1}^n\partial_i\partial_j\partial_k\int_1^\infty G_\tau*[(u_iu_j)]d\tau\right\|_{L^1(\mathbb{R}^n)}\\
\leqslant& C\int_0^1\|\partial_kG_\tau\|_{L^1(\mathbb{R}^n)}d\tau\|\nabla u\|_{L^2(\mathbb{R}^n)}^2\\
&+C\sum_{i,j=1}^n\int_1^\infty\|\partial_i\partial_j\partial_kG_\tau\|_{L^1(\mathbb{R}^n)}d\tau\|u\|_{L^2(\mathbb{R}^n)}^2\\
\leqslant& C\int_0^1\tau^{-\frac{1}{2}}d\tau\|\partial_kG_1\|_{L^1(\mathbb{R}^n)}\|\nabla u\|_{L^2(\mathbb{R}^n)}^2\\
&+C\sum_{i,j=1}^n\int_1^\infty\tau^{-\frac{3}{2}}d\tau\|\partial_i\partial_j\partial_kG_1\|_{L^1(\mathbb{R}^n)}\|u\|_{L^2(\mathbb{R}^n)}^2\\
\leqslant& C(\|\nabla u\|_{L^2(\mathbb{R}^n)}^2+\|u\|_{L^2(\mathbb{R}^n)}^2).
\end{aligned}\tag{4.1.54}$$

因此, 由 (4.1.5), (4.1.40), (4.1.53) 和 (4.1.54) 可知, 对任意的 $t>0$, 成立

$$\|\nabla u(t)\|_{L^1(\mathbb{R}^n)}\leqslant\|\nabla e^{t\Delta}a\|_{L^1(\mathbb{R}^n)}+\int_0^t\|\nabla e^{(t-s)\Delta}P\left((u\cdot\nabla)u\right)(s)\|_{L^1(R_+^n)}ds$$

$$
\begin{aligned}
&\leqslant Ct^{-\frac{1}{2}}\|a\|_{L^1(\mathbb{R}^n)}+C\int_0^t(t-s)^{-\frac{1}{2}}\|(u(s)\cdot\nabla)u(s)\|_{L^1(\mathbb{R}^n)}ds\\
&\quad+C\int_0^t(t-s)^{-\frac{1}{2}}\left\|\sum_{i,j=1}^n\nabla\mathcal{N}\partial_i\partial_j(u_iu_j)(s)\right\|_{L^1(\mathbb{R}^n)}ds\\
&\leqslant Ct^{-\frac{1}{2}}+C\int_0^t(t-s)^{-\frac{1}{2}}\left(\|u(s)\|^2_{L^2(\mathbb{R}^n)}+\|\nabla u(s)\|^2_{L^2(\mathbb{R}^n)}\right)ds\\
&\leqslant Ct^{-\frac{1}{2}}+Ct^{-\frac{1}{2}}\int_0^{\frac{t}{2}}(1+s)^{-\frac{n}{2}}ds+C\int_{\frac{t}{2}}^t(t-s)^{-\frac{1}{2}}s^{-1-\frac{n}{2}}ds\\
&\leqslant Ct^{-\frac{1}{2}}(1+t^{-\frac{n+1}{2}}+L(t)),
\end{aligned}
$$

其中

$$
L(t)=\begin{cases}\log(1+t), & n=2,\\ 1, & n\geqslant 3.\end{cases}
$$

情形 5 $r=\infty$.

取 $q>n$. 应用定理 4.1.2 中的结论 (取 $p=2n/(n+1)$), 结合 (4.1.4), (4.1.5) 可知, 对于 $k=0,1$, $t>0$, 成立

$$
\begin{aligned}
&\|\nabla^k u(t)\|_{L^\infty(\mathbb{R}^n)}\\
&\leqslant\left\|\nabla^k e^{\frac{t}{2}\Delta}u\left(\frac{t}{2}\right)\right\|_{L^\infty(\mathbb{R}^n)}+\int_{\frac{t}{2}}^t\|\nabla^k e^{(t-s)\Delta}P((u\cdot\nabla u))(s)\|_{L^\infty(R^n_+)}ds\\
&\leqslant Ct^{-\frac{k}{2}-\frac{n}{4}}\left\|u\left(\frac{t}{2}\right)\right\|_{L^2(\mathbb{R}^n)}+C\int_{\frac{t}{2}}^t(t-s)^{-\frac{k}{2}-\frac{n}{2q}}\|P(u\cdot\nabla u)(s)\|_{L^q(\mathbb{R}^n)}ds\\
&\leqslant Ct^{-\frac{k}{2}-\frac{n}{4}}(1+t)^{-\frac{n}{4}}+C\int_{\frac{t}{2}}^t(t-s)^{-\frac{k}{2}-\frac{n}{2q}}\|u(s)\|_{L^{2q}(\mathbb{R}^n)}\|\nabla u(s)\|_{L^{2q}(\mathbb{R}^n)}ds\\
&\leqslant Ct^{-\frac{n+k}{2}}+C\int_{\frac{t}{2}}^t(t-s)^{-\frac{k}{2}-\frac{n}{2q}}s^{-\frac{n}{2}(\frac{1+n}{2n}-\frac{1}{2q})-\frac{1}{2}-\frac{n}{2}(\frac{1+n}{2n}-\frac{1}{2q})}ds\leqslant Ct^{-\frac{n+k}{2}}.
\end{aligned}
$$

□

4.2 强解的高阶导数衰减估计

本节考虑 Navier-Stokes 方程的 Cauchy 问题:

$$
\begin{cases}\partial_t u-\Delta u+(u\cdot\nabla)u+\nabla p=0, & (x,t)\in\mathbb{R}^n\times(0,\infty),\\ \nabla\cdot u=0, & (x,t)\in\mathbb{R}^n\times(0,\infty),\\ u(0)=a\in L^2_\sigma(\mathbb{R}^n).\end{cases}\tag{4.2.1}
$$

本节对问题 (4.2.1) 的全局强解的任意空间变量导数, 建立 L^2 大时间衰减估计.

假定 $a \in L^2_\sigma(\mathbb{R}^n)$. $n = 3, 4$ 时, 我们知道问题 (4.2.1) 存在 Leray-Hopf 弱解 u, 即在广义意义下, $u \in L^\infty(0,\infty; L^2_\sigma(\mathbb{R}^n)) \cap L^2_{\mathrm{loc}}(0,\infty; H^1(\mathbb{R}^n))$ 满足问题 (4.2.1), 并且成立能量不等式: 对任意的 $t > 0$,

$$\|u(t)\|^2_{L^2(\mathbb{R}^n)} + 2\int_0^t \|\nabla u(s)\|^2_{L^2(\mathbb{R}^n)} ds \leqslant \|a\|^2_{L^2(\mathbb{R}^n)}.$$

$n = 2$ 时, 上述弱解 u 关于时空变量 (x, t) 是光滑的, 并且成立能量等式, 即上述能量不等式中的不等号为等号. 进一步假定 $a \in L^n(\mathbb{R}^n)$. 定理 4.1.1 表明, 如果初始函数的 L^n $(n \geqslant 3)$ 范数适当小, 则问题 (4.2.1) 存在强解且是唯一的.

对于 Leray-Hopf 弱解 u, 根据内插不等式和嵌入定理, 成立

$$\|u\|_{L^n(\mathbb{R}^n)} \leqslant \|u\|^{\frac{1}{2}}_{L^2(\mathbb{R}^n)} \|u\|^{\frac{1}{2}}_{L^6(\mathbb{R}^n)} \leqslant C\|a\|^{\frac{1}{2}}_{L^2(\mathbb{R}^n)} \|\nabla u\|^{\frac{1}{2}}_{L^2(\mathbb{R}^n)}, \quad n = 3;$$

$$\|u\|_{L^n(\mathbb{R}^n)} \leqslant C\|\nabla u\|_{L^2(\mathbb{R}^n)}, \quad n = 4,$$

以及由弱解的能量不等式导出的估计:

$$\int_0^\infty \|\nabla u(s)\|^2_{L^2(\mathbb{R}^n)} ds \leqslant \|a\|^2_{L^2(\mathbb{R}^n)}$$

可知, 存在适当大的时间 $T_0 > 0$, 使得 $\|u(T_0)\|_{L^n(\mathbb{R}^n)}$ 很小, 根据能量不等式和定理 4.1.1, 对于 $t > T_0$ 时, 弱解 u 就是一个以 $u(T_0)$ 为初始函数的强解.

所以在本节下面的讨论中, 不妨假设

$$\begin{cases} u\text{是满足能量不等式意义下的弱解, 并且}n \leqslant 4, \quad \text{或者} \\ a \in L^n(\mathbb{R}^n) \cap L^2(\mathbb{R}^n), \|a\|_{L^n(\mathbb{R}^n)}\text{足够小, 使得 } u \text{ 是问题 (4.2.1) 的强解.} \end{cases}$$

在没有其他假设的初值问题的情况下, 本节的主要结果如下:

对任意的正整数 m, 当 $t \longrightarrow \infty$ 时, 如果 $\|u(t)\|^2_{L^2(\mathbb{R}^n)} = \mathcal{O}(t^{-2\mu})$, 这里 $\mu > 0$. 则成立

$$\|\partial^m u(t)\|^2_{L^2(\mathbb{R}^n)} = \mathcal{O}(t^{-m-2\mu}).$$

在给出上述主要结果的证明之前, 首先建立一些相关引理.

引理 4.2.1　*对于 $m \in \mathbb{N}$, 以下不等式成立:*

$$\frac{d}{dt}\|\partial^m u\|^2_{L^2(\mathbb{R}^n)} + \frac{3}{2}\|\partial^{m+1} u\|u\|^2_{L^2(\mathbb{R}^n)} \leqslant c_m(\|u\|^2_{L^\infty(\mathbb{R}^n)}\|\partial^m u\|^2_{L^2(\mathbb{R}^n)} + R_m),$$

其中

$$R_m = \begin{cases} 0, & m = 1, 2, \\ \displaystyle\sum_{1 \leqslant j \leqslant \frac{m}{2}} \|\partial^j u\|^2_{L^\infty(\mathbb{R}^n)} \|\partial^{m-j} u\|^2_{L^2(\mathbb{R}^n)}, & m \geqslant 3. \end{cases}$$

证明 对原方程求 α 次导, 即用 ∂^α 作用, 两边同乘以 $2\partial^\alpha u_i$, 通过分部积分并关于 $i, \alpha(|\alpha| = m)$ 指标求和, 得

$$\begin{aligned}
&\frac{d}{dt}\|\partial^m u\|_{L^2(\mathbb{R}^n)}^2 + 2\|\partial^{m+1}u\|_{L^2(\mathbb{R}^n)}^2 \\
=&2\sum_{|\alpha|=m}\sum_{i,k=1}^n \int_{\mathbb{R}^n} \partial^\alpha\left(u_k\frac{\partial u_i}{\partial x_k}\right)\partial^\alpha u_i dx \\
=&-2\sum_{|\alpha|=m}\sum_{i,k=1}^n \int_{\mathbb{R}^n} \partial^\alpha(u_iu_k)\partial^{\alpha+e_k}u_i dx \\
=&I_m.
\end{aligned} \tag{4.2.2}$$

当 $m \geqslant 3$ 时,

$$\begin{aligned}
I_m \leqslant& \frac{1}{2}\|\partial^{m+1}u\|_{L^2(\mathbb{R}^n)}^2 + c\sum_{|\beta|\leqslant\frac{|\alpha|}{2},|\alpha|=m}\int_{\mathbb{R}^n}|\partial^\beta u|^2|\partial^{\alpha-\beta}u|^2 dx \\
\leqslant& \frac{1}{2}\|\partial^{m+1}u\|_{L^2(\mathbb{R}^n)}^2 + c\|u\|_{L^\infty(\mathbb{R}^n)}^2\int_{\mathbb{R}^n}|\partial^m u|^2 dx \\
&+c\sum_{1\leqslant|\beta|\leqslant\frac{|\alpha|}{2},|\alpha|=m}\int_{\mathbb{R}^n}|\partial^\beta u|^2|\partial^{\alpha-\beta}u|^2 dx;
\end{aligned} \tag{4.2.3}$$

当 $m = 1$ 时, 利用 $\operatorname{div} u = 0$, 可得

$$\begin{aligned}
&-\sum_{i,k,\ell=1}^n \int_{\mathbb{R}^n} \frac{\partial(u_iu_k)}{\partial x_\ell}\frac{\partial^2 u_i}{\partial x_\ell\partial x_k}dx \\
=&-\sum_{i,k,\ell=1}^n \int_{\mathbb{R}^n} u_k\frac{\partial u_i}{\partial x_\ell}\frac{\partial^2 u_i}{\partial x_\ell\partial x_k}dx - \sum_{i,k,\ell=1}^n \int_{\mathbb{R}^n} u_i\frac{\partial u_k}{\partial x_\ell}\frac{\partial^2 u_i}{\partial x_\ell\partial x_k}dx \\
=&-\sum_{i,k,\ell=1}^n \frac{1}{2}\int_{\mathbb{R}^n} u_k\frac{\partial}{\partial x_k}\left(\left(\frac{\partial u_i}{\partial x_l}\right)^2\right)dx - \sum_{i,k,\ell=1}^n \int_{\mathbb{R}^n} u_i\frac{\partial u_k}{\partial x_l}\frac{\partial^2 u_i}{\partial x_l\partial x_k}dx \\
=&-\sum_{i,k,\ell=1}^n \int_{\mathbb{R}^n} u_i\frac{\partial u_k}{\partial x_l}\frac{\partial^2 u_i}{\partial x_l\partial x_k}dx.
\end{aligned}$$

从而, 对于 $m = 1$, 成立

$$I_m \leqslant c\int_{\mathbb{R}^n}|u||\nabla u||\partial^2 u|dx \leqslant \frac{1}{2}\int_{\mathbb{R}^n}|\partial^2 u|^2 dx + c\|u\|_{L^\infty(\mathbb{R}^n)}^2\int_{\mathbb{R}^n}|\nabla u|^2 dx. \tag{4.2.4}$$

对于 $m = 2$, 利用 $\operatorname{div} u = 0$, 成立

$$\begin{aligned}
&\sum_{i,k,\ell,s=1}^{n}\int_{\mathbb{R}^n}\frac{\partial^3(u_iu_k)}{\partial x_k\partial x_l\partial x_s}\frac{\partial^2 u_i}{\partial x_l\partial x_s}dx\\
=&\sum_{i,k,\ell,s=1}^{n}\int_{\mathbb{R}^n}\frac{\partial}{\partial x_k}\left(\frac{\partial u_i}{\partial x_l}\frac{\partial u_k}{\partial x_s}+\frac{\partial u_i}{\partial x_s}\frac{\partial u_k}{\partial x_l}+u_i\frac{\partial^2 u_k}{\partial x_l\partial x_s}+u_k\frac{\partial^2 u_i}{\partial x_l\partial x_s}\right)\frac{\partial^2 u_i}{\partial x_l\partial x_s}dx\\
=&\sum_{i,k,\ell,s=1}^{n}\int_{\mathbb{R}^n}\left(\frac{\partial^2 u_i}{\partial x_l\partial x_k}\frac{\partial u_k}{\partial x_s}+\frac{\partial^2 u_i}{\partial x_k\partial x_s}\frac{\partial u_k}{\partial x_l}+\frac{\partial u_i}{\partial x_k}\frac{\partial^2 u_k}{\partial x_l\partial x_s}\right)\frac{\partial^2 u_i}{\partial x_l\partial x_s}dx\\
&+\frac{1}{2}\sum_{i,k,\ell,s=1}^{n}\int_{\mathbb{R}^n}u_k\frac{\partial}{\partial x_k}\left(\frac{\partial^2 u_i}{\partial x_l\partial x_s}\right)^2dx\\
=&-\sum_{i,k,\ell,s=1}^{n}\int_{\mathbb{R}^n}u_k\Bigg(2\frac{\partial^2 u_i}{\partial x_l\partial x_k}\frac{\partial^3 u_i}{\partial x_s\partial x_l\partial x_k}+\frac{\partial^2 u_i}{\partial x_l\partial x_s}\frac{\partial^3 u_i}{\partial x_l\partial x_k\partial x_s}\\
&+\frac{\partial^2 u_i}{\partial x_k\partial x_s}\frac{\partial^3 u_i}{\partial x_k\partial x_l\partial x_s}\Bigg)dx\\
&-\sum_{i,k,\ell,s=1}^{n}\int_{\mathbb{R}^n}u_i\left(\frac{\partial^2 u_k}{\partial x_l\partial x_s}\frac{\partial^3 u_i}{\partial x_k\partial x_l\partial x_s}+\frac{\partial^2 u_i}{\partial x_l\partial x_s}\frac{\partial^3 u_k}{\partial x_k\partial x_l\partial x_s}\right)dx.
\end{aligned}$$

因此, 对于 $m=2$, 由上式可得

$$I_m\leqslant c\int_{\mathbb{R}^n}|u||\partial^2 u||D^3u|dx\leqslant\frac{1}{2}\int_{\mathbb{R}^n}|\partial^3 u|^2dx+c\|u\|^2_{L^\infty(\mathbb{R}^n)}\int_{\mathbb{R}^n}|\partial^2 u|^2dx. \tag{4.2.5}$$

将 (4.2.3)—(4.2.5) 代入 (4.2.2) 中可知该引理结论对 $m\geqslant 1$ 都成立. □

下面的引理运用了 Schonbek 创建的 Fourier 分离方法.

引理 4.2.2 令 $m\in\mathbb{N}, T_m=T_0+1-2^{-m}$, 并假设

$$\|\partial^{m-1}u(t)\|^2_{L^2(\mathbb{R}^n)}\leqslant C_{m-1}(t-T_{m-1})^{-\rho_{m-1}},\quad t>T_{m-1}.$$

如果

$$\begin{aligned}
&\frac{d}{dt}\|\partial^m u(t)\|^2_{L^2(\mathbb{R}^n)}+\|\partial^{m+1}u(t)\|^2_{L^2(\mathbb{R}^n)}\\
\leqslant&c_0(t-T_{m-1})^{-1}\|\partial^m u(t)\|^2_{L^2(\mathbb{R}^n)}+\sum_{i=1}^{m}c_i(t-T_{m-1})^{-s_i},\quad t>T_{m-1},
\end{aligned}$$

其中, $s_i\geqslant\rho_{m-1}+2$. 则成立

$$\|\partial^m u(t)\|^2_{L^2(\mathbb{R}^n)}\leqslant C_m(t-T_m)^{-\rho_m},\quad t>T_m,$$

这里 $\rho_m=1+\rho_{m-1}$, C_m 依赖 $C_{m-1},c_i,s_i,\rho_{m-1},m$, 但不依赖 T_0.

证明 令

$$S=\left\{\xi\in\mathbb{R}^n;\ |\xi|\leqslant\left(\frac{c_0+a}{t-T_{m-1}}\right)^{\frac{1}{2}}\right\},$$

其中, $a=\max s_i+1$. 则有

$$\begin{aligned}\|\partial^{m+1}u(t)\|_{L^2(\mathbb{R}^n)}^2&\geqslant\int_{\mathbb{R}^n\setminus S}|\xi|^2|\widehat{\partial^m u}(t)|^2d\xi\\&\geqslant\frac{c_0+a}{t-T_{m-1}}\int_{\mathbb{R}^n\setminus S}|\widehat{\partial^m u}(t)|^2d\xi\\&=\frac{c_0+a}{t-T_{m-1}}\int_{\mathbb{R}^n}|\widehat{\partial^m u}(t)|^2d\xi-\frac{c_0+a}{t-T_{m-1}}\int_S|\widehat{\partial^m u}(t)|^2d\xi\\&\geqslant\frac{c_0+a}{t-T_{m-1}}\|\partial^m u(t)\|_{L^2(\mathbb{R}^n)}^2-\frac{c_0+a}{t-T_{m-1}}\int_S|\xi|^2|\widehat{\partial^{m-1}u}(t)|^2d\xi\\&\geqslant\frac{c_0+a}{t-T_{m-1}}\|\partial^m u(t)\|_{L^2(\mathbb{R}^n)}^2-\left(\frac{c_0+a}{t-T_{m-1}}\right)^2\int_S|\widehat{\partial^{m-1}u}(t)|^2d\xi.\end{aligned}$$

利用假设条件, 并结合上式, 可得

$$\begin{aligned}&\frac{d}{dt}\|\partial^m u(t)\|_{L^2(\mathbb{R}^n)}^2+\frac{a}{(t-T_{m-1})}\|\partial^m u(t)\|_{L^2(\mathbb{R}^n)}^2\\\leqslant&\left(\frac{c_0+a}{t-T_{m-1}}\right)^2\int_S|\widehat{\partial^{m-1}u}(t)|^2d\xi+\sum_{i=1}^m c_i(t-T_{m-1})^{-s_i}\\\leqslant&\left(\frac{c_0+a}{t-T_{m-1}}\right)^2\int_{\mathbb{R}^n}|\partial^{m-1}u(t)|^2d\xi+\sum_{i=1}^m c_i(t-T_{m-1})^{-s_i}\\\leqslant&C_{m-1}(c_0+a)^2(t-T_{m-1})^{-(2+\rho_{m-1})}+\sum_{i=1}^m c_i(t-T_{m-1})^{-s_i}.\end{aligned}$$

在上式两边同乘以 $(t-T_{m-1})^a$, 成立

$$\begin{aligned}&\frac{d}{dt}\left((t-T_{m-1})^a\|\partial^m u(t)\|_{L^2(\mathbb{R}^n)}^2\right)\\\leqslant&C_{m-1}(c_0+a)^2(t-T_{m-1})^{a-(2+\rho_{m-1})}+\sum_{i=1}^m c_i(t-T_{m-1})^{a-s_i}.\end{aligned}$$

注意到, $a-(1+\rho_{m-1})>0$, $a+1-s_i>0$. 对上式两边积分之后再乘以 $(t-T_{m-1})^{-a}$, 可得

$$\|\partial^m u(t)\|_{L^2(\mathbb{R}^n)}^2\leqslant\tilde{c_0}(t-T_{m-1})^{-\rho_{m-1}-1}+\sum_{i=1}^m\tilde{c_i}(t-T_{m-1})^{1-s_i},\ \ t>T_{m-1}.$$

注意到, $\rho_m = 1+\rho_{m-1}$, $s_i \geqslant \rho_{m-1}+2 = \rho_m+1$. 可知在 $t > T_m = T_{m-1}+2^{-m}$ 上, 成立

$$(t-T_{m-1})^{1-s_i} = (t+2^{-m}-T_m)^{\rho_m+1-s_i}(t+2^{-m}-T_m)^{-\rho_m} \leqslant 2^{m(s_i-\rho_m-1)}(t-T_m)^{-\rho_m}.$$

从而, 在 $t > T_m$ 上, 成立

$$\|\partial^m u(t)\|_{L^2(\mathbb{R}^n)}^2 \leqslant C_m(t-T_m)^{-\rho_m}. \qquad \square$$

由定理 4.1.1, 可知

$$\|u(t)\|_{L^\infty(\mathbb{R}^n)} \leqslant C_0(t-T_0)^{-\frac{1}{2}}, \quad t > T_0, \quad C_0 > 0. \tag{4.2.6}$$

下面证明主要定理.

定理 4.2.3 假定 $n \geqslant 2$, 令 $\|u\|_{L^2(\mathbb{R}^n)}^2 \leqslant C_0(t+1)^{-2\mu}$, $t > 0$, $\mu > 0$. 则有对任意 $m \in \mathbb{N}$, 存在 $C_m = C_m(\mu, C_0)$ 不依赖 T_0, T_0 由 (4.2.6) 给出, 并且满足

$$\|\partial^m u(t)\|_{L^2(\mathbb{R}^n)}^2 \leqslant C_m(t-T_0-1)^{-m-2\mu}, \quad t > T_0+1.$$

注 当 $n=2$ 或者 $\|a\|_{L^n(\mathbb{R}^n)}$ 足够小时, 则有 $T_0 = 0$.

证明 我们通过数学归纳法证明以下估计式:

$$\|\partial^m u(t)\|_{L^2(\mathbb{R}^n)}^2 \leqslant C_m(t-T_m)^{-m-2\mu}, \quad t \geqslant T_m = T_0+1-2^{-m}. \tag{4.2.7}$$

对于 $m = 1, 2$ 时, 由 (4.2.6) 和引理 4.2.1, 对任意的 $t > T_0$, 可知

$$\frac{d}{dt}\|\partial^m u(t)\|_{L^2(\mathbb{R}^n)}^2 + \|\partial^{m+1}u(t)\|_{L^2(\mathbb{R}^n)}^2 \leqslant C(t-T_0)^{-1}\|\partial^m u(t)\|_{L^2(\mathbb{R}^n)}^2. \tag{4.2.8}$$

当 $m = 1$ 时, 结合 (4.2.6), 由 (4.2.8) 和引理 4.2.2, 可得

$$\|\nabla u(t)\|_{L^2(\mathbb{R}^n)}^2 \leqslant C_1(t-T_1)^{-1-2\mu}, \quad t \geqslant T_1. \tag{4.2.9}$$

当 $m = 2$ 时, 结合 (4.2.9), 由 (4.2.8) 和引理 4.2.2, 可知

$$\|\partial^2 u(t)\|_{L^2(\mathbb{R}^n)}^2 \leqslant C_2(t-T_1)^{-2-2\mu}, \quad t \geqslant T_2. \tag{4.2.10}$$

对于 $m \geqslant 3$ 的情况, 假定下述估计成立

$$\|\partial^k u(t)\|_{L^2(\mathbb{R}^n)}^2 \leqslant C_k(t-T_k)^{-k-2\mu},\ k \leqslant m-1. \tag{4.2.11}$$

需要估计引理 4.2.2 中的 R_m. 运用 Gagliardo-Nirenberg 不等式, 有

$$\|\partial^j u(t)\|_{L^\infty(\mathbb{R}^n)} \leqslant c\|\partial^{m+1}u(t)\|_{L^2(\mathbb{R}^n)}^{a_j}\|u(t)\|_{L^2(\mathbb{R}^n)}^{1-a_j}, \quad 其中 \quad a_j = \frac{j+\frac{n}{2}}{m+1}.$$

从而成立

$$\begin{aligned} R_m \leqslant & \frac{1}{2}\|\partial^{m+1}u(t)\|_{L^2(\mathbb{R}^n)}^2 + c\|u(t)\|_{L^2(\mathbb{R}^n)}^2 \sum_{1\leqslant j\leqslant \frac{m}{2}} \|\partial^{m-j}u(t)\|_{L^2(\mathbb{R}^n)}^{\frac{2}{1-a_j}} \\ \leqslant & \frac{1}{2}\|\partial^{m+1}u(t)\|_{L^2(\mathbb{R}^n)}^2 + C\sum_{1\leqslant j\leqslant \frac{m}{2}} (t-T_{m-1})^{-s_j}, \end{aligned} \tag{4.2.12}$$

其中

$$s_j = (2\mu+m-j)\frac{1}{1-a_j} \geqslant 2\mu+m+1, \quad 1\leqslant j\leqslant \frac{m}{2}.$$

这里运用了归纳假设 (4.2.11).

由引理 4.2.1, 并结合 (4.2.11), 可得

$$\begin{aligned} & \frac{d}{dt}\|\partial^m u\|_{L^2(\mathbb{R}^n)}^2 + \|\partial^{m+1}u\|_{L^2(\mathbb{R}^n)}^2 \\ \leqslant & c_0(t-T_{m-1})^{-1}\|\partial^m u\|_{L^2(\mathbb{R}^n)}^2 + C(t-T_{m-1})^{-(2\mu+m+1)}, \quad t>T_{m-1}. \end{aligned}$$

再次利用引理 4.2.2, 可得

$$\|\partial^m u\|_{L^2(\mathbb{R}^n)}^2 \leqslant C(t-T_m)^{-m-2\mu}, \quad t>T_m. \qquad \square$$

定理 4.2.4 在与上述定理同样的假设下, 对于 $2\leqslant p\leqslant\infty$, $j\in\mathbb{N}_0$,

$$\|\partial^j u(t)\|_{L^p(\mathbb{R}^n)} \leqslant c(t-T_0-1)^{-\mu-\frac{j}{2}-\frac{n}{2}(\frac{1}{2}-\frac{1}{p})}.$$

特别地, $\|u(t)\|_{L^\infty(\mathbb{R}^n)} \leqslant c(t-T_0-1)^{-\mu-\frac{n}{4}}$.

证明 根据 Gagliardo-Nirenberg 公式, 对给定的 m, 有

$$\|\partial^j u(t)\|_{L^p(\mathbb{R}^n)} \leqslant C\|\partial^m u(t)\|_{L^2(\mathbb{R}^n)}^a \|u(t)\|_{L^2(\mathbb{R}^n)}^{1-a}, \quad \frac{j}{m}<a<1,$$

其中

$$\frac{1}{p} = \frac{j}{n} + a\left(\frac{1}{2}-\frac{m}{n}\right) + (1-a)\frac{1}{2}.$$

最后由定理 4.2.3, 可知定理 4.2.4 的结论成立. $\square$

4.3 时空变量的点点衰减

本节主要介绍 Navier-Stokes 方程 Cauchy 问题强解的时空变量的点点衰减估计. 注意到, Navier-Stokes 方程 Cauchy 问题的强解可以写为如下积分方程的形式:

$$u(t) = e^{\Delta t}a - \int_0^t e^{\Delta(t-s)}P\nabla\cdot(u\otimes u)(s)ds, \tag{IE}$$

这里 $e^{\Delta t}$ 是定义在 $L^q_\sigma(\mathbb{R}^n)$ 上的热方程的解算子半群. $P: L^q(\mathbb{R}^n) \longrightarrow L^q_\sigma(\mathbb{R}^n)$ $(1<q<\infty)$ 是有界投影算子.

定理 4.3.1 设 $1 \leqslant \gamma \leqslant n+1$, 向量函数 a 满足 $\nabla \cdot a = 0$ 以及 $\forall (x,t) \in \mathbb{R}^n \times (0,+\infty)$,

$$|(e^{\Delta t}a)(x)| \leqslant c(1+|x|)^{-\gamma}, \quad |(e^{\Delta t}a)(x)| \leqslant c(1+t)^{-\frac{\gamma}{2}}. \tag{4.3.1}$$

如果 (4.3.1) 式中的 c 适当小, 则 (IE) 存在解 u, 使得对任意的 $(x,t) \in \mathbb{R}^n \times (0,+\infty)$, 成立

$$|u(x,t)| \leqslant C(1+|x|)^{-\gamma}, \quad |u(x,t)| \leqslant c(1+t)^{-\frac{\gamma}{2}}.$$

定理 4.3.2 设向量函数 a 满足 $\nabla \cdot a = 0$ 以及对某个 $0 < \gamma \leqslant n+1$, $c_0 = \sup\limits_{y\in\mathbb{R}^n} [(1+|y|^\gamma)|a(y)|] < \infty$. 进一步假设

$$c_1 = \int_{\mathbb{R}^n} |a(y)|dy, \ \ \gamma = n; \quad c_1 = \int_{\mathbb{R}^n} |y||a(y)|dy, \ \ \gamma = n+1.$$

则成立

$$|(e^{\Delta t}a)(x)| \leqslant cd(1+|x|)^{-\gamma}, \quad |(e^{\Delta t}a)(x)| \leqslant cd(1+t)^{-\frac{\gamma}{2}}, \tag{4.3.2}$$

这里, 当 $\gamma = n$ 或 $\gamma = n+1$ 时, $d = c_0 + c_1$; 当 γ 为其他情形时, $d = c_0$.

如果向量函数 a 进一步满足某种对称性, 则对应的线性方程的解 $e^{\Delta t}a$ 有更快的衰减.

假定 $a = (a_1, a_2, \cdots, a_n)$ 满足 $\nabla \cdot a$=0 和下面两个条件:

(a) a_j 关于 x_j 是奇函数, 关于其他变量是偶函数.

(b) a 是循环对称的, 即

$$a_1(x_1,\cdots,x_n) = a_2(x_n,x_1,\cdots,x_{n-1}) = \cdots = a_n(x_2,\cdots,x_n,x_1). \tag{4.3.3}$$

定理 4.3.3 设 a 满足 (a) 和 (b), 并且

$$c_0 = \sup(1+|y|)^{n+3}|a(y)| < \infty, \quad c_1 = \int_{\mathbb{R}^n} |y|^3|a(y)|dy < \infty. \tag{4.3.4}$$

(i) 函数 $x \mapsto e^{-tA}a(x)$ 满足 (a) 和 (b), 并且成立估计

$$|(e^{-tA}a)(x)| \leqslant c(c_0+c_1)(1+|x|)^{-n-3}, \quad |(e^{-tA}a)(x)| \leqslant c(c_0+c_1)(1+t)^{-\frac{n+3}{2}}.$$

(ii) 如果 $c_0 + c_1$ 适当小, 则 (IE) 有一个满足 (a), (b) 的强解 u, 并且

$$|u(x,t)| \leqslant c(1+|x|)^{-n-3}, \quad |u(x,t)| \leqslant c(1+t)^{-\frac{n+3}{2}}. \tag{4.3.5}$$

定理 4.3.2 的证明 首先观察到

$$|(e^{-tA}a)(x)| = |(E_t * a)(x)| \leqslant \|a\|_{L^\infty(\mathbb{R}^n)} \|E_t\|_{L^1(\mathbb{R}^n)} = \|a\|_{L^\infty(\mathbb{R}^n)} \leqslant c_0,$$

所以 $|(e^{-tA}a)(x)|$ 关于 $x \in \mathbb{R}^n, t > 0$ 是有界的. 此后, 假设 $|x| > 1$ 并且 $t > 1$. 下述估计

$$t^{-\frac{n+m}{2}} e^{-\frac{c|x|^2}{t}} \leqslant \begin{cases} c_m |x|^{-n-m}, \\ t^{-\frac{n+m}{2}}, \end{cases} \quad m = 0, 1, 2, \cdots$$

将反复使用.

(i) 设 $\gamma = n+1$. 因为 $a \in L^1(\mathbb{R}^n)$, 条件 $\nabla \cdot a = 0$ 说明

$$\int_{\mathbb{R}^n} a(y) dy = 0. \tag{4.3.6}$$

记

$$(e^{-tA}a)(x) = (E_t * a)(x) = \left(\int_{|y| < \frac{|x|}{2}} + \int_{|y| > \frac{|x|}{2}} \right) E_t(x-y) a(y) dy \equiv I_1 + I_2.$$

则 (4.3.6) 说明

$$\begin{aligned} I_1 &= \int_{|y| < \frac{|x|}{2}} [E_t(x-y) - E_t(x)] a(y) dy + E_t(x) \int_{|y| < \frac{|x|}{2}} a(y) dy \\ &= -\int_0^1 \int_{|y| < \frac{|x|}{2}} (y \cdot \nabla E_t)(x - y\theta) a(y) dy d\theta - E_t(x) \int_{|y| > \frac{|x|}{2}} a(y) dy \\ &\equiv I_{11} + I_{12}. \end{aligned}$$

因为当 $|y| < \dfrac{|x|}{2}$ 时, $|x - y\theta| \geqslant |x| - \theta|y| \geqslant |x| - |y| > \dfrac{|x|}{2}$, 从而

$$\begin{aligned} |I_{11}| &\leqslant c t^{-\frac{n+1}{2}} \int_0^1 \int_{|y| < \frac{|x|}{2}} e^{-\frac{c|x-y\theta|^2}{t}} |y| |a(y)| dy d\theta \\ &\leqslant c t^{-\frac{n+1}{2}} e^{-\frac{c|x|^2}{t}} \int_{\mathbb{R}^n} |y| |a(y)| dy \leqslant c c_1 |x|^{-n-1}. \end{aligned}$$

同时

$$|I_{12}| \leqslant c c_0 t^{-\frac{n}{2}} e^{-\frac{c|x|^2}{t}} \int_{|y| > \frac{|x|}{2}} (1+|y|)^{-n-1} dy \leqslant c c_0 |x|^{-n} \times |x|^{-1} = c c_0 |x|^{-n-1}.$$

所以

$$|I_1| \leqslant c(c_0 + c_1)(1+|x|)^{-n-1}. \tag{4.3.7}$$

另一方面

$$|I_2| \leqslant cc_0 t^{-\frac{n}{2}} \int_{|y|>\frac{|x|}{2}} e^{-\frac{|x-y|^2}{4t}} (1+|y|)^{-n-1} dy \leqslant cc_0 (1+|x|)^{-n-1}.$$

此式和 (4.3.7) 说明

$$|(e^{-tA}a)(x)| \leqslant c(c_0+c_1)(1+|x|)^{-n-1}.$$

现在, 由 (4.3.6) 可得出

$$(e^{-tA}a)(x) = \int_{\mathbb{R}^n} [E_t(x-y) - E_t(x)] a(y) dy = -\int_0^1 \int_{\mathbb{R}^n} (y \cdot \nabla E_t)(x-y\theta) a(y) dy d\theta.$$

所以

$$|(e^{-tA}a)(x)| \leqslant ct^{-\frac{n+1}{2}} \int_0^1 \int_{\mathbb{R}^n} e^{-\frac{c|x-y\theta|^2}{t}} |y||a(y)| dy d\theta \leqslant cc_1 t^{-\frac{n+1}{2}}.$$

这证明了 (4.3.2) 的 $\gamma = n+1$ 情形.

(ii) 令 $n \leqslant \gamma < n+1$. 因为 $a \in L^1(\mathbb{R}^n)$, $\nabla \cdot a = 0$, (4.3.6) 对 a 成立. 所以能分解

$$e^{-tA}a = I_1 + I_2 = I_{11} + I_{12} + I_2$$

用 (i) 中同样的方法. 因为 $|y| < \dfrac{|x|}{2}$ 时, $|x-y\theta| > \dfrac{|x|}{2}$, 得到

$$\begin{aligned}|I_{11}| &\leqslant cc_0 t^{-\frac{n+1}{2}} \int_0^1 \int_{|y|<\frac{|x|}{2}} e^{-\frac{c|x-y\theta|^2}{t}} (1+|y|)^{1-\gamma} dy d\theta \\ &\leqslant cc_0 t^{-\frac{n+1}{2}} e^{-\frac{c|x|^2}{t}} \times |x|^{n+1-\gamma} \leqslant cc_0 |x|^{-\gamma}.\end{aligned}$$

当 $n < \gamma < n+1$ 时, 有

$$|I_{12}| \leqslant cc_0 t^{-\frac{n}{2}} e^{-\frac{c|x|^2}{t}} \int_{|y|>\frac{|x|}{2}} (1+|y|)^{-\gamma} dy \leqslant cc_0 |x|^{-n} \times |x|^{n-\gamma} = cc_0 |x|^{-\gamma},$$

$$|I_2| \leqslant cc_0 t^{-\frac{n}{2}} \int_{|y|>\frac{|x|}{2}} e^{-\frac{c|x-y|^2}{t}} (1+|y|)^{-\gamma} dy \leqslant cc_0 (1+|x|)^{-\gamma}.$$

当 $\gamma = n$ 时, 可以看出

$$|I_{12}| \leqslant ct^{-\frac{n}{2}} e^{-\frac{c|x|^2}{t}} \int_{\mathbb{R}^n} |a(y)| dy \leqslant cc_1 |x|^{-n},$$

$$|I_2| \leqslant cc_0 t^{-\frac{n}{2}} \int_{|y|>\frac{|x|}{2}} e^{-\frac{c|x-y|^2}{t}} (1+|y|)^{-n} dy \leqslant cc_0 (1+|x|)^{-n}.$$

所以

$$|(e^{-tA})(x)| \leqslant cd(1+|x|)^{-\gamma}.$$

另一方面, 因为 $\int_{\mathbb{R}^n} a(y)dy = 0$,

$$\begin{aligned}(e^{-tA})(x) =& \left(\int_{|y|<\sqrt{t}} + \int_{|y|>\sqrt{t}}\right) E_t(x-y)a(y)dy \\ =& -\int_0^1 \int_{|y|<\sqrt{t}} (y\cdot\nabla E_t)(x-y\theta)a(y)dyd\theta \\ & -E_t(x)\int_{|y|>\sqrt{t}} a(y)dy + \int_{|y|>\sqrt{t}} E_t(x-y)a(y)dy \\ \equiv& J_1 + J_2 + J_3.\end{aligned}$$

显然

$$|J_2| \leqslant \begin{cases} cc_0 t^{-\frac{n}{2}} \displaystyle\int_{|y|>\sqrt{t}} |y|^{-\gamma}dy = cc_0 t^{-\frac{n}{2}} \times t^{\frac{n-\gamma}{2}} = cc_0 t^{-\frac{\gamma}{2}}, & n<\gamma<n+1, \\ ct^{-\frac{n}{2}} \displaystyle\int_{|y|>\sqrt{t}} |a(y)|dy \leqslant cc_1 t^{-\frac{n}{2}}, & \gamma = n, \end{cases}$$

利用完全相同的方法,

$$|J_3| \leqslant cc_1 t^{-\frac{n}{2}} \quad (\gamma = n), \quad |J_3| \leqslant cc_0 t^{-\frac{\gamma}{2}} \quad (n<\gamma<n+1).$$

进一步, 因为 $-n < 1-\gamma \leqslant 1-n$, 成立

$$|J_1| \leqslant cc_0 t^{-\frac{n+1}{2}} \int_{|y|<\sqrt{t}} |y|^{1-\gamma}dy \leqslant cc_0 t^{-\frac{n+1}{2}} \times t^{\frac{n-\gamma+1}{2}} = cc_0 t^{-\frac{\gamma}{2}}.$$

于是

$$|(e^{-tA}a)(x)| \leqslant cd(1+t)^{-\frac{\gamma}{2}}.$$

这证明了 (4.3.2) 的 $n \leqslant \gamma < n+1$ 情形.

(iii) 最后设 $0<\gamma<n$. 由

$$|(e^{-tA}a)(x)| \leqslant cc_0 t^{-\frac{n}{2}} \int_{\mathbb{R}^n} e^{-\frac{c|x-y|^2}{t}} |y|^{-\gamma}dy = \int_{|y|<\frac{|x|}{2}} + \int_{|y|>\frac{|x|}{2}} \equiv I_1 + I_2,$$

可得

$$|I_1| \leqslant cc_0|x|^{-n} \int_{|y|<\frac{|x|}{2}} |y|^{-\gamma}dy = cc_0|x|^{-n} \times |x|^{n-\gamma} = cc_0|x|^{-\gamma},$$

$$|I_2| \leqslant cc_0|x|^{-\gamma}t^{-\frac{n}{2}} \int e^{-\frac{c|x-y|^2}{t}}dy = cc_0|x|^{-\gamma}.$$

所以

$$|(e^{-tA}a)(x)| \leqslant cc_0(1+|x|)^{-\gamma}.$$

进一步, 由 L^1-函数 Fourier 变换的有界性给出

$$|(e^{-tA}a)(x)| \leqslant cc_0 \int_{\mathbb{R}^n} E_t(x-y)|y|^{-\gamma}dy \leqslant cc_0 \int_{\mathbb{R}^n} e^{-t|\xi|^2}|\xi|^{\gamma-n}d\xi = cc_0 t^{-\frac{\gamma}{2}}.$$

因此

$$|(e^{-tA}a)(x)| \leqslant cc_0(1+t)^{-\frac{\gamma}{2}}.$$

□

定理 4.3.1 的证明 令 $1 \leqslant \gamma \leqslant n+1$ 并且

$$\mathscr{S}[u,v](t) = -\int_0^t e^{-(t-s)A}P\nabla\cdot(u\otimes v)(s)ds. \tag{4.3.8}$$

利用 Helmholtz 分解

$$L^2(\mathbb{R}^n) = L^2_\sigma(\mathbb{R}^n) \oplus G(\mathbb{R}^n),$$

其中 $G(\mathbb{R}^n) = \{\nabla p \in L^2(\mathbb{R}^n) : p \in L^2_{\text{loc}}(\mathbb{R}^n)\}$. 因此成立 $f = Pf + \nabla p$, 进一步有

$$\Delta p = \text{div} f,$$

两边进行广义 Fourier 变换, 可得

$$-|\xi|^2\widehat{p}(\xi) = \sum_{k=1}^n i\xi_k \widehat{f}_k(\xi), \quad f = (f_1, \cdots, f_n), \quad i = \sqrt{-1}.$$

从而

$$\widehat{p}(\xi) = -\sum_{k=1}^n \frac{i\xi_k}{|\xi|^2}\widehat{f}_k(\xi).$$

结合

$$\widehat{f}_j(\xi) = \widehat{(Pf)}_j(\xi) + i\xi_j\widehat{p}(\xi), \quad 1 \leqslant j \leqslant n.$$

可知

$$\begin{aligned}\widehat{(Pf)}_j(\xi) &= \widehat{f}_j(\xi) - i\xi_j\widehat{p}(\xi)\\ &= \widehat{f}_j(\xi) + \sum_{k=1}^n \frac{i\xi_j i\xi_k}{|\xi|^2}\widehat{f}_k(\xi)\\ &= \sum_{k=1}^n \left(\delta_{jk} + \frac{i\xi_j i\xi_k}{|\xi|^2}\right)\widehat{f}_k(\xi).\end{aligned}$$

说明

$$\widehat{Pf}(\xi) = \left(I_{n\times n} + \frac{i\xi \otimes i\xi}{|\xi|^2}\right)\widehat{f}(\xi).$$

记 $P=(P_{jk})_{j,k=1}^n$, 由上式可知

$$\widehat{P}_{jk}=\delta_{jk}+\frac{i\xi_j i\xi_k}{|\xi|^2}=\delta_{jk}+i\xi_j i\xi_k\int_0^\infty e^{-|\xi|^2 s}ds.$$

记

$$e^{\Delta t}P\nabla=\nabla e^{\Delta t}P=(\partial_\ell e^{\Delta t}P_{jk})_{\ell,j,k=1}^n,$$

以及 $F(x,t)=(F_{\ell,jk}(x,t))_{\ell,j,k=1}^n$ 为算子 $e^{\Delta t}P\nabla$ 的核函数, 则

$$\begin{aligned}\widehat{F_{\ell,jk}}(\xi,t)&=\partial_\ell\widehat{e^{\Delta t}P_{jk}}\\&=i\xi_\ell e^{-|\xi|^2 t}\widehat{P_{jk}}\\&=i\xi_\ell e^{-|\xi|^2 t}\left(\delta_{jk}+i\xi_j i\xi_k\int_0^\infty e^{-|\xi|^2 s}ds\right)\\&=i\xi_\ell e^{-|\xi|^2 t}\delta_{jk}+i\xi_\ell i\xi_j i\xi_k\int_0^\infty e^{-|\xi|^2 s}ds.\end{aligned}$$

进行 Fourier 逆变换, 可得

$$F_{\ell,jk}(x,t)=\partial_\ell E_t(x)\delta_{jk}+\int_0^\infty\partial_\ell\partial_j\partial_k E_{t+s}(x)ds. \tag{4.3.9}$$

在上述证明过程中, 用到如下 Fourier 变换性质:

$$\widehat{E_t}(\xi)=e^{-|\xi|^2 t},$$

以及

$$\widehat{e^{\Delta t}f}(\xi)=(\widehat{E_t*f})(\xi)=\widehat{E_t}(\xi)\widehat{f}(\xi)=e^{-|\xi|^2 t}\widehat{f}(\xi).$$

所以

$$\mathscr{S}[u,v](t)=-\sum_{k,\ell=1}^n\int_0^t F_{k\ell}(t-s)*(y_k v_\ell)(s)ds,\quad F_{k\ell}(x,t)=(F_{\ell,jk}(x,t))_{j=1}^n,$$

其中, $*$ 是定义在 $\mathbb{R}^n$ 上函数的卷积. 我们首先给出如下引理.

引理 4.3.4 成立

$$|\nabla_x^m F_{\ell,jk}(x,t)|\leqslant c_m|x|^{\alpha-n-1-m}t^{-\frac{\alpha}{2}},\quad 0\leqslant\alpha\leqslant n+1+m,\ m=0,1,2,\cdots;$$

$$\|\nabla_x^m F_{\ell,jk}(\cdot,t)\|_{L^q(\mathbb{R}^n)}=c_{m,q}t^{-\frac{n}{2}(1+\frac{m+1}{n}-\frac{1}{q})},\quad 1\leqslant q\leqslant\infty,\ m=0,1,2,\cdots.$$

证明 直接计算表明

$$|\nabla_x^{m+1}E_t(x)|\leqslant c_m t^{-\frac{n+1+m}{2}}e^{-\frac{c_m|x|^2}{t}}\leqslant\begin{cases}c_m|x|^{-n-1-m},\\c_m t^{-\frac{n+1+m}{2}}.\end{cases}$$

另一方面, (4.3.9) 中积分项的 m-阶导数由下述方法估计其绝对值: 首先,

$$\begin{aligned}\left|\int_0^{\infty}\partial_\ell\partial_j\partial_k E_{t+s}(x)ds\right| &\leqslant c_m\int_t^{\infty}s^{-\frac{n+3+m}{2}}e^{-\frac{c_m|x|^2}{s}}ds\\ &\leqslant c_m\int_t^{\infty}s^{-\frac{n+3+m}{2}}ds\\ &=c_m t^{-\frac{n+1+m}{2}}.\end{aligned}$$

其次, 通过变量替换 $\tau=\dfrac{|x|^2}{s}$,

$$\begin{aligned}\left|\int_0^{\infty}\partial_\ell\partial_j\partial_k E_{t+s}(x)ds\right| &\leqslant c_m\int_t^{\infty}s^{-\frac{n+3+m}{2}}e^{-\frac{c_m|x|^2}{s}}ds\\ &=c_m|x|^{-n-1-m}\int_0^{\frac{|x|^2}{t}}e^{-c_m\tau}\tau^{\frac{n+m+1}{2}}d\tau\\ &\leqslant c_m|x|^{-n-1-m}.\end{aligned}$$

直接计算得

$$\nabla_x^m F_{\ell,jk}(x,t)=t^{-\frac{n+1+m}{2}}K_m(xt^{-\frac{1}{2}}),\quad K_m(x)=\nabla_x^m\partial_\ell E_1(x)+\int_1^{\infty}\nabla_x^m\partial_j\partial_k\partial_\ell E_s(x)ds,$$

并且

$$\begin{aligned}\|K_m\|_{L^q(\mathbb{R}^n)} &\leqslant c_{m,q}+c'_{m,q}\int_1^{\infty}s^{-\frac{n+3+m}{2}}\|e^{-\frac{c|x|^2}{s}}\|_{L^q(\mathbb{R}^n)}ds\\ &=c_{m,q}+c'_{m,q}\int_1^{\infty}s^{-\frac{n}{2}(1+\frac{3+m}{n}-\frac{1}{q})}ds=c''_{m,q}.\end{aligned}$$

所以

$$\|\nabla_x^m F_{\ell,jk}(\cdot,t)\|_{L^q(\mathbb{R}^n)}=t^{-\frac{n+1+m}{2}}\times t^{\frac{n}{2q}}\|K_m\|_q=c_{m,q}s^{-\frac{n}{2}(1+\frac{1+m}{n}-\frac{1}{q})}.\qquad \square$$

引理 4.3.5　令 $1\leqslant\gamma\leqslant n+1$ 并且

$$X_\gamma=\{u(y,s):\nabla\cdot u=0,\ \|u\|_\gamma\equiv\sup(1+|y|)^{\gamma-\alpha}(1+s)^{\frac{\alpha}{2}}|u(y,s)|<\infty\},$$

其中上确界取在 $y\in\mathbb{R}^n, s>0, 0\leqslant\alpha\leqslant\gamma$ 上. 任意的 $u\in X_\gamma$ 和 $v\in X_\gamma$, 由 (4.3.8) 定义的函数 $\mathscr{S}[u,v]$ 属于 X_γ, 并且满足

$$\|\mathscr{S}[u,v]\|_\gamma\leqslant c\|u\|_\gamma\|v\|_\gamma. \tag{4.3.10}$$

证明　由于 $\mathscr{S}[\cdot,\cdot]$ 在 $X_\gamma\times X_\gamma$ 上是双线性的, 不妨设 $\|u\|_\gamma=\|v\|_\gamma=1$. 由

$$|(u\otimes v)(y,s)|\leqslant(1+|y|)^{1-2\gamma}(1+s)^{-\frac{1}{2}}\leqslant(1+s)^{-\frac{1}{2}},$$

以及引理 4.3.4, 可得

$$|\mathscr{S}[u,v]| \leqslant \int_0^t \|F(t-s)\|_{L^1(\mathbb{R}^n)}\|(u\otimes v)(s)\|_{L^\infty(\mathbb{R}^n)}ds \leqslant c\int_0^t (t-s)^{-\frac{1}{2}}s^{-\frac{1}{2}}ds = c.$$

所以 $|\mathscr{S}[u,v]|$ 关于 $x\in\mathbb{R}^n, t>0$ 是有界的. 接下来的讨论中, 假设 $|x|>1$ 且 $t>1$.

(i) 设 $\gamma = n+1$. 记

$$|\mathscr{S}[u,v]| \leqslant \int_0^t \left(\int_{|x-y|<\frac{|x|}{2}} + \int_{|x-y|>\frac{|x|}{2}}\right)|F(x-y,t-s)||(u\otimes v)(y,s)|dyds \equiv \mathscr{S}_1+\mathscr{S}_2.$$

由 $|x-y|<\dfrac{|x|}{2}$ 得 $|y|\geqslant |x|-|x-y|>\dfrac{|x|}{2}$. 所以

$$\begin{aligned}\mathscr{S}_1 &\leqslant \int_0^t\int_{|x-y|<\frac{|x|}{2}} (t-s)^{-\frac{3}{4}}|x-y|^{\frac{1}{2}-n}(1+|y|)^{-\frac{3}{2}-2n}(1+s)^{-\frac{1}{4}}dyds\\ &\leqslant c\int_{|x-y|<\frac{|x|}{2}} |x-y|^{\frac{1}{2}-n}(1+|y|)^{-\frac{3}{2}-2n}dy\\ &\leqslant c|x|^{\frac{1}{2}}(1+|x|)^{-\frac{3}{2}-2n} \leqslant c(1+|x|)^{-1-2n} \leqslant c(1+|x|)^{-n-1}.\end{aligned}$$

另一方面

$$\mathscr{S}_2 \leqslant c\int_0^t\int_{|x-y|>\frac{|x|}{2}} |x-y|^{-n-1}(1+|y|)^{1-2n}(1+s)^{-\frac{3}{2}}dyds \leqslant c|x|^{-n-1}.$$

所以

$$|\mathscr{S}[u,v]| \leqslant c(1+|x|)^{-n-1}.$$

再记

$$|\mathscr{S}[u,v]| \leqslant \left(\int_0^{\frac{t}{2}} + \int_{\frac{t}{2}}^t\right)|F(t-s)| * |(u\otimes v)(s)|ds \equiv \mathscr{S}_3+\mathscr{S}_4.$$

则

$$\mathscr{S}_3 \leqslant \int_0^{\frac{t}{2}} \|F(t-s)\|_{L^\infty(\mathbb{R}^n)}\|(u\otimes v)(s)\|_{L^1(\mathbb{R}^n)}ds \leqslant ct^{-\frac{n+1}{2}}\int_0^{\frac{t}{2}} \|(u\otimes v)(s)\|_1 ds.$$

由于

$$|(u\otimes v)(y,s)| \leqslant (1+|y|)^{-n-1}(1+s)^{-\frac{n+1}{2}},$$

于是有

$$\mathscr{S}_3 \leqslant ct^{-\frac{n+1}{2}}\int_0^\infty (1+s)^{-\frac{n+1}{2}}ds = ct^{-\frac{n+1}{2}}.$$

另外

$$\mathscr{S}_4 \leqslant \int_{\frac{t}{2}}^{t} \|F(t-s)\|_{L^1(\mathbb{R}^n)} \|(u \otimes v)(s)\|_{L^\infty(\mathbb{R}^n)} ds = c \int_{\frac{t}{2}}^{t} (t-s)^{-\frac{1}{2}} \|(u \otimes v)(s)\|_{L^\infty(\mathbb{R}^n)} ds.$$

由于 $|(u \otimes v)(y,s)| \leqslant (1+s)^{-n-1}$, 可得

$$\mathscr{S}_4 \leqslant c \int_{\frac{t}{2}}^{t} (t-s)^{-\frac{1}{2}} s^{-n-1} ds \leqslant ct^{-n-\frac{1}{2}} \leqslant ct^{-\frac{n+1}{2}}.$$

所以

$$|\mathscr{S}[u,v]| \leqslant c(1+t)^{-\frac{n+1}{2}}.$$

(ii) 设 $n < \gamma < n+1$. 在这种情况下,

$$\begin{aligned}\mathscr{S}_1 \leqslant & \int_0^t \int_{|x-y|<\frac{|x|}{2}} (t-s)^{-\frac{2+n-\gamma}{2}} |x-y|^{1-\gamma} (1+|y|)^{-n-\gamma} (1+s)^{-\frac{\gamma-n}{2}} dyds \\ \leqslant & c|x|^{n+1-\gamma} (1+|x|)^{-n-\gamma} \leqslant c(1+|x|)^{1-2\gamma} \leqslant c(1+|x|)^{-\gamma}.\end{aligned}$$

并且

$$\begin{aligned}\mathscr{S}_2 \leqslant & c \int_0^t \int_{|x-y|>\frac{|x|}{2}} (t-s)^{-\frac{n+1-\gamma}{2}} |x-y|^{-\gamma} (1+|y|)^{1-n-\gamma} (1+s)^{-\frac{1+\gamma-n}{2}} dyds \\ \leqslant & c \int_{|x-y|>\frac{|x|}{2}} |x-y|^{-\gamma} (1+|y|)^{1-n-\gamma} dy \leqslant c|x|^{-\gamma}.\end{aligned}$$

另一方面

$$\mathscr{S}_3 \leqslant \int_0^{\frac{t}{2}} \|F(t-s)\|_{L^\infty(\mathbb{R}^n)} \|(u \otimes v)(s)\|_{L^1(\mathbb{R}^n)} ds \leqslant ct^{-\frac{n+1}{2}} \int_0^{\frac{t}{2}} \|(u \otimes v)(s)\|_1 ds.$$

由于 $|(u \otimes v)(y,s)| \leqslant (1+|y|)^{-\gamma}(1+s)^{-\frac{\gamma}{2}}$, 并且 $\dfrac{\gamma}{2} > \dfrac{n}{2} \geqslant 1$, 可以看出

$$\mathscr{S}_3 \leqslant ct^{-\frac{n+1}{2}} \int_0^\infty (1+s)^{-\frac{\gamma}{2}} ds = ct^{-\frac{n+1}{2}} \leqslant ct^{-\frac{\gamma}{2}}.$$

进一步, 因为 $|(u \otimes v)(y,s)| \leqslant (1+s)^{-\gamma}$, 可推出

$$\begin{aligned}\mathscr{S}_4 \leqslant & c \int_{\frac{t}{2}}^{t} (t-s)^{-\frac{1}{2}} \|(u \otimes v)(s)\|_{L^\infty(\mathbb{R}^n)} ds \\ \leqslant & c \int_{\frac{t}{2}}^{t} (t-s)^{-\frac{1}{2}} (1+s)^{-\gamma} ds \\ \leqslant & c(1+t)^{\frac{1}{2}-\gamma} \leqslant c(1+t)^{-\frac{\gamma}{2}}.\end{aligned}$$

所以

$$|\mathscr{S}[u,v]| \leqslant c(1+t)^{-\frac{\gamma}{2}}.$$

(iii) 设 $\gamma = n$. 在这种情形下, 成立

$$|(u\otimes v)(y,s)| \leqslant (1+|y|)^{2\alpha-2n}(1+s)^{-\alpha}, \quad 0\leqslant \alpha \leqslant n.$$

所以

$$\begin{aligned}\mathscr{S}_1 &\leqslant c\int_0^t \int_{|x-y|<\frac{|x|}{2}} (t-s)^{-\frac{3}{4}}|x-y|^{\frac{1}{2}-n}(1+|y|)^{\frac{1}{2}-2n}s^{-\frac{1}{4}}dyds \\ &\leqslant c(1+|x|)^{\frac{1}{2}-2n}|x|^{\frac{1}{2}} \leqslant c|x|^{1-2n} \leqslant c|x|^{-n},\end{aligned}$$

并且

$$\mathscr{S}_2 \leqslant c\int_0^t \int_{|x-y|>\frac{|x|}{2}} (t-s)^{-\frac{1}{2}}|x-y|^{-n}(1+|y|)^{1-2n}s^{-\frac{1}{2}}dyds \leqslant c|x|^{-n}.$$

同时

$$\begin{aligned}\mathscr{S}_3 &\leqslant \int_0^{\frac{t}{2}} \|F(t-s)\|_{L^\infty(\mathbb{R}^n)}\|(u\otimes v)(s)\|_{L^1(\mathbb{R}^n)}ds \\ &\leqslant ct^{-\frac{n+1}{2}}\int_0^{\frac{t}{2}}(1+s)^{-\frac{1}{2}}ds \leqslant ct^{-\frac{n}{2}},\end{aligned}$$

并且

$$\begin{aligned}\mathscr{S}_4 &\leqslant c\int_{\frac{t}{2}}^t \|F(t-s)\|_{L^1(\mathbb{R}^n)}\|(u\otimes v)(s)\|_{L^\infty(\mathbb{R}^n)}ds \\ &\leqslant c\int_{\frac{t}{2}}^t (t-s)^{-\frac{1}{2}}(1+s)^{-n}ds \\ &\leqslant c(1+t)^{\frac{1}{2}-n} \leqslant c(1+t)^{-\frac{n}{2}}.\end{aligned}$$

(iv) 最后设 $1\leqslant\gamma<n$. 取 $0<\varepsilon<1$, 使得 $\gamma+\varepsilon<n$. 可得

$$\begin{aligned}|\mathscr{S}[u,v]| &\leqslant c\int_0^t \int_{\mathbb{R}^n} (t-s)^{-\frac{1+\varepsilon}{2}}|x-y|^{\varepsilon-n}(1+|y|)^{-\gamma+\varepsilon}(1+s)^{-\frac{\gamma-\varepsilon}{2}}dyds \\ &\leqslant c\int_{\mathbb{R}^n}|x-y|^{\varepsilon-n}(1+|y|)^{-\gamma+\varepsilon}dy \leqslant c|x|^{-\gamma}.\end{aligned}$$

由于

$$|(u\otimes v)(y,s)| \leqslant (1+|y|)^{-\gamma}(1+s)^{-\frac{\gamma}{2}},$$

可得

$$\|(u\otimes v)(s)\|_{\frac{n}{\gamma},w} \leqslant c(1+s)^{-\frac{\gamma}{2}}.$$

所以

$$\|\mathscr{S}[u,v]\|_{\frac{n}{\gamma},w} \leqslant c\int_0^t (t-s)^{-\frac{1}{2}}(1+s)^{-\frac{\gamma}{2}}ds \leqslant c. \tag{4.3.11}$$

因为 $\gamma \geqslant 1$. 此后 $\|\cdot\|_{\frac{n}{\gamma},w}$ 表示 $L^{\frac{n}{\gamma},w}$-范数, 其定义在 (4.3.12) 式的证明中给出. 接下来, 记

$$\mathscr{S}[u,v](t) = \mathscr{S}_3[u,v](t) + \mathscr{S}_4[u,v](t),$$

这里

$$\begin{aligned}\mathscr{S}_3[u,v](t) &= -\int_0^{\frac{t}{2}} e^{-(t-s)A}P\nabla\cdot(u\otimes v)(s)ds\\ &= e^{-\frac{tA}{2}}\mathscr{S}[u,v]\left(\frac{t}{2}\right),\\ \mathscr{S}_4[u,v](t) &= -\int_{\frac{t}{2}}^t e^{-(t-s)A}P\nabla\cdot(u\otimes v)(s)ds.\end{aligned}$$

应用 (4.3.11) 和如下待证的估计:

$$\|e^{-tA}a\|_{L^\infty(\mathbb{R}^n)} \leqslant ct^{-\frac{\gamma}{2}}\|a\|_{\frac{n}{\gamma},w}, \tag{4.3.12}$$

可得

$$\|\mathscr{S}_3[u,v](t)\|_{L^\infty(\mathbb{R}^n)} \leqslant ct^{-\frac{\gamma}{2}}\left\|\mathscr{S}[u,v]\left(\frac{t}{2}\right)\right\|_{\frac{n}{\gamma},w} \leqslant ct^{-\frac{\gamma}{2}}.$$

因为 $\gamma \geqslant 1$, 结合

$$|(u\otimes v)(y,s)| \leqslant (1+s)^{-\gamma},$$

得

$$\begin{aligned}\|\mathscr{S}_4[u,v](t)\|_{L^\infty(\mathbb{R}^n)} &\leqslant c\int_{\frac{t}{2}}^t (t-s)^{-\frac{1}{2}}(1+s)^{-\gamma}ds\\ &\leqslant c(1+s)^{\frac{1}{2}-\gamma} \leqslant c(1+t)^{-\frac{\gamma}{2}}.\end{aligned}$$

□

定理 4.3.1 的证明　令

$$\Phi(u) = e^{-tA}a + \mathscr{S}[u,u] \equiv u_0 + \mathscr{S}[u,u].$$

由引理 4.3.4 和引理 4.3.5, 可得

$$\begin{aligned}&\|\Phi(u)\|_\gamma \leqslant c\|u_0\|_\gamma + c'\|u\|_\gamma^2,\\ &\|\Phi(u)-\Phi(v)\|_\gamma \leqslant c'(\|u\|_\gamma + \|v\|_\gamma)\|u-v\|_\gamma.\end{aligned} \tag{4.3.13}$$

假设

$$\|u_0\|_\gamma < \frac{1}{4cc'},$$

定义

$$M = \frac{1 - \sqrt{1 - 4cc'\|u_0\|_\gamma}}{2c'}. \tag{4.3.14}$$

利用 (4.3.13), $\|u\|_\gamma \leqslant M$ 意味着

$$\|\Phi(u)\|_\gamma \leqslant c\|u_0\| + c'M^2 = M,$$

并且

$$\|\Phi(u) - \Phi(v)\|_\gamma \leqslant 2c'M\|u - v\|_\gamma, \quad 当\|u\|_\gamma \leqslant M且\|v\|_\gamma \leqslant M时.$$

由 (4.3.14), 得 $2c'M < 1$. 利用压缩映射原理可以找到唯一的一个 $u \in X_\gamma$ 满足: $\|u\|_\gamma \leqslant M$ 且 $u = \Phi(u)$. 这完成了定理 4.3.1 的证明. □

(4.3.12) 的证明 可测函数 f 的 $L^{\frac{n}{\gamma},w}$-范数由下式给出

$$\|f\|_{\frac{n}{\gamma},w} = \sup_E |E|^{\frac{\gamma}{n}-1} \int_E |f| dx,$$

其中 $|E|$ 是可测集 $E \subset \mathbb{R}^n$ 的 Lebesgue 测度. 由 Lebesgue 积分的定义得

$$|(e^{-tA}a)(x)| \leqslant ct^{-\frac{n}{2}} \int_{\mathbb{R}^n} e^{-\frac{c|x-y|^2}{t}} |a(y)| dy = ct^{-\frac{n}{2}} \int_0^1 \mu \left[\left\{ y : e^{-\frac{c|x-y|^2}{t}} > s \right\} \right] ds,$$

其中 $\mu = |a(y)|dy$. 但是, 对于 $0 < s < 1$, 成立

$$\left\{ y : e^{-\frac{c|x-y|^2}{t}} > s \right\} = B\left(x, ct^{\frac{1}{2}} \left(\log \frac{1}{s} \right)^{\frac{1}{2}} \right),$$

其中 $B(x, r)$ 是半径为 r 中心在 x 的开球. 因此有

$$\mu \left[B\left(x, ct^{\frac{1}{2}} (-\log s)^{\frac{1}{2}} \right) \right] \leqslant c\|a\|_{\frac{n}{\gamma},w} t^{\frac{n}{2}(1-\frac{\gamma}{n})} (-\log s)^{\frac{n}{2}(1-\frac{\gamma}{n})}, \quad 0 < s < 1.$$

所以

$$|(e^{-tA}a)(x)| \leqslant c\|a\|_{\frac{n}{\gamma},w} t^{-\frac{\gamma}{2}} \int_0^1 (-\log s)^{\frac{n}{2}(1-\frac{\gamma}{n})} ds = ct^{-\frac{\gamma}{2}} \|a\|_{\frac{n}{\gamma},w},$$

$c > 0$ 与 x 无关. (4.3.12) 证明完毕. □

在给出定理 4.3.3 的证明前, 先介绍如下一个技术引理.

引理 4.3.6 (i) 如果 a 满足 (a) 和 (b), 那么函数 $e^{-tA}a$ 也满足 (a) 和 (b).

(ii) 对任意 $t \geqslant 0$, 如果 $u(x,t)$ 和 $v(x,t)$ 都满足 (a) 和 (b), 那么函数

$$w(t) = \mathscr{S}[u, v](t) = -\int_0^t e^{-(t-s)A} P\nabla \cdot (u \otimes v)(s) ds$$

也满足 (a) 和 (b).

(iii) 设 a 的散度为 0, 并且满足

$$\int_{\mathbb{R}^n}(1+|y|)|a(y)|dy<\infty.$$

则矩阵 $\left(\int_{\mathbb{R}^n} y_j a_k(y)dy\right)$ 是反对称的.

证明 (i) 对 $u_0(t)=e^{-tA}a$ 进行 Fourier 变换, 可得

$$\widehat{u}_0(\xi,t)=e^{-t|\xi|^2}\widehat{a}(\xi).$$

由于 a 关于 x_j 的奇偶性和 $\widehat{a}$ 关于 ξ_j 的奇偶性相同, 结论显然成立.

(ii) 同样地, 利用 Fourier 变换得

$$\begin{aligned}\widehat{w}_j(\xi,t)=&-i\sum_{k,\ell=1}^{n}\int_0^t \xi_\ell e^{-(t-s)|\xi|^2}\left(\delta_{jk}-\frac{\xi_j\xi_k}{|\xi|^2}\right)\widehat{(u_k v_\ell)}(\xi,s)ds\\ =&-i\sum_{\ell=1}^{n}\int_0^t \xi_\ell e^{-(t-s)|\xi|^2}\widehat{(u_j v_\ell)}(\xi,s)ds\\ &+i\sum_{k\neq\ell}^{n}\int_0^t \xi_\ell e^{-(t-s)|\xi|^2}\frac{\xi_j\xi_k}{|\xi|^2}\widehat{(u_k v_\ell)}(\xi,s)ds\\ &+i\sum_{\ell=1}^{n}\int_0^t \xi_\ell e^{-(t-s)|\xi|^2}\frac{\xi_j\xi_\ell}{|\xi|^2}\widehat{(u_\ell v_\ell)}(\xi,s)ds\\ \equiv& J_1+J_2+J_3.\end{aligned}$$

当 $\ell\neq j$ 时, $\widehat{(u_j v_\ell)}$ 关于 ξ_j 是奇的, 关于 ξ_ℓ 是奇的, 关于任何其他 ξ 的分量是偶的, 所以 $\xi_\ell\widehat{(u_j v_\ell)}$ 关于 ξ_j 是奇的, 关于任何其他 ξ 的分量是偶的. 另一方面, $\xi_j\widehat{(u_j v_j)}$ 关于 ξ_j 是奇的, 关于任何其他 ξ 的分量是偶的. 所以 J_1 满足 (a). 至于 J_2, 我们观察到 $\xi_\ell\xi_k\widehat{(u_k v_\ell)}$ 关于任何 ξ 的分量是偶的, 所以 J_2 满足 (a). 因为 $\xi_\ell^2\widehat{(u_\ell v_\ell)}$ 显然关于任何 ξ 的分量是偶的, 所以 J_3 满足 (a).

接下来, 令 $\eta=(\eta_1,\eta_2,\cdots,\eta_n)=(\xi_n,\xi_1,\cdots,\xi_{n-1})$. 容易验证

$$\widehat{(u_{k+1}v_{k+1})}(\eta,s)=\widehat{(u_k v_k)}(\xi,s),$$

将下标 $n+1$ 视作 1. 所以

$$\begin{aligned}
\widehat{w}_{j+1}(\eta,t)=&-i\sum_{k,\ell=1}^{n}\int_0^t \eta_\ell e^{-(t-s)|\eta|^2}\left(\delta_{j+1,k}-\frac{\eta_{j+1}\eta_k}{|\eta|^2}\right)\widehat{(u_k v_\ell)}(\eta,s)ds\\
=&-i\sum_{k,\ell=1}^{n}\int_0^t \xi_{\ell-1} e^{-(t-s)|\xi|^2}\left(\delta_{j+1,k}-\frac{\xi_j\xi_{k-1}}{|\xi|^2}\right)(\widehat{u_{k-1}v_{\ell-1}})(\xi,s)ds\\
=&-i\sum_{k,\ell=1}^{n}\int_0^t \xi_{\ell-1} e^{-(t-s)|\xi|^2}\delta_{j+1,k}(\widehat{u_{k-1}v_{\ell-1}})(\xi,s)ds\\
&+i\sum_{k,\ell=1}^{n}\int_0^t \xi_{\ell-1} e^{-(t-s)|\xi|^2}\frac{\xi_j\xi_{k-1}}{|\xi|^2}(\widehat{u_{k-1}v_{\ell-1}})(\xi,s)ds\\
=&-i\sum_{\ell=1}^{n}\int_0^t \xi_{\ell} e^{-(t-s)|\xi|^2}\widehat{(u_j v_\ell)}(\xi,s)ds\\
&+i\sum_{k,\ell=1}^{n}\int_0^t \xi_{\ell} e^{-(t-s)|\xi|^2}\frac{\xi_j\xi_k}{|\xi|^2}\widehat{(u_k v_\ell)}(\xi,s)ds\\
=&-i\sum_{k,\ell=1}^{n}\int_0^t \xi_{\ell} e^{-(t-s)|\xi|^2}\left(\delta_{jk}-\frac{\xi_j\xi_k}{|\xi|^2}\right)\widehat{(u_k v_\ell)}(\xi,s)ds\\
=&\,\widehat{w}_j(\xi,t).
\end{aligned}$$

这说明了 w 满足 (b).

(iii) 由假设条件有 $\widehat{a}\in C^1$. 因为 $\nabla\cdot a=0$, 可知 $\xi\cdot\widehat{a}(\xi)=0$. 对该式中的 ξ 求导, 得

$$\widehat{a}_j(\xi)+\xi\cdot(\partial_j\widehat{a})(\xi)=0,\quad j=1,\cdots,n. \tag{4.3.15}$$

另一方面, 由条件 $\xi\cdot\widehat{a}(\xi)=0$, 可知 $\widehat{a}(0)=0$. 所以

$$\widehat{a}_j(\xi)=\xi\cdot\int_0^1(\nabla\widehat{a}_j)(t\xi)dt,\quad j=1,\cdots,n. \tag{4.3.16}$$

由 (4.3.15) 和 (4.3.16), 对任意固定的 j 和 k,

$$\xi_k(\partial_j\widehat{a}_k)(0,\cdots,0,\xi_k,0,\cdots,0)+\widehat{a}_j(0,\cdots,0,\xi_k,0,\cdots,0)=0,$$

$$\widehat{a}_j(0,\cdots,0,\xi_k,0,\cdots,0)=\xi_k\int_0^1(\partial_k\widehat{a}_j)\widehat{a}_j(0,\cdots,0,t\xi_k,0,\cdots,0)dt.$$

所以

$$\int_0^1(\partial_k\widehat{a}_j)\widehat{a}_j(0,\cdots,0,t\xi_k,0,\cdots,0)dt+(\partial_j\widehat{a}_k)(0,\cdots,0,\xi_k,0,\cdots,0)=0.$$

令 $\xi_k\to 0$ 得 $(\partial_k\widehat{a}_j)(0)+(\partial_j\widehat{a}_k)(0)=0$, 这证明了所需结果. 引理 4.3.6 证明完毕. □

定理 4.3.3 的证明　首先证明

$$
\begin{aligned}
&|(e^{-tA}a)(x)| \leqslant c(c_0+c_1)(1+|x|)^{-n-3},\\
&|(e^{-tA}a)(x)| \leqslant c(c_0+c_1)(1+t)^{-\frac{n+3}{2}}.
\end{aligned} \tag{4.3.16}
$$

由于 a 的散度为 0, 并且满足 (a), (b) 和 (4.3.4), 于是有

$$
\widehat{a}_j(0)=\int_{\mathbb{R}^n} a_j(y)dy=0, \quad \int_{\mathbb{R}^n} y_k y_\ell a_j(y)dy=0, \ \ j,k,\ell=1,\cdots,n. \tag{4.3.17}
$$

进一步, 由引理 4.3.6 和 (iii), 矩阵 $\left(\oint y_k a_j(y)dy\right)$ 是反对称的. 结合 (a), 可推出

$$
\oint_{\mathbb{R}^n} y_k a_j(y)dy=0, \quad j,k=1,\cdots,n. \tag{4.3.18}
$$

令

$$
(e^{-tA}a)(x)=\left(\int_{|y|<\frac{|x|}{2}}+\int_{|y|>\frac{|x|}{2}}\right)E_t(x-y)a(y)dy \equiv K_1+K_2.
$$

容易看出

$$
|K_2| \leqslant \sup_{|y|>\frac{|x|}{2}} |a(y)| \leqslant cc_0(1+|x|)^{-n-3}.
$$

接下来, 由 Taylor 公式, (4.3.17), (4.3.18), 可得

$$
\begin{aligned}
K_1=&\int_{|y|<\frac{|x|}{2}}\left[E_t(x-y)-\sum_{|\gamma|\leqslant 2}\frac{(-y)^\gamma}{\gamma!}(\partial_x^\gamma E_t)(x)\right]a(y)dy\\
&+\sum_{|\gamma|\leqslant 2}\frac{1}{\gamma!}(\partial_x^\gamma E_t)(x)\int_{|y|<\frac{|x|}{2}}(-1)^\gamma a(y)dy\\
=&3\sum_{|\gamma|=3}\int_0^1\int_{|y|<\frac{|x|}{2}}(1-\theta)^2\frac{(-y)^\gamma}{\gamma!}(\partial_x^\gamma E_t)(x-y\theta)a(y)dyd\theta\\
&-\sum_{|\gamma|\leqslant 2}\frac{1}{\gamma!}(\partial_x^\gamma E_t)(x)\int_{|y|>\frac{|x|}{2}}(-1)^\gamma a(y)dy\\
\equiv& K_{11}+K_{12}.
\end{aligned}
$$

因为当 $|y|<\dfrac{|x|}{2}$ 时, $|x-y\theta|>\dfrac{|x|}{2}$, 于是

$$
|K_{11}| \leqslant ct^{-\frac{n+3}{2}}e^{-\frac{c|x|^2}{t}}\int_{|y|<\frac{|x|}{2}}|y|^3|a(y)|dy \leqslant c|x|^{-n-3}\int_{\mathbb{R}^n}|y|^3|a(y)|dy=cc_1|x|^{-n-3}.
$$

同时, 直接计算有

$$|K_{12}| \leqslant cc_0 \sum_{|\gamma|\leqslant 2} |x|^{-n-|\gamma|} \int_{|y|>\frac{|x|}{2}} (1+|y|)^{-n-3+|\gamma|} dy \leqslant cc_0 |x|^{-n-3}.$$

于是得到了 (4.3.16) 的第一个估计. 另一方面, 由 Taylor 公式, (4.3.17), (4.3.18) 得

$$(e^{-tA}a)(x) = 3 \sum_{|\gamma|=3} \int_0^1 (1-\theta)^2 \int_{\mathbb{R}^n} \frac{(-y)^\gamma}{\gamma!} (\partial_x^\gamma E_t)(x-y\theta) a(y) dy d\theta.$$

所以

$$|(e^{-tA}a)(x)| \leqslant ct^{-\frac{n+3}{2}} \int_{\mathbb{R}^n} e^{-\frac{c|x-y\theta|^2}{t}} |y|^3 |a(y)| dy \leqslant cc_1 t^{-\frac{n+3}{2}}.$$

又 $|(e^{-tA}a)(x)| \leqslant \|E_t\|_{L^1(\mathbb{R}^n)} \|a\|_{L^\infty(\mathbb{R}^n)} \leqslant c_0$, 可得 (4.3.16) 的第二个估计.

接下来考虑函数 $w = (w_1, \cdots, w_n)$, 其中

$$w_j(t) = -\sum_{k,\ell=1}^n \int_0^t F_{\ell,jk}(t-s) * (u_k v_\ell)(s) ds.$$

设 u 和 v 满足 (a), (b), 并且

$$\begin{aligned} &|u(y,s)| \leqslant c(1+|y|)^{\alpha-n-3}(1+s)^{-\frac{\alpha}{2}}, \\ &|v(y,s)| \leqslant c(1+|y|)^{\alpha-n-3}(1+s)^{-\frac{\alpha}{2}}, \end{aligned} \qquad 0 \leqslant \alpha \leqslant n+3. \tag{4.3.19}$$

需要证明

$$|w(x,t)| \leqslant c(1+|x|)^{-n-3}, \quad |w(x,t)| \leqslant c(1+t)^{-\frac{n+3}{2}}. \tag{4.3.20}$$

由 (a), (b) 可推出

$$\int_{\mathbb{R}^n} (u_k v_\ell)(y,s) dy = \lambda(s)\delta_{k\ell}, \quad \int_{\mathbb{R}^n} y_j (u_k v_\ell)(y,s) dy = 0. \tag{4.3.21}$$

记

$$w_j = -\left(\int_0^{\frac{t}{2}} + \int_{\frac{t}{2}}^t\right) \sum_{k,\ell=1}^n F_{\ell,jk}(t-s) * (u_k v_\ell)(s) ds \equiv I_1 + I_2.$$

由 (4.3.21), Taylor 公式和 $F_{\ell,jk} \equiv 0$, 可以看出

$$I_1 = -2\int_0^1 (1-\theta) \int_0^{\frac{t}{2}} \sum_{k,\ell=1}^n \sum_{|\gamma|=2} \frac{1}{\gamma!} (\partial_x^\gamma F_{\ell,jk})(x-y\theta, t-s) y^\gamma (u_k v_\ell)(y,s) dy ds d\theta.$$

直接计算, 利用 (4.3.19) 得

$$|I_2| \leqslant c\int_{\frac{t}{2}}^t (t-s)^{-\frac{1}{2}} (1+s)^{-n-3} ds \leqslant c(1+t)^{-n-\frac{5}{2}} \leqslant c(1+t)^{-\frac{n+3}{2}},$$

并且

$$|I_1| \leqslant ct^{-\frac{n+3}{2}} \int_0^{\frac{t}{2}} \int_{\mathbb{R}^n} |y|^2 |u(y,s)||v(y,s)| dyds.$$

因为 $|y|^2|u(y,s)||v(y,s)| \leqslant c(1+|y|)^{-1-2n}(1+s)^{-\frac{3}{2}}$, 于是, 有

$$|I_1| \leqslant ct^{-\frac{n+3}{2}} \int_0^{\infty} \int_{\mathbb{R}^n} |y|^2 |u(y,s)||v(y,s)| dyds = ct^{-\frac{n+3}{2}}.$$

这证明了 (4.3.20) 的第二个估计. 为了得到 (4.3.20) 的第一个估计, 记

$$w_j = I_1' + I_2',$$

其中

$$I_1' = -\sum_{k,\ell=1}^{n} \int_0^t \int_{|y|<\frac{|x|}{2}} F_{\ell,jk}(x-y,t-s)(u_k v_\ell)(y,s) dyds,$$

$$I_2' = -\sum_{k,\ell=1}^{n} \int_0^t \int_{|y|>\frac{|x|}{2}} F_{\ell,jk}(x-y,t-s)(u_k v_\ell)(y,s) dyds.$$

利用 (4.3.19) 直接计算得

$$\begin{aligned}|I_2'| &\leqslant c \int_0^t \int_{|y|>\frac{|x|}{2}} |F(x-y,t-s)|(1+|y|)^{-2n-5}(1+s)^{-\frac{1}{2}} dyds \\ &\leqslant c(1+|x|)^{-2n-5} \int_0^t (t-s)^{-\frac{1}{2}}(1+s)^{-\frac{1}{2}} ds \leqslant c(1+|x|)^{-n-3}.\end{aligned}$$

另一方面, 由 Taylor 公式有

$$\begin{aligned}&I_1' \\ &= -2\sum_{k,\ell=1}^{n} \int_0^1 \int_0^t \int_{|y|<\frac{|x|}{2}} (1-\theta) \sum_{|\gamma|=2} \frac{1}{\gamma!} (\partial_x^\gamma F_{\ell,jk})(x-y\theta,t-s) y^\gamma (u_k v_\ell)(y,s) dyds d\theta \\ &\quad - \sum_{k,\ell=1}^{n} \int_0^t \int_{|y|<\frac{|x|}{2}} [F_{\ell,jk}(x,t-s) - (\partial_m F_{\ell,jk})(x,t-s) y_m](u_k v_\ell)(y,s) dyds.\end{aligned}$$

由 (4.3.21) 可推出

$$\int_{\mathbb{R}^n} F_{\ell,jk}(x,t-s)(u_k v_\ell)(y,s) dy = \lambda(s) F_{\ell,jk}(x,t-s) = 0,$$

于是, 有

$$\int_{|y|<\frac{|x|}{2}} F_{\ell,jk}(x,t-s)(u_k v_\ell)(y,s) dy = -\int_{|y|>\frac{|x|}{2}} F_{\ell,jk}(x,t-s)(u_k v_\ell)(y,s) dy.$$

代入 I_1' 有

$$
\begin{aligned}
I_1' = & -2\int_0^1\int_0^t\int_{|y|<\frac{|x|}{2}}\sum_{k,\ell=1}^n(1-\theta)\sum_{|\gamma|=2}\frac{1}{\gamma!}(\partial_x^\gamma F_{\ell,jk})(x-y\theta,t-s)y^\gamma(u_kv_\ell)(y,s)dydsd\theta \\
& +\int_0^t\int_{|y|>\frac{|x|}{2}}\sum_{k,\ell=1}^n F_{\ell,jk}(x,t-s)(u_kv_\ell)(y,s)dyds \\
& -\int_0^t\int_{|y|<\frac{|x|}{2}}\sum_{k,\ell=1}^n(\partial_m F_{\ell,jk})(x,t-s)y_m(u_kv_\ell)(y,s)dyds \\
\equiv & I_{11}'+I_{12}'+I_{13}'.
\end{aligned}
$$

容易看出

$$
\begin{aligned}
|I_{11}'| &\leqslant c|x|^{-n-3}\int_0^\infty\int_{\mathbb{R}^n}|y|^2|u(y,s)||v(y,s)|dyds=c|x|^{-n-3},\\
|I_{12}'| &\leqslant c|x|^{-n-1}\int_0^t\int_{|y|>\frac{|x|}{2}}(1+|y|)^{-2n-3}(1+s)^{-\frac{3}{2}}dyds\leqslant c|x|^{-n-3},\\
|I_{13}'| &\leqslant c|x|^{-n-2}\int_0^t\int_{|y|>\frac{|x|}{2}}(1+|y|)^{-2n-2}(1+s)^{-\frac{3}{2}}dyds\leqslant c|x|^{-n-3}.
\end{aligned}
$$

这证明了 (4.3.20) 的第一个估计.

利用引理 4.3.6 和上述计算, 现在可以完成定理 4.3.3 的证明. 考虑散度为 0 的向量场空间上的算子

$$
\Phi(u)=e^{-tA}a+\mathscr{S}[u,u],
$$

其中 $u(y,s)$ 满足 (a), (b) 以及

$$
\|u\|_{n+3}\equiv\sup(1+|y|)^{n+3-\alpha}(1+s)^{\frac{\alpha}{2}}|u(y,s)|<\infty,
$$

上确界取在 $y\in\mathbb{R}^n$, $s\geqslant 0$, $0\leqslant\alpha\leqslant n+3$ 上. 由先前的计算可得

$$
\|\mathscr{S}[u,v]\|_{n+3}\leqslant c\|u\|_{n+3}\|v\|_{n+3}.
$$

利用压缩映射原理, 假设 (4.3.4) 中的 c_0 和 c_1 充分小, 可以得到方程 $u=\Phi(u)$ 的解. 具体的步骤完全类似于定理 4.3.1 证明过程中的最后一步, 此处略去. □

习 题 四

1. 考虑如下无量纲化的不可压缩磁流体方程:

$$
\begin{cases}
\partial_t u-\Delta u+(u\cdot\nabla)u-(B\cdot\nabla)B+\nabla p=f, & (x,t)\in\mathbb{R}^n\times(0,\infty),\\
\partial_t B-\Delta B+(u\cdot\nabla)B-(B\cdot\nabla)u=g, & (x,t)\in\mathbb{R}^n\times(0,\infty),\\
\nabla\cdot u=0,\quad \nabla\cdot B=0, & (x,t)\in\mathbb{R}^n\times(0,\infty),\\
u(x,0)=u_0(x),\quad B(x,0)=B_0(x), & x\in\mathbb{R}^n,
\end{cases}
$$

其中 $n \geqslant 2$, $u = (u_1(x,t), \cdots, u_n(x,t))$, $B = (B_1(x,t), \cdots, B_n(x,t))$ 以及 $p = p(x,t)$ 分别表示磁流体中的电场、磁场和压强函数. $f = f(x,t)$, $g = g(x,t)$ 代表施加在磁流体上的外力函数.

试证: 上述问题存在大初值整体弱解, 并且当时间趋于无穷大时, 弱解的能量以某种衰减速率衰减到零. 进一步, 建立整体强解的存在性以及大时间渐近行为.

注 一般讲, 当 $n \geqslant 3$ 时, 在建立整体强解时, 要求初始函数 (a,b) 在 L^n 空间范数意义下比较小; 当 $n = 2$ 时, 不需要施加小条件.

2. 考虑如下 Boussinesq 方程的 Cauchy 问题:

$$\begin{cases} \partial_t\theta - k\Delta\theta + (u\cdot\nabla)\theta = 0, & (x,t) \in \mathbb{R}^n \times (0,\infty), \\ \partial_t u - \nu\Delta u + (u\cdot\nabla)u + \nabla p = \beta\theta e_n, & (x,t) \in \mathbb{R}^n \times (0,\infty), \\ \nabla\cdot u = 0, & (x,t) \in \mathbb{R}^n \times (0,\infty), \\ u(x,0) = u_0(x), \quad \theta(x,0) = \theta_0(x), & x \in \mathbb{R}^n, \end{cases}$$

其中, $n \geqslant 2$, $u = u(x,t)$ 表示不可压缩黏性流体的速度场, 标量函数 $\theta = \theta(x,t)$ 表示流体的密度或温度, $p = p(x,t)$ 流体的压强函数. $e_n = (0,0,\cdots,0,1)$, $\beta \in \mathbb{R}^1$ 是一个物理常数. $\nu > 0$ 表示黏性系数, $k > 0$ 是温度的扩散系数.

试证: 上述 Cauchy 问题存在大初值整体弱解, 并且当时间趋于无穷大时, 弱解在 L^2 空间范数意义下以某种衰减速率衰减到零.

3. 二维耗散的 SQG(Surface Quasi-Geostrophic) 方程:

$$\partial_t\theta + (u\cdot\nabla)\theta + (-\Delta)^\alpha\theta = 0, \quad \theta(x,0) = \theta_0(x),$$

其中 $x \in \mathbb{R}^2$, $t > 0$, $0 < \alpha \leqslant 1$. 这里 $\theta = \theta(x,t)$ 是一个实的标量函数, 表示流体的温度, $u = u(x,t)$ 是一个不可压缩的向量场, 表示流体的速度, 可以通过一个流函数 ψ 表达出来:

$$u = (u_1, u_2) = (-\partial_{x_2}\psi, \partial_{x_1}\psi).$$

温度 θ 和流函数 ψ 之间的关系如下:

$$\Lambda\psi = -\theta,$$

其中, $\Lambda = (-\Delta)^{\frac{1}{2}}$, 其定义可以通过 Fourier 变换表示出来: $\widehat{\Lambda^s f}(\xi) = |\xi|^s \hat{f}(\xi)$, $s \geqslant 0$.

假定 $0 < \alpha \leqslant 1$, $\theta_0 \in L^2(\mathbb{R}^2) \cap L^p(\mathbb{R}^2)$, $1 \leqslant p < 2$. 试证: SQG 方程的 Cauchy 问题存在一个弱解 θ, 满足

$$\|\theta(t)\|_{L^2(\mathbb{R}^2)} \leqslant C(1+t)^{-\frac{1}{2\alpha}\left(\frac{2}{p}-1\right)}, \quad \forall\, t \geqslant 0.$$

4. 液态晶体模型方程 (Liquid Crystal System):

$$\begin{cases} \partial_t u - \Delta u + (u\cdot\nabla)u + \nabla p + \nabla\cdot(\nabla d \otimes \nabla d) = 0, & (x,t) \in \mathbb{R}^n \times (0,\infty), \\ \partial_t d - \Delta d + (u\cdot\nabla)d + f(d) = 0, & (x,t) \in \mathbb{R}^n \times (0,\infty), \\ \nabla\cdot u = 0, & (x,t) \in \mathbb{R}^n \times (0,\infty), \\ u(x,0) = u_0(x),\ d(x,0) = d_0(x), \quad |d_0(x)| = 1, & x \in \mathbb{R}^n, \end{cases}$$

其中, $n \geqslant 2$, $u=u(x,t)$ 表示液态晶体的速度场, 标量函数 $p=p(x,t)$ 液态晶体内部的压强, 向量函数 $d=d(x,t)$ 表示晶体分子的指向矢量场, $\nabla d \otimes \nabla d$ 表示应力张量矩阵, $(\nabla d \otimes \nabla d)_{ij}=\partial_i d \cdot \partial_j d$, $f(d)=(|d|^2-1)d$.

试证: 上述液态晶体模型方程的 Cauchy 问题是否存在大初值整体弱解? 如果存在, 其能量是否大时间趋于零?

参考文献

[1] Borchers W, Miyakawa T. L^2-decay for Navier-Stokes flows in unbounded domains, with application to exterior stationary flows. Arch. Rational Mech. Anal., 1992, 118 (3): 273-295.

[2] Borchers W, Miyakawa T. Algebraic L^2 decay for Navier-Stokes flows in exterior domains. Acta Math., 1990, 165: 189-227.

[3] Borchers W, Miyakawa T. L^2 decay for the Navier-Stokes flow in halfspaces. Math. Ann., 1988, 282(1): 139-155.

[4] Caffarelli L, Kohn R, Nirenberg L. Partial regularity of suitable weak solutions of the Navier-Stokes equations. Comm. Pure Appl. Math., 1982, 35: 771-831.

[5] Escauriaza L, Seregin G, Šhverak V. $L_{3,\infty}$-solutions of the Navier-Stokes equations and backward uniqueness. (Russian) Uspekhi Mat. Nauk., 2003, 350, 58 (2): 3-44; translation in Russian Math. Surveys, 2003, 58(2): 211-250.

[6] Foias C. Une remarque sur l'unicié des solutions deséquations de Navier-Stokes en dimension n. (French) Bull. Soc. Math. France, 1961, 89: 1-8.

[7] Galdi G P. An Introduction to the Mathematical Theory of the Navier-Stokes Equations. Vol. I. Linearized Steady Problems; Vol. II. Nonlinear Steady Problems. New York: Springer-Verlag, 1994.

[8] Han P. Decay results of the nonstationary Navier-Stokes flows in half-spaces. Arch. Ration. Mech. Anal., 2018, 230 (3): 977-1015.

[9] Han P. On weighted estimates for the Stokes flows, with application to the Navier-Stokes equations. J. Math. Fluid Mech., 2018, 20 (3): 1155-1172.

[10] Han P. Long-time behavior for Navier-Stokes flows inatwo-dimensional exterior domain. J. Functional Analysis, 2016, 270 (3): 1091-1152

[11] Han P. Large time behavior for the nonstationary Navier-Stokes flows in the half-space. Advances in Mathematics, 2016, 288: 1-58.

[12] Han P. Weighted decay results for the nonstationary Stokes flow and Navier-Stokes equations in half spaces. J. Math. Fluid Mech., 2015, 17 (4): 599-626.

[13] Han P. Decay results of higher-order norms for the Navier-Stokes flows in 3D exterior domains. Communications in Mathematical Physics, 2015, 334 (1): 397-432.

[14] Han P. Long-time behavior for the nonstationary Navier-Stokes flows in $L^1(\mathcal{R}^n_+)$. Journal of Functional Analysis, 2014, 266 (3): 1511-1546.

[15] Han P. Weighted spatial decay rates for the Navier-Stokes flows in a half space. Proceedings of the Royal Society of Edinburgh., 2014, 144 (3): 491-510.

[16] Han P. Decay rates for the incompressible Navier-Stokes flows in 3D exterior domains. J. Functional Analysis., 2012, 263: 3235-3269.

[17] Han P. Algebraic L^2 decay for weak solutions of a viscous Boussinesq system in exterior domains. J. Differential Equations, 2012, 252: 6306-6323.

[18] Han P. Large time behavior for the incompressible Navier-Stokes flows in 2D exterior domains. Manuscripta Math., 2012, 138: 347-370.

[19] He C, Miyakawa T. On two-dimensional Navier-Stokes flows with rotational symmetries. Funkcial. Ekvac., 2006, 49 (2): 163-192.

[20] He C, Miyakawa T. Nonstationary Navier-Stokes flows in a two-dimensional exterior domain with rotational symmetries. Indiana Univ. Math. J., 2006, 55 (5): 1483-1555.

[21] He C, Miyakawa T. On L^1-summability and asymptotic profiles for smooth solutions to Navier-Stokes equations in a 3D exterior domain. Math. Z., 2003, 245(2): 387-417.

[22] Liu Z. Decay properties of solutions to the non-stationary magneto-hydrodynamic equations in half spaces. J. Math. Anal. Appl., 2017, 449 (1): 397-426.

[23] Liu Z, Yu X. Long time L1-behavior for the incompressible magneto-hydrodynamic equations in a half-space. Acta Math. Appl. Sin. Engl. Ser., 2016, 32 (4): 933-944.

[24] Liu Z, Yu X. Large time behavior for the incompressible magnetohydrodynamic equations in half-spaces. Math. Methods Appl. Sci., 2015, 38 (11): 2376-2388.

[25] Kato T. Strong L^p-Solutions of the Navier-Stokes equation in R^m, with applications to weak solutions. Math. Z., 1984, 187: 471-480.

[26] Kajikiya R, Miyakawa T. On L^2 decay of weak solutions of the Navier-Stokes equations in R^n. Math. Z., 1986, 192 (1): 135-148.

[27] Lions J L, Prodi G. Un théorème d′existence et unicité dans les équations de Navier-Stokes en dimension 2. Compte Rend. Acad. Sci. Paris, 1959, 248: 3519-3521.

[28] Ladyzhenskaya O A. The mathematical Theory of Viscous Incompressible Flow. Second English edition, revised and enlarged. Translated from the Russian by Richard A. Silverman and John Chu. Mathematics and Its Applications, Vol. 2 Gordon and Breach. New York-London-Paris: Science Publishers, 1969.

[29] Leray J. Sur le mouvement d'un liquide visqueux emplissant l'espace. (French) Acta Math., 1934, 63 (1): 193-248.

[30] Miyakawa T. On space-time decay properties of nonstationary incompressible Navier-Stokes flows in R^n. Funkcial. Ekvac., 2000, 43 (3): 541-557.

[31] Prodi G. Un teorema di unicità per el equazioni di Navier-Stokes. Ann. Mat. Pura Appl., 1959, 48: 173-182.

[32] Schonbek M E. L^2 decay for weak solutions of the Navier-Stokes equations. Arch. Rational Mech. Anal., 1985, 88: 209-222.

[33] Schonbek M E. Lower bounds of rates of decay for solutions to the Navier-Stokes equations. J. Amer. Math. Soc., 1991, 4: 423-449.

[34] Schonbek M E. Large time behaviour of solutions to the Navier-Stokes equations in H^m spaces. Comm. Partial Differential Equations, 1995, 20(1-2): 103-117.

[35] Schonbek M E. Asymptotic behavior of solutions to the three-dimensional Navier-Stokes equations. Indiana Univ. Math. J., 1992, 41 (3): 809-823.

[36] Schonbek M E. Large time behaviour of solutions to the Navier-Stokes equations. Comm. Partial Differential Equations, 1986, 11(7): 733-763.

[37] Schonbek M E, Wiegner M. On the decay of higher-order norms of the solutions of Navier-Stokes equations. Proc. Roy. Soc. Edinburgh Sect. A, 1996, 126: 677-685.

[38] Serrin J. The Initial Value Problem for the Navier-Stokes Equations. Nonlinear Problems (Proc. Sympos., Madison, Wis). Madison: University of Wisconsin Press, 1963: 69-98.

[39] Serrin J. On the interior regularity of weak solutions of the Navier-Stokes equations. Arch. Rational Mech. Anal., 1962, 9: 187-195.

[40] Sohr H. The Navier-Stokes Equations. Basel: Birkhäuser, 2001.

[41] Temam R. Navier-Stokes Equations. New York: North-Holland, 1977.

[42] Wiegner M. Decay results for weak solutions of the Navier-Stokes equations in R^n. J. London Math. Soc., 1987, 35(2): 303-313.

[43] Zhang L. Sharp rate of decay of solutions to 2-dimensional Navier-Stokes equations. Comm. Partial Differential Equations, 1995, 20 (1-2): 119-127.

索　　引